住房和城乡建设部"十四五"规划教材
教育部高等学校建筑学专业教学指导分委员会
建筑数字技术教学工作委员会推荐教材
高等学校建筑数字技术系列教材

数字建筑学

Digital in Architecture

袁　烽　　著

徐卫国　主审

中国建筑工业出版社

图书在版编目（CIP）数据

数字建筑学 = Digital in Architecture / 袁烽著 .

北京：中国建筑工业出版社，2024.8. --（住房和城

乡建设部"十四五"规划教材）（教育部高等学校建筑

学专业教学指导分委员会建筑数字技术教学工作委员会推

荐教材）（高等学校建筑数字技术系列教材）. -- ISBN

978-7-112-30078-5

Ⅰ.TU-0

中国国家版本馆 CIP 数据核字第 2024DW4967 号

"十四五"国家重点研发计划项目（2023YFC3806900）资助；"十四五"国家重点研发计划"政府间国际
科技创新合作"项目（2022YFE0141400）资助
同济大学本科出版基金资助

为了更好地支持相应课程的教学，我们向教师提供课件，可与出版社联系。建工书院：https：//edu.
cabplink.com，邮箱：jckj@cabp.com.cn，电话：（010）58337285。

也可加 QQ 群 697181549 下载。

责任编辑：王　惠　陈　桦
责任校对：王　烨

住房和城乡建设部"十四五"规划教材
教育部高等学校建筑学专业教学指导分委员会
建筑数字技术教学工作委员会推荐教材
高等学校建筑数字技术系列教材

数字建筑学
Digital in Architecture
袁　烽　　著
徐卫国　主　审
　　　　*
中国建筑工业出版社出版、发行（北京海淀三里河路 9 号）
各地新华书店、建筑书店经销
北京雅盈中佳图文设计公司制版
天津安泰印刷有限公司印刷
　　　　*
开本：787 毫米 ×1092 毫米　1/16　印张：15¾　字数：257 千字
2025 年 5 月第一版　2025 年 5 月第一次印刷
定价：**69.00** 元（赠教师课件）
ISBN 978-7-112-30078-5
　　　（43152）

丛书总序

人工智能时代已经开启，数字技术应用正席卷所有学科和行业，建筑学科正在迎来深刻的挑战与变革。同时，地球正式步入"人类世"（Anthropocene），人类已经成为影响全球地形和地球进化的巨大力量。建筑师作为地球人居环境的创造者，面对可持续发展的需求，需要更精确地预知人类持续的建造行为对未来世界的影响程度。这里，我们需要回归学科的基本逻辑和根本问题，思考数字技术对于建筑学科的真正价值，在数字洪流中辨清方向。

现代社会的进步将房屋的建造行为分解成一个多专业多学科的问题：建筑成为需要建筑师、结构师、设备工程师、营造商、材料商、设备供应商等各方通过社会性协作来完成的复杂系统。其一，建筑师需要从复杂的自然环境及人居环境中获取信息，掌握科学规律、遵循社会规则，准确地处理信息并作出目标判断。其二，建筑师需要将自己的判断结果转化为设计提案，准确地传递给业主和公众，以便获得认可和理解。再者，设计工作需要被准确地传递于合作方之间，并在建造行为和运营行为中被落实或修正。接着，设计中需要更准确地预测建筑在被人使用过程中的表现，涉及行为与空间、舒适与健康、安全与效率、资源与效益等。

在没有使用计算机的非数字时代，建筑师运用算术和几何知识，在图纸上绘制出可以传递信息的图形。建筑师在缩尺的包含建成环境地理信息的图纸上进行设计分析；采用缩尺比例的模型和绘画性的建筑表现图，让业主和公众尽可能接近真实地预知建筑提案的建成结果；运用缩尺的通用工程图在专业间传递信息、并指导施工和运营；为了能够达到建筑物的使用需求，需要对物理环境控制的各要素进行计算预测，保证安全、健康、节能、环保等等。这些专业性工作意味着大量体力劳动、脑力劳动和时间成本，今天我们运用数字技术都可以轻松解决。显然，数字技术的运用大大地减轻了体力劳动、节约了工作时间，这对建筑师而言绝对是"福音"。随着数字技术的发展，减轻脑力劳动的效果也开始逐步显现——我们期待着设计师只需要愉快地作出各种决策，费工费时的计算工作全部交给电脑完成。

设计决策是多目标优化过程，必然包含了建筑师基于个体价值取向的选择判断。在非数字时代，建筑师运用手脑联动的方式进行设计思维，必须借助缩尺的图形，反复比较、从模糊到明确、再到精确表达，需要个体经验和思维训练的不断积累。工具是思维能力的延伸，数字技术快速而多样的选择决策过程，必然会加速设计工程的思维进化：数字技术可以在模糊决策阶段提供海量的选项；在明确决策阶段进行多目标优化的参数计算；在精确决策阶段，数据模型在不同需求、不同应用中被检验并反馈。这些模糊—明确—精确的决策过程可以被不断运行、快速迭代、精准预测、准确实施。无论如何，数字技术已经深刻地融合在建筑设计的过程中，并激发着创新的思维模式。建筑师需要积极地拥抱数字技术，为建筑学未来发展的多样化可能做好准备。

教育部高等学校建筑类专业教学指导委员会建筑学专业教学指导分委员会下属的建筑数字技术教学工作委员会，成立于 2006 年 1 月。委员会负责建筑数字技术教育发展策略、课程建设的研究，向教指委提出建筑数字技术教育的意见和建议，统筹和协调教材建设、人员培训等工作，并定期组织全国性的建筑数字技术教育与研究的研讨会。委员会成立后，便开始组织各高校教师携手协作，编写出版《高等学校建筑数字技术系列教材》。教材的出版积极地推动了全国高校建筑学教育的数字技术教学水平。系列教材也结合数字技术的持续发展持续更新内容。

本次新的系列教材建设，委员会认真进行选题咨询和论证，配合住房和城乡建设部"十四五"规划教材建设计划，结合当前数字技术发展的最新形势，在原有系列教材的基础上进行了较大规模的调整，其中新编教材9 本，修订 1 本。修订教材对其中的内容也做了大篇幅的改写。各本教材的主编及参加编写的教师皆有丰富的教学经验及建筑数字技术研究积累，为本系列教材的高水平建设提供了保障。

感谢中国建筑工业出版社的精心组织与大力支持，感谢所有编写教材的老师，大家的共同努力必将助力我国建筑学科在数字技术领域的创新发展，促进建筑设计数字技术水平的全面提升。

教育部高等学校建筑类专业教学指导委员会建筑学专业教学指导分委员会
建筑数字技术教学工作委员会主任
肖毅强

前　言

　　20 世纪末，全球数字化革命引领建筑学迎来了学科范式转型。建筑计算机辅助设计（CAD）不断增强设计图纸的表达质量与效率，使得建筑师的设计意图表达承载了更加丰富、多层级的信息。经过多年的发展，建筑计算机辅助设计不断超越工具本身的表达与再现价值，进化成为数字化设计思维以及参数化设计方法论等全新内容。因此，探讨当下建筑学的数字化转向，对于理解建筑学的未来发展具有举足轻重的意义。

　　在前数字建筑学时期，以图解思维为主导的现代主义形式生成方法论，引领了 20 世纪中叶之后的先锋思想和数字设计转型。从柯林·罗（Colin Rowe）、彼得·埃森曼（Peter Eisenman）到格雷戈·林恩（Grey Lynn），数字建筑经历了从手工绘图到数字化生形的早期转变。起初，在基于规则的生成式设计阶段，乔治·斯特尼（George Stiny）奠定了以形式语法（Shape Grammar）为原型的形式生成设计逻辑，为之后的算法生成设计提供了计算性思维方法基础。之后，约翰·弗雷泽（John Frazer）提出的"生成进化范式"（Generative Evolutionary Paradigm）则对建筑形式中的优化与迭代计算展开了深入系统论述。进入 21 世纪，帕特里克·舒马赫（Patrik Schumacher）在参数化主义理论中将建筑几何生成与社会秩序关联起来，试图建立一种全球统一的建筑风格，定义参数化主义为一种风格则成为学术界争议的焦点。随着早期技术热情的消退，数字形式主义的探索则由于几何逻辑与环境逻辑、结构逻辑以及建造逻辑等关联性缺失而饱受诟病，促使建筑师重新思考数字建筑学的内涵。

　　建筑数字化的第二次转型，则从数字形式探索转向了数字性能建构。哲学家吉尔·德勒兹（Gilles Deleuze）与曼纽尔·德兰达（Manuel Delanda）新唯物主义哲学带来了对"物"的重新定义。不同于传统唯物主义哲学认为的客观物质具有永恒的实在性，新唯物主义提出了物质自身的能动性，并将物质形式的生成定义成为一个基于性能化规则迭代的生成过程。基于新唯物主义思想的影响，建筑形式几何之外的性能化参数在特定目标逻辑驱动下，建立了形式主义规则之外的更深层次的性能化目标规则。全新的性能化目标包含了结构性能化、环境性能化以及行为性能化的不同类型。由此，性能化设计方法为建筑形式赋予了全新的伦理意义，其中既包括节省材料、建立与环境友好的关系，也包括人的行为舒适与健康目标等。数字技术驱动下的性能化转向，在应对建筑复杂性、可持续性等问题上提供了更加高质、高效以及强鲁棒的解决方案。

当前，随着人工智能以及机器智能的不断涌现，数字建筑学正在经历全新的智能化转向。安托万·皮孔（Antoine Picon）在《建筑与虚拟——走向新的物质性》一文中写道："另外一种可能是将人和机器视为一个新的合成物……当代计算机技术，以及人类学范畴的反应都指向了这一主张。"机器智能具有全然不同于人类思维的智能新形态，在物质形式创造方面表现出远超人类智能的复杂性与创造力，被赋予感知、决策、协同能力的机器逐渐替代了人类主体中眼、脑、手的功能。人工智能赋能下的启发式设计、定制式设计以及增强式设计正在成为建筑智能创作的新范式。数字工具作为人机协作的抓手迅速涌现，形成了分布式的混合智能网络。人工智能设计与机器人智能建造技术的广泛应用，使建筑设计得以突破人类想象与手工建造能力的桎梏，形成了基于混合智能的数字建筑美学。

数字建筑学发展至21世纪，正在走向多维度的虚拟与现实相互映射的复杂关系。在当下的智能化变革中，我们应当从一个更深远和全面的视角，去思考建筑物质属性与数字属性之间的关系。本教材从"历史理论""技术方法""生产流程"三个不同角度展开对数字建筑学内涵的多维演绎，介绍数字建筑学的历史发展与前沿动态，从深度和广度上论述数字建筑学的立体知识图景，持续推动以科学设计思维为导向的建筑学数字化转型。

本书作者

2024年6月

目　录

第1篇　数字建筑学的历史理论 ·········· 1

　第1章　数字建筑学的历史·········· 2

　　1.1　前数字化阶段 ·········· 2

　　1.2　数字化阶段 ·········· 11

　　1.3　智能化阶段 ·········· 17

　第2章　数字建筑学的设计哲学·········· 20

　　2.1　后结构主义哲学 ·········· 20

　　2.2　新唯物主义哲学 ·········· 24

　　2.3　后人文主义哲学 ·········· 29

第2篇　建筑生成式设计技术方法 ·········· 33

　第3章　建筑几何生成式设计方法·········· 34

　　3.1　欧式几何生成设计方法 ·········· 34

　　3.2　非欧几何生成设计方法 ·········· 41

　　3.3　计算性几何生成设计方法 ·········· 46

　第4章　规则导向建筑生成式设计方法·········· 50

　　4.1　形式语法建筑生成设计方法 ·········· 50

　　4.2　布尔运算建筑生成设计方法 ·········· 57

　　4.3　迭代与递归建筑生成设计方法 ·········· 59

　第5章　人工智能增强建筑生成设计方法·········· 66

　　5.1　人工智能建筑生成设计概述 ·········· 66

　　5.2　人工智能建筑生成设计算法 ·········· 70

　　5.3　人工智能建筑生成设计范式 ·········· 76

第3篇　建筑性能化设计技术方法 ·········· 81

　第6章　数字化结构性能模拟与优化·········· 82

　　6.1　结构建筑学的历史与发展 ·········· 82

　　6.2　数字化结构性能生形方法 ·········· 89

第 7 章　数字化环境性能模拟与优化 ……………………………… 100

　　7.1　环境性能可视化 …………………………………………… 100

　　7.2　数字化环境性能分析 ……………………………………… 103

　　7.3　数字化环境性能生形方法 ………………………………… 111

第 8 章　数字化行为性能模拟与优化 ……………………………… 116

　　8.1　环境行为学历史与发展 …………………………………… 116

　　8.2　空间句法与行为数据科学 ………………………………… 120

　　8.3　数字化行为性能优化 ……………………………………… 127

第 4 篇　建筑数字建造技术方法 …………………………………… 135

第 9 章　建筑数控加工技术 ………………………………………… 136

　　9.1　建筑数控加工技术概述 …………………………………… 136

　　9.2　建筑数控加工技术与方法 ………………………………… 142

第 10 章　建筑机器人技术 ………………………………………… 148

　　10.1　建筑机器人简介 ………………………………………… 148

　　10.2　建筑机器人共性技术 …………………………………… 151

　　10.3　建筑机器人建造工艺 …………………………………… 156

第 11 章　建筑全息建造技术 ……………………………………… 164

　　11.1　建筑全息建造技术概述 ………………………………… 164

　　11.2　建筑全息建造技术与方法 ……………………………… 169

第 5 篇　数字建筑学的生产流程 …………………………………… 177

第 12 章　建筑信息模型 …………………………………………… 178

　　12.1　BIM 基础概念与工作原理 ……………………………… 178

　　12.2　BIM 应用技术体系 ……………………………………… 183

　　12.3　BIM 在数字建筑中的应用 ……………………………… 187

第 13 章　设计建造一体化流程 …………………………………… 192

　　13.1　设计与建造一体化概述 ………………………………… 192

　　13.2　设计建造一体化的工作平台 …………………………… 194

　　13.3　设计与建造一体化工作流程 …………………………… 199

第 6 篇　数字建筑学的实践 ………………………………………… 205

第 14 章　天府农博园"瑞雪"多功能展厅 ……………………… 206

　　14.1　项目简介 ………………………………………………… 206

　　14.2　建筑性能化设计技术：基于结构性能化的壳体找形方法 …… 207

　　14.3　建筑性能化设计技术：木结构互承体系 ……………… 207

14.4　建筑数字建造技术方法：基于全域感知平台 FUSense 的

机器人建造 ……………………………………………… 208

14.5　建筑数字建造技术方法：全 3D 打印屋面体系的

机器人建造 ……………………………………………… 208

第 15 章　南京园博园丽笙精选度假酒店 ……………………………… 210

15.1　项目简介 ……………………………………………… 210

15.2　建筑生成式设计技术：基于场地地理信息可视化的

生成式设计方法 ………………………………………… 211

15.3　建筑性能化设计技术：基于动力学模拟的性能化设计方法 … 211

15.4　建筑数字建造技术方法：基于小尺度拟合单元的

曲面屋顶建造方法 ……………………………………… 214

15.5　建筑性能化设计技术：基于结构力学与形态耦合计算的

双曲屋面设计 …………………………………………… 214

15.6　建筑生成化设计技术：基于 AI 的图像参数化立面设计 …… 215

15.7　建筑数字建造技术方法：砖构建筑机器人参数化建造 …… 216

第 16 章　乌镇"互联网之光"博览中心与"水月红云"

智能建造亭集群 ……………………………………… 218

16.1　项目简介 ……………………………………………… 218

16.2　叠幔馆 ………………………………………………… 219

16.3　水亭：机器人砖构 …………………………………… 226

16.4　月亭：机器人木构 …………………………………… 227

16.5　红亭：机器人 3D 打印模板 + 砖拱壳 ……………… 228

16.6　云亭：机器人 3D 打印 ……………………………… 231

参考文献 ………………………………………………………… 235

第 1 篇

数字建筑学的
历史理论

第1章　数字建筑学的历史

1.1　前数字化阶段

1.1.1　数理起源

古建筑中的数理起源可以追溯到北宋乃至更早的时期。在《营造法式》中，利用语法规则控制柱、梁、檩、椽等传统构件的尺寸参数，构造出不同的结构支撑原型——这是《营造法式》中的"模数"概念（图1-1）。据既定的模数以及与之相联系的营造法则，可以推算出柱高、斗拱高、梁檩长度、屋面坡度等重要参数。因此，模数成为古建筑设计和施工的基础。

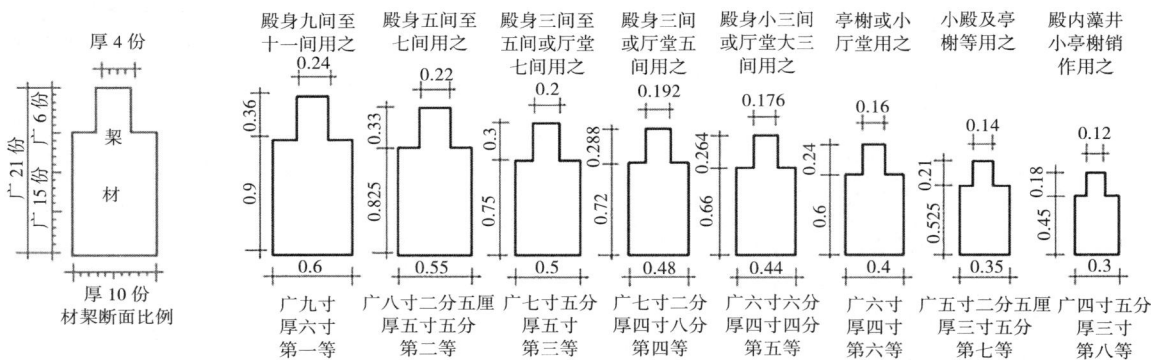

《营造法式》八等材制度

图1-1 《营造法式》中斗拱形制的模数

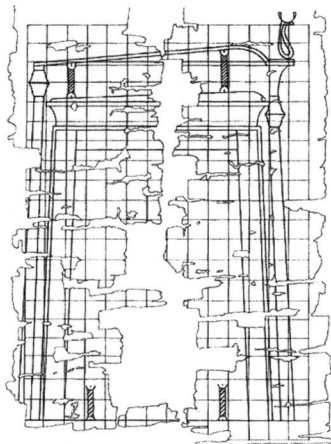

图1-2 古埃及绘图中的网格参考线

中国古建筑中的数理规则面向施工，而西方古代建筑中的数理规则源自古典时期建筑师对理想美学的追求。其中，人体比例、完美数列等被当作"客观美"的来源。例如在古埃及，人们以网格为依据进行不同尺度间的转换，保证几何形态的比例关系（图1-2）[1]。

此外，达·芬奇（Leonardo da Vinci）在1487年前后绘制了作品《维特鲁威人》，展现了"完美比例"的人体。作品原型来源于1500年前维特鲁威（Marcus Vitruvius Pollio）在《建筑十书》中的描述。与之类似，德国文艺复兴时期艺术家阿尔布雷希特·丢勒（Albrecht Dürer）在《比例四书》中用比例模数的方式描述一个男人的脑袋和面部变化（图1-3）。受丢勒启发，早期数理生物学的先驱之一达西·汤普森（D'Arcy Wentworth Thompson）在其著作《生长与形态》中研究了基于拓扑学领域下的比例变换问题，解释了奥氏银斧鱼向褶胸鱼的转换（图 1-4）。

在 16 世纪中叶的意大利，建筑师确立了由多立克式、爱奥尼式、科林斯式等五种柱式构成的古典柱式体系。这是人体比例应用于建筑学范畴的典例。柱式的各个部分之间，局部和整体之间构成了严格而和谐的比例关系。建筑师将其推广至建筑整体，以达到和谐的视觉效果。这是西方古典建筑美学的基本原则之一，被维特鲁威称之为"均衡"（symmetria/symmetry）。柱式的比例源于人体比例，而根据所谓的"神人同形同性论"（Anthropomorphism），人体是由造物主按自己的形象创造的，这就赋予了柱式以神圣的象征含义。

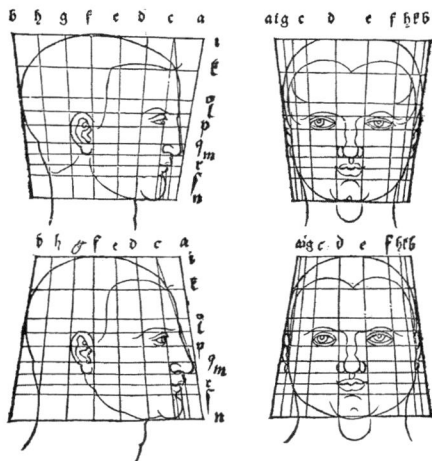

图 1-3　丢勒面部绘画的比例模数

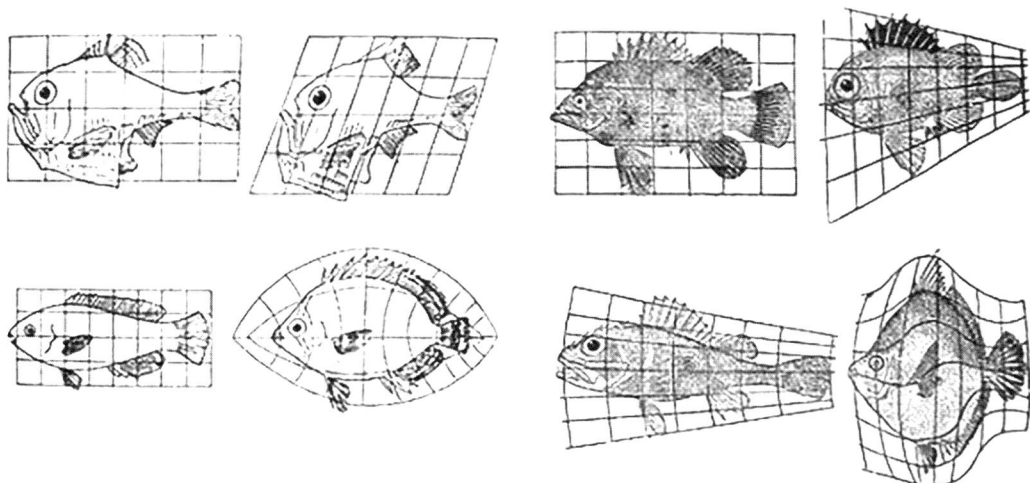

图 1-4　达西·汤普森描绘的生物进化的比例变换

在文艺复兴时期以前，建筑师需要负责在场建造，通过语言来辅助图纸指导工匠进行施工。到了文艺复兴时期，阿尔伯蒂（Leon Battista Alberti）提出一种观点：建筑师不是匠人，不应介入建造现场。这一范式彻底颠覆了建筑师这一职业，造成设计与建造的分离。离开现场的建筑师无法通过语言向工匠描述三维空间。于是，二维图纸成为三维几何设计的唯一信息载体。阿尔伯蒂投影系统也因此开始被引入到图纸中。图纸成为建筑师脑海中已经

1.1.2　几何起源

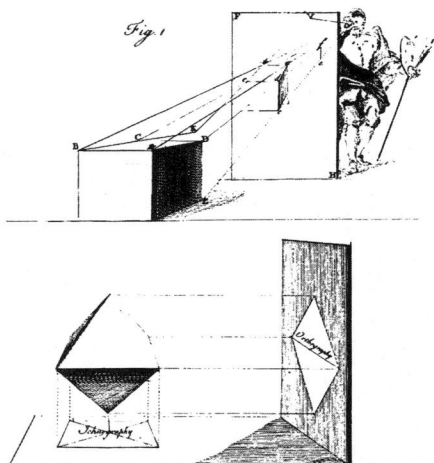

图 1-5 通过平行投影与透视投影将三维空间投影到二维平面上

完成的三维空间向二维平面的投影，代替建筑师独立地向工人传达建造方法（图 1-5）。这时，图纸既是二维标注系统，又是三维空间的表达手段。

如果说中世纪时期以拱券为代表的哥特建筑几何是"点"和"线"的模式，那么文艺复兴时期的建筑几何则体现"面"和"体"的问题（图 1-6）。在处理"面"和"体"的几何问题时，建筑师发现通过由平行投影构成的传统工作空间很难描述非正交的复杂砖石形态[2]。为应对这一难题，建筑师在中世纪旋转定位机制的基础上将砖石表面作为参考面进行几何定义。这段时期投影绘图方式的演进可以说是文艺复兴后期切石法（Stereotomy）在建筑学中衍生发展的基础[3]。

图 1-6 中世纪时期"点"和"线"的建造范式（左）和文艺复兴时期"面"和"体"的建造范式（右）

切石法是在古代被用来指导工匠精确切割石材的方法。它集成了当时在欧洲已经较为普遍的几何定义方法，并不断地发展成熟。法国建筑师菲里贝特·狄·拉摩（Philibert de l'Orme）曾在一个城堡庭院建造了异形拱壳。该拱壳以庭院墙角为基线，呈向外放射的倾斜锥形。在拱券的建造过程中，由于每一块石材的形状和方位均不相同，并且面与面之间的夹角也各异，难以用传统的石材切割方法进行描述和加工。因而狄·拉摩根据拱壳周边墙体的几何关系，建立了一套全新的投影绘图机制，对每一块砖石的角度和边长进行几何求解和尺寸描述。这套机制可以称为最初的切石法绘图（图 1-7）。

在狄·拉摩的年代，切石法的定义一直模糊于设计工具和建造工具之间。到了 18 世纪初，这种方法被另一位建筑师狄·拉茹（Djilali Lahoud）带入几何领域，整理为较全面的操作方法。十年之后，阿米蒂－弗朗索瓦·弗

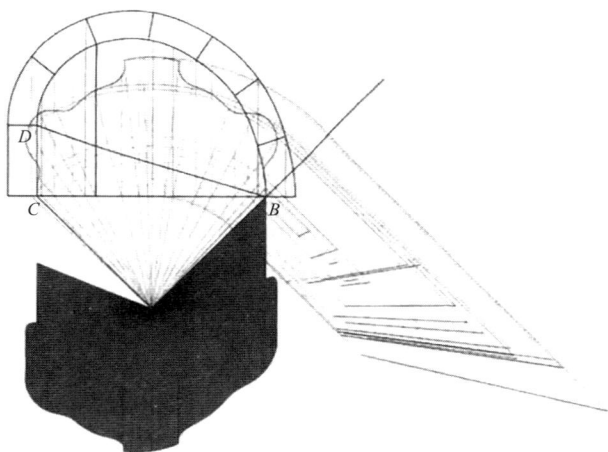

图 1-7　切石法绘图

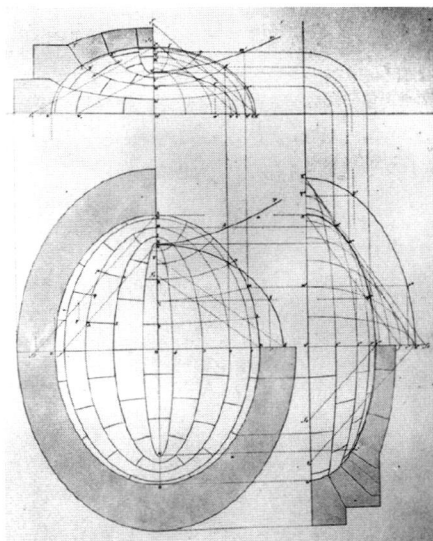

图 1-8　贾斯帕德·蒙治建立的画法几何

雷兹（Amédée-François Frézier）又在狄·拉茹工作的基础上完整地建立了一套支撑该方法的科学基础。最终贾斯帕德·蒙治（Gaspard Monge）将此发展成为现今为人熟知的画法几何（图 1-8）。

1.1.3　形式图解

形式图解的起源可以追溯到瓦堡学院（Warburg Institute）。瓦堡学院成立于 20 世纪 20 年代，其创始人阿比·瓦堡（Aby Warburg）是著名的建筑理论家与历史学家。在他的影响下，瓦堡学院偏重于对"经典传统文化"的研究，关注艺术心理学、符号学等领域。鲁道夫·维特科瓦（Rudolf Wittkower）于 1934 年加入瓦堡学院。在维特科瓦的《人文主义时代的建筑法则》著作中，他在解释帕拉第奥（Andrea Palladio）别墅中的几何学时使用了一张名为"帕拉第奥的十一个住宅的系统性平面"的图解（图 1-9）。图解中墙体厚度、墙面洞口等细节均被省略。仅用单线表达帕拉第奥别墅房间的平面比例与关系。唯一准确表达的楼梯间也是为强化"对称性"在建筑中的重要性。这张图充分体现了图解的意义——用抽象化方式简单而明确地赋予图纸全新的含义。

维特科瓦的学生柯林·罗在其著作《理想别墅的数学》中，将维特科瓦理解文艺复兴时期人文主义建筑的方法运用于解读柯布西耶的作品 [4]。柯林·罗对马尔康达别墅和斯坦因住宅平面作了简化抽象和数字注解（图 1-10），使

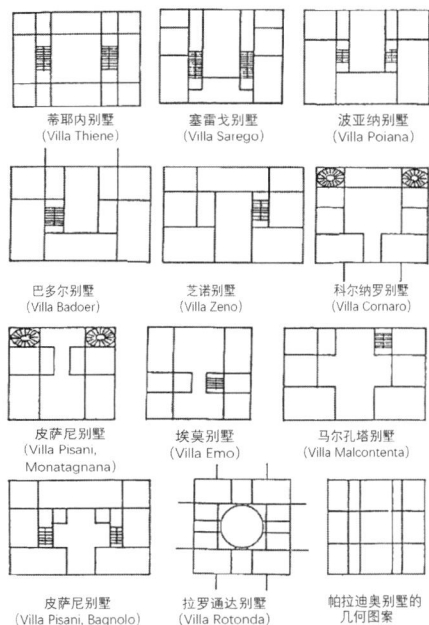

蒂耶内别墅
(Villa Thiene)

塞雷戈别墅
(Villa Sarego)

波亚纳别墅
(Villa Poiana)

巴多尔别墅
(Villa Badoer)

芝诺别墅
(Villa Zeno)

科尔纳罗别墅
(Villa Cornaro)

皮萨尼别墅
(Villa Pisani,
Monatagnana)

埃莫别墅
(Villa Emo)

马尔孔塔别墅
(Villa Malcontenta)

皮萨尼别墅
(Villa Pisani, Bagnolo)

拉罗通达别墅
(Villa Rotonda)

帕拉迪奥别墅的
几何图案

图 1-9　帕拉第奥的十一个住宅的系统性平面

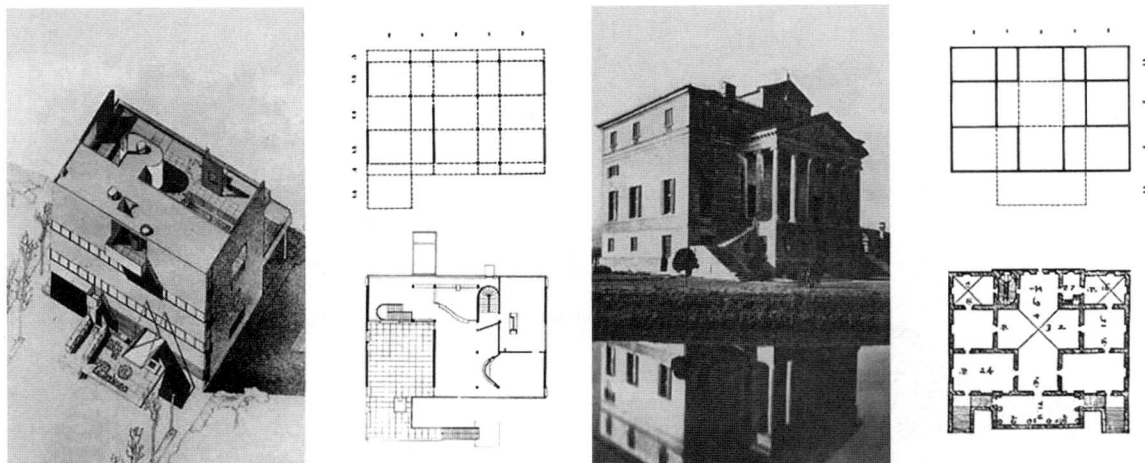

图 1-10　马尔康达别墅和斯坦因住宅的原始平面和柯林·罗对二者的图解分析

得两者的相似点清晰而明朗。在这里体量、尺寸和平面划分的数学关系被并置，图解操作的痕迹非常明显。

在 20 世纪 50 年代的美国德克萨斯建筑学院，柯林·罗与伯纳德·霍伊斯利（Bernhard Hoesli）、罗伯特·斯路茨基（Robert Slutzky）、李·赫希（Lee Hirsche）、约翰·海杜克（John Hejduck）、约翰·肖（John Shaw）、李·霍辰（Lee Hodgden）、沃纳·塞利格曼（Werner Seligmann）等人先后汇聚在一起，探索现代建筑教育的系统方法，进行了影响深远的教学实践，并被冠以"德州骑警"（Texas Rangers）这一称号[5]。"德州骑警"的改革是对包括弗兰克·劳埃德·赖特（Frank Lloyd Wright）、杜伊斯堡（Theo Van Doesburg）和柯布西耶（Le Corbusier）在内的现代主义早期历史的发掘。这也为他们提供了不同于包豪斯的关于形式再发掘的视野。在"德州骑警"对现代建筑教学的不断探索中，"九宫格"图解作为建筑学基础教学的重要工具出现（图 1-11）[6]。

1.1.4　生成图解

维特科瓦、柯林·罗等人对图解的分析性与解释性作了深入探索，而埃森曼则实现了图解在生成方面的延伸。他所关注的建筑"内在性"特质使图解成为调控形式生成的句法逻辑。

在对帕拉第奥、特拉尼（Giuseppe Terragni）的研究中，埃森曼通过图解挖掘出了建筑背后隐含的深层次关

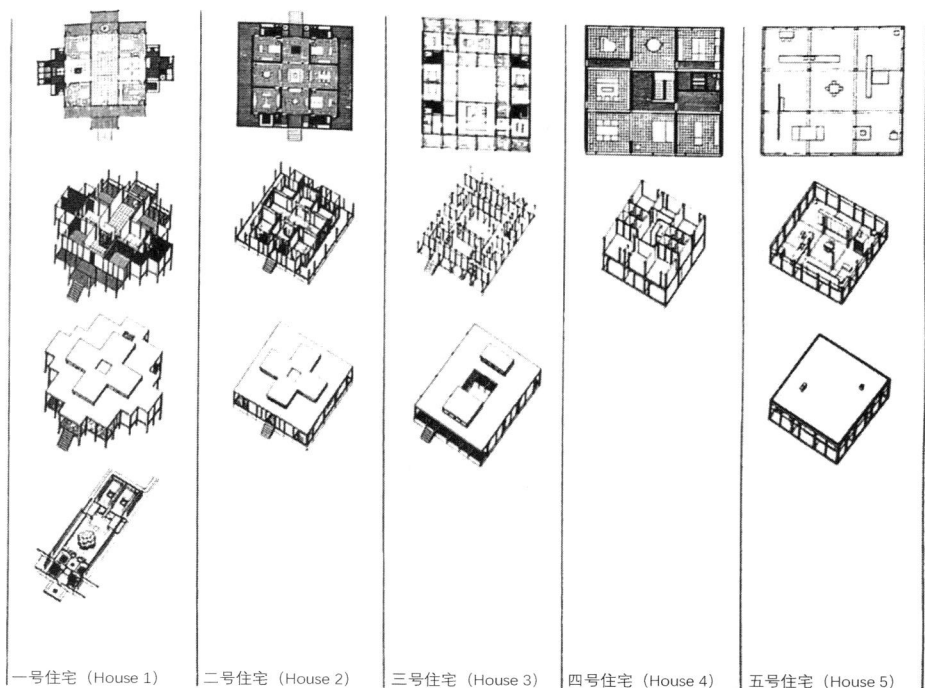

| 一号住宅（House 1） | 二号住宅（House 2） | 三号住宅（House 3） | 四号住宅（House 4） | 五号住宅（House 5） |

图 1-11　海杜克带领学生做的"九宫格"实践

系。特拉尼的作品在现代建筑史上是令人困惑的。其作品在高度抽象的形式语言中维持着很多古典建筑的传统。这些特性往往被政治色彩所解释。埃森曼认为，这一时期的现代建筑需要用一种全新的思维去理解。

在对特拉尼的建筑分析中，埃森曼根据乔姆斯基（Noam Chomsky）对语言"表层结构"（surface structures）和"深层结构"（deep structures）的区分，把关注对象从表层方面转向深层方面（图 1-12）。表层方面指与物体的感官特征相关的方面，深层方面则与不能被察觉到的内在概念关系相关。深层方面的属性是物体之间关系的内在性质，只能在逻辑思维中被理解。在这个过程中，图解成为逻辑思维运用的方式。德勒兹哲学则在图解的生成作用方面为埃森曼提供了理论参考。在德勒兹哲学观中，世界通过抽象的图解能力，在"流"和"力"的作用下，处于不断推动了"生成"的状态。在此基础上，埃森曼对图解的理解开始向生成设计方向转变。

1968 年到 1978 年，埃森曼在卡纸板（Cardboard）住宅项目中深入探索了图解的生成作用（图 1-13）。项目中每一个设计都始于"九宫格"结构模式，进而对这个结

图 1-12　埃森曼对特拉尼的朱利亚尼·福里吉尼奥大楼（Casa Giuliani Frigerio）进行图解分析

图 1-13 卡纸板住宅项目： Ⅰ 号住宅、Ⅱ 号住宅、Ⅲ 号住宅、Ⅳ 号住宅、Ⅵ号住宅、Ⅹ号住宅（从上往下，从左往右）

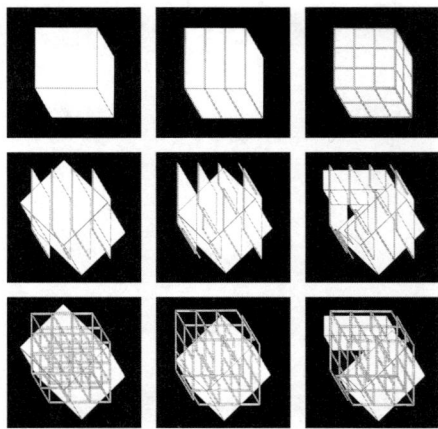

图 1-14 Ⅲ 号住宅的旋转网格

构图解进行错动、旋转、分割、消隐或连扣等形式操作。埃森曼把被操作对象视为一个可以由形式操作而衍生出无限可能的立方体。立方体的全部顶点、线条、面块都是语言生成的语法结构。而被物质化的墙、板、柱、梁都是建筑的自有语汇。

埃森曼的 Ⅲ 号住宅将建筑处理为可解读的文本，关注建筑客体的种种关系结构。Ⅲ 号住宅试图模糊传统概念上对客体层级秩序的感知，在建筑的实际操作中赋予所有构型元素（如实体、虚体、柱列、墙体等）以同等的层级（图 1-14）。Ⅴ 号住宅则利用图示发展了一种"蒙太奇"的概念。在 Ⅴ 号住宅中，埃森曼的探索目标由自治性转向了另一种观念：建筑物的逻辑结构可以从其外部直接产生。Ⅹ 号住宅是埃森曼结构主义风格的延续，同时也是该系列的一个升华（图 1-15）。不同于以往出现的独立立方体被操作，在 Ⅹ 号住宅中，立方体以整体的四分之一汇聚，以"L"形体架构在分割立方体的轴线上。立方体遵循某种逻辑变形、相互穿插，在其略显怪异的空间与比例中蕴藏着埃森曼想要传递的哲学原理。

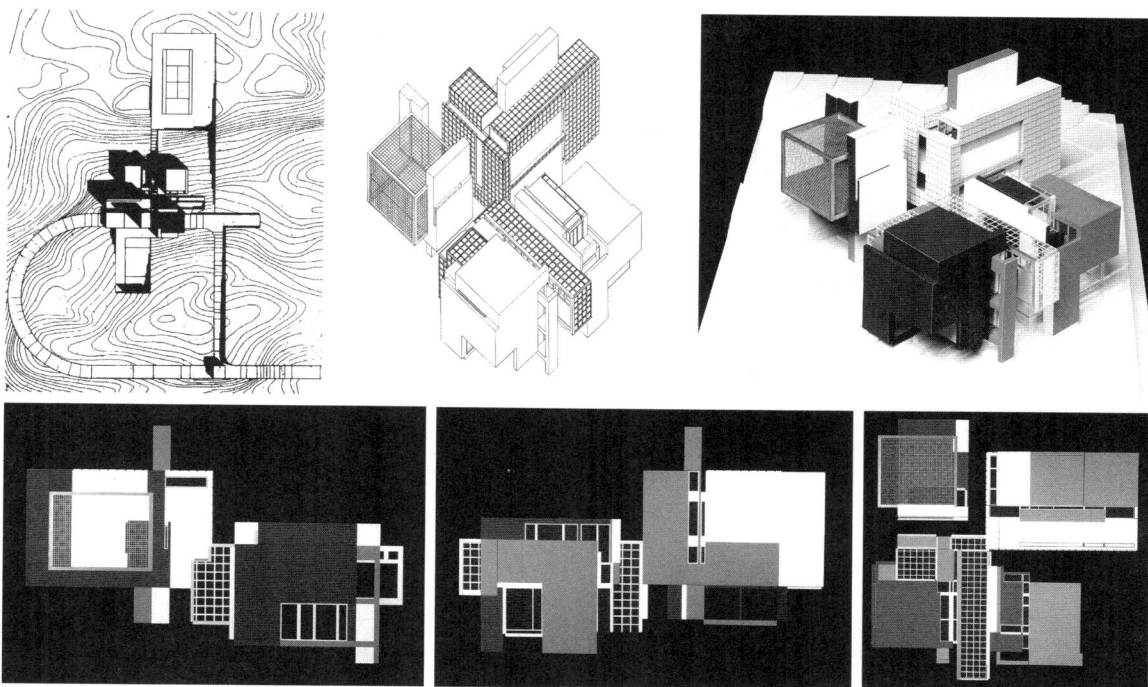

图 1-15　X号住宅的形式图解

　　随着埃森曼对形式图解研究的深入，建筑设计在形式逻辑操作下的潜力被揭示。这种抽象逻辑性为自下而上的形式逻辑生成提供可能，也向原有的建筑哲学以及设计方法提出挑战。在计算机时代，形式的生成逻辑与计算机算法的结合更是极大地推动了形式生成的发展。

　　虽然埃森曼的形式生成图解尝试以"深层结构"的形式逻辑操作空间设计，但是仍然没有脱离"形式"的限制。随着计算机技术的发展，形式开始变得纷繁多变，难以有一个强有力的形式范式将它们再统一和抽象。基于形式范式的"自主性"或者说"本体论"研究也逐渐式微。卡尔·初（Karl Chu）认为，建筑学"本体论"的研究需要超脱任何范式的限制，具备绝对一般性和普适性。而生成图解同样需要"本体论"层面的变革。

　　1990 年，约翰·惠勒（John Wheeler）尝试用"比特"的概念解答"本体论可以呈现什么"，即万物同时由物质上的微小粒子和抽象意义上的信号构成。但他并没有对"本体论"作具体呈现的回应。史蒂芬·沃尔夫拉姆（Stephen Wolfram）的解释相比约翰·惠勒更进了一步。他用"计算"解答了代码的组织形式[7]。这也恰好为建筑生成图解系统提供了基础。"计算"以及与之相联系的

1.1.5　生成设计启蒙

"算法"构成了建筑学新的生成图解。基于这一概念，卡尔·初提出了指向建筑本体论的建筑原型系统——"星球自动机（Planetary Automata）"[8]。"星球自动机"的出现提供了一种广义计算角度下建筑生成的具体方法。对哲学层面"本体论"的抽象讨论也通过这一原型得到了具体表达。建筑生成在这一语境下摆脱了形式范式，从一个近乎虚无的原点和绝对抽象的规则上展开整个生成过程。同时，建筑生成图解也摆脱了对形式操作的呈现，转向对抽象原点和规则的图解化描述。在"星球自动机"的基础上，卡尔·初进行了名为"ZyZx"的建筑原型创作。卡尔·初的"ZyZx"原型采用了一维元胞自动机中的一种特殊类型——帕斯卡三角形（Pascal triangle）作为其生成体系的描述（图1-16）。

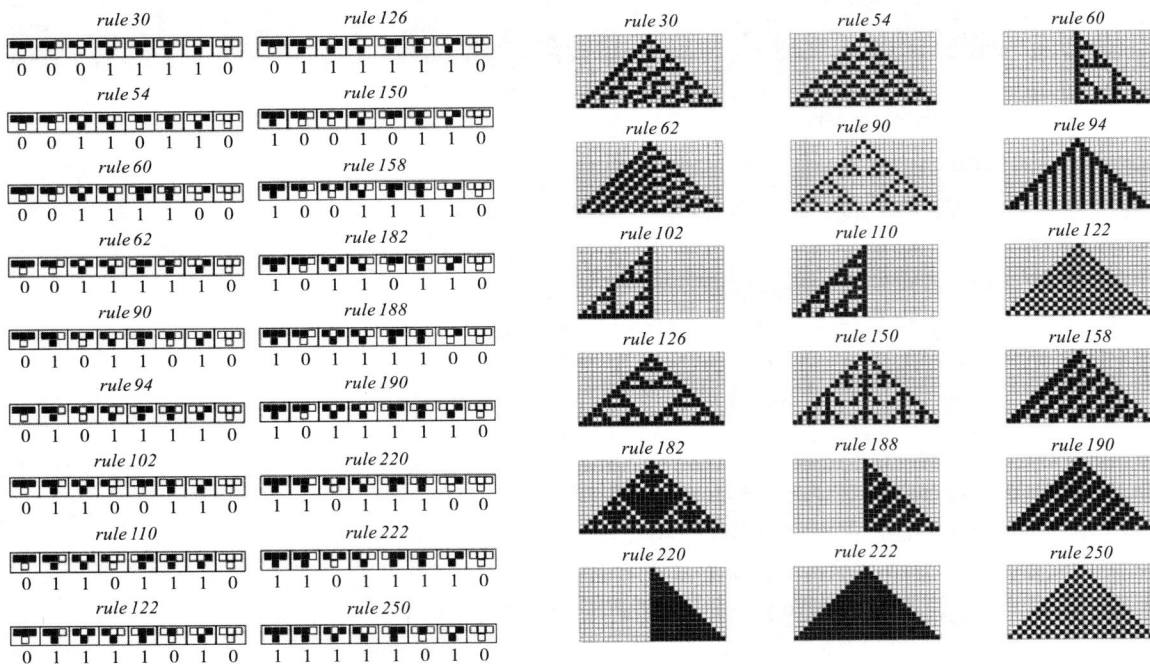

图 1-16　帕斯卡三角形（rule：规则）

基于"星球自动机"建筑原型的组织逻辑，具体且丰富的形式生成法则逐渐出现。在此背景下诞生的形式语法以类比自然语言的发展方式，将设计规则作为语法结构，运用图解作为语言的交流工具，扩充了建筑生成体系的发展。

1.2　数字化阶段

在计算机时代，埃森曼似乎已经将图解工具的生成式发展至巅峰状态。然而，格雷戈·林恩在恩师的启发下又结合算法将图解推向数字领域的新高峰。在技术、艺术及哲学等外学科的影响下，他将传统图解思维发展成一种全新的数字图解观，提出了折叠（folding）、泡状物（blob）、动态形式（animate form）与复杂性（intricacy）等新理论。数字逻辑与建筑形式图解的结合作为一种新的范式出现。

林恩对埃森曼的网格手法进行深入研究，在世贸遗址设计竞赛方案中运用了源于九宫格的弯曲扭转管束形式（图1-17）。这种九宫格平面布局法的创新展现了计算机辅助下全新的形式结果。同时，林恩的设计概念并非如同埃森曼的建筑内部自治或语法解读，更多的是对建筑与城市地标关系的思考。

在林恩的数字图解探索中，折叠、泡状物、动画形态和复杂性依次成为各个阶段重要的核心思想。"折叠"概念最初在其《建筑的曲线性——折叠的、柔顺的、平滑的》一文中被提出[9]。"折叠"概念来源于对哲学领域"褶子"概念的再解读（图1-18）。在哲学中，"褶子"是形而上的"褶皱"，可以反映宇宙中"折入"与"折出"两种运动方式，展示了一种时空连续和多样性的概念。在林恩的阐述中，"折叠"概念作为一种图解操作使建筑与文脉融合，使建筑在保持与场地统一的同时，呈现出自主性与多样性。

1.2.1　图解生形

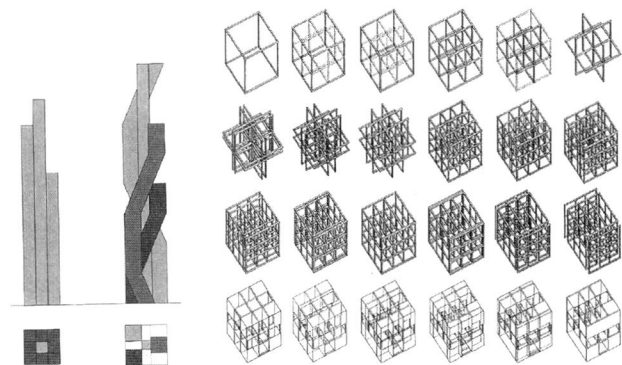

图1-17　林恩的世贸遗址设计竞赛——变异的九宫格（左）与埃森曼的九宫格（右）

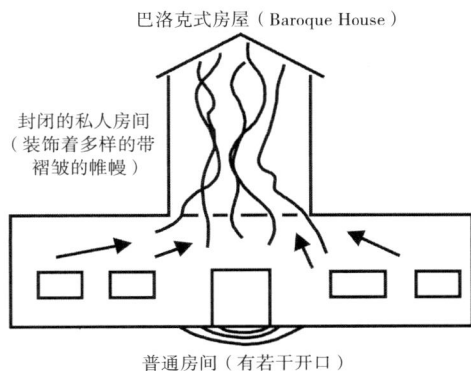

巴洛克式房屋（Baroque House）

封闭的私人房间（装饰着多样的带褶皱的帷幔）

普通房间（有若干开口）

图1-18　德勒兹绘制的"褶子"示意图

"泡状物"是林恩在计算机变形技术的基础上提出的一种形式概念。这一概念来源于 3D 软件 Wavefront。在该软件中，球体单元被定义为核心和表皮两层。球体内核的内作用力和球体之间的外作用力相互影响，作用于表皮物质使球体变形。变形球受相互作用力影响聚集到一起形成新的个体。新的个体既具备由多个单体构成的复杂形态，同时又是不可分割的单一物质。由此，林恩对建筑形式有了新的理解：形式不是简单的组合物，而是受周围环境中力的作用而生成的有机整体。

"动画形态"概念来源于林恩在计算机动画技术辅助设计方面的探索。他希望通过对"动态""场""力""时间"等概念的探讨，利用计算机组织运算，从而生成建筑形式。"动画形态"是针对建筑的动态概念。这里的"动"并不是物理层面的涉及位移（movement）与动作（action）的运动（motion），而是更接近"动画"（animation）的概念。在林恩看来，动画形态并非强调建筑的真实运动，而是通过"动画"这种图解反映"力"对建筑塑形过程的影响。

"复杂"的概念提出于 2003 年。林恩的数字图解思想从此由抽象的哲学理论转变为结合计算机技术的生产模式。与"折叠"概念一样，"复杂"的概念也是基于"褶子"理论。但不同的是，它利用计算机技术在结构组织和元素分配方面的特点为形态带来新的可能性。在"复杂"的概念中，细节与整体呈现出新的关系：细节反映整体，整体又包含细节。例如分形几何中的"科赫曲线"，细节并不是作为独立的个体来构成整体，而是参与到整体形式的关系中（图 1-19）。

图解工具在格雷戈·林恩的探索中，完成了从手工绘图的创作模式向数字化的生形体系的转变。林恩借助计算机工具的辅助，结合前沿科学技术与当代哲学思想对图解理论进行全新的诠释。数字图解理论如今已经在建筑领域成为一支崛起的新兴力量，并对后来在世界范围内多样的数字图解探索（生成图解、结构性图解、环境性能图解、几何建造图解等）产生了深远影响。

图 1-19　科赫曲线在计算机运算中的绘制结果

英国数学家、建筑师莱昂内尔·马奇（Lionel March）致力于研究一种可以用数学手段解决建筑形式问题的"建筑科学"，并将这个科学称为"布尔描述"（boolean description）。在 1976 年出版的《形式的建筑》一书中，他通过两个经典案例详述了使用数学编码来描述平面布置与体量构成的方法（图 1-20）[10]。第一个案例是由密斯·凡·德·罗（Ludwig Mies van der Rohe）主持设计的西格拉姆大厦。马奇首先将这种三维网络用二进制码进行了定义：实体的网格为 1，空心的网格为 0。从而将西格拉姆大厦裙房部分的体量构成用一串二进制码进行表达。马奇将这一长串二进制码重新编译为十六进制码，得到了编码序列：10032EFE0F00。第二个案例是由勒·柯布西耶设计的"最小住宅（Maison Minimum）"。其编码方式基本相同，只是建筑编码内容由体量构成转向平面分布。马奇将平面划分为均质网格，并使用二进制码将有墙穿过的网格单元定义为 1，没有墙穿过的网格单元定义为 0，从而从建筑平面中抽象出一个二维码矩阵。他进一步将二维码矩阵转译为十六位编码，最终得到了一串同样并不算长的序列：FF803F71180EFE033。

在这两个案例中，马奇用布尔数对建筑进行代码抽象。对他而言，布尔运算代表了一种绝对的理性推理过程。他希望通过这种方式使设计过程更加客观。马奇在上述案例中的建筑编程过程更倾向于描述性图解，并非生成性图解。算法生成图解既展现了计算机领域算法描述的特点——以代码描述为核心，同时也保留了建筑图解的原有特征——以图示为基础。从建筑生成设计的角度而言，算法图解无论是对建筑中形式层面还是非形式层面的问题都将带来源源不断的启发。设计生成结果的可能性将被大大扩展，同时其科学性与严谨性也将进一步被提高。

单一的形式规则首先在计算机内部被编码为运算器。在初步形态操作后，不同运算器间的组合与迭代在设定了判定条件的情况下形成了真正意义上的"算法"，进而推动形态操作向更加复杂的层级衍生。生成过程的算法对应形式语法的规则。而"迭代和递归"与"判定和优化"成为连接建筑设计与计算机算法的两组核心。

通常意义上，迭代（iteration）是一个通过不断重复同一算法的反馈来逐渐逼近目标的过程。每一次重复称为一次"迭代"，而每一次迭代的结果会作为下一次的初始值。与常规迭代中的推演过程不同，递归（recursion）

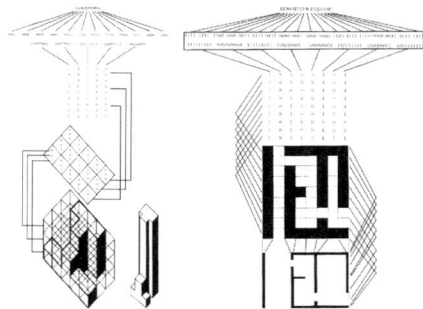

图 1-20　西格拉姆大厦与"最小住宅"的编码图解

指将每一步迭代所产生的结果累积在一起而形成一种叠加式几何结构的过程。其生成的最终形态可以被认为是从第 1 步至第 n 步所有迭代结果的集合。从结果上来看，递归可以被看作是另一种规则下的迭代算法。但从过程上来说，两者是基于完全不同的运算逻辑。

汉斯米耶尔（Michael Hansmeyer）将"细分"（subdivision）算法应用到"分形柱式"的生成设计中（图 1-21）。本质上，"细分"是一种基于迭代与递归逻辑的图解思维。在"细分"过程中，设计师将柱式表皮作为一个初始值，供计算机进行迭代衍生。表皮被视为一个阈值或者数学基元，通过不断细分可以生成极其复杂的运算结果。从图解与数学的联系来看，这个过程中产生的任何形式结果均可作为数学基数被编码。因此，理论上可以迭代出无穷小的形体用于下一步操作。

在程序算法的背景下，代码成为图解的象征性代表。设计师通过代码可以对极其复杂的形态进行迭代生成。而其中，对复杂形式的"转化"成为分形几何思维应用于建筑设计的主要方式。汉斯米耶尔以"代码—形式"的逻辑将建筑实体建造扩大至计算范畴，探索了图解形式表达的极端临界。这为建筑的复杂性研究提供了重要的参考价值。

相比于"迭代与递归"的算法生形思想，"判定与优化"更侧重于建筑设计过程中的形态合理化进程。由于判定标准和优化方式都可以被视为设计问题的量化参数，所以在理论上存在无数种形式结果的可能性。

约翰·弗雷泽将自然界中的生物进化理论与建筑生成设计相结合，提出了建筑"生成进化范式"[11]。在生物进

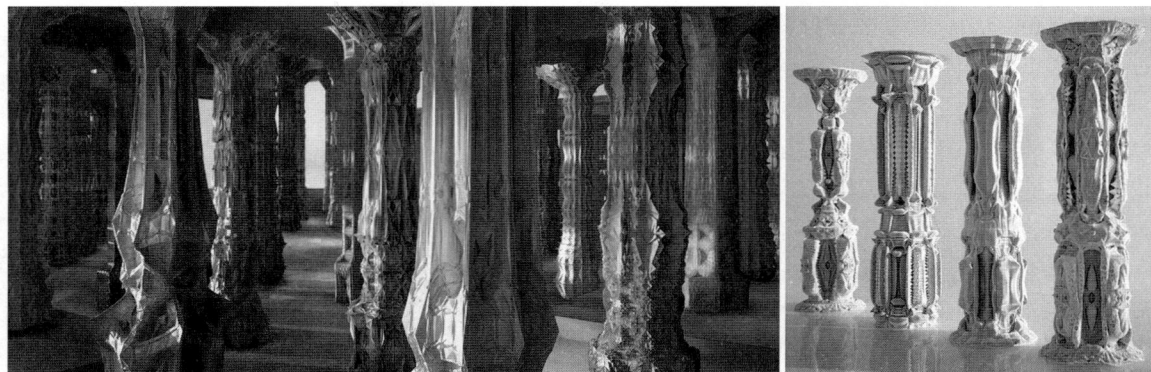

图 1-21 "分形柱式"的生成设计

化中，遗传密码（Genetic Code）是一切进化发生的基础。同样，在进化建筑理论中也需要一种"遗传代码"作为建筑生成的基础并对建筑概念进行描述。而这种代码由计算机来承载。"代码与规则成为操作的基础，形式转译与选择成为最终形式生成的手段"这一论述在"Reptile System"中得到充分的体现（图1-22）。这也再次印证，在算法生成图解中图解的抽象性被进一步提升到了代码的层面。图解的指向从形式转向规则，从结果转向过程，图解与图的区分变得清晰而明确。

算法主导的设计生成途径随着计算机技术的智能化而越发丰富。除了以"迭代与递归"和"判定与优化"为基础的建筑理论，多智能体系统（Multi-agent system）也作为模拟动态生成体系的方法出现。它在充分利用计算机算力的同时重新诠释了算法与图解之间的动态关系。如果说"图解是一部抽象的机器"，那么基于多智能体系统的生成算法就是一个不断演变的动态"生命体"。

20世纪后期，复杂性理论和混沌理论的发展使人们对生成设计的认知发生了转变。生成转变为一种同时包括周期性和混沌性的形式自组织行为，而不仅仅是"自下而上"并趋向某一目标的迭代结果。在这一背景下，以多代理系统为基础发展出来的集群智能（Swarm Intelligence）算法迅速兴起。在集群智能概念中，"集群"指的是"一组相互之间可以进行直接或者间接通信（通过改变局部环境）的主体，能够感知其所处的环境并作出相应的反应，并且在没有全局模型的情况下进行涌现问题的求解"。而"智能"一词则被定义为"单一思维的主体通过合作所表现出的复杂行为特征"。集群智能在发展初期被广泛应用于对蚂蚁、蜜蜂等群体社会生物体的行为研究中。这些生物群体的社会行为同时激发了设计领域对集群智能算法的应用。

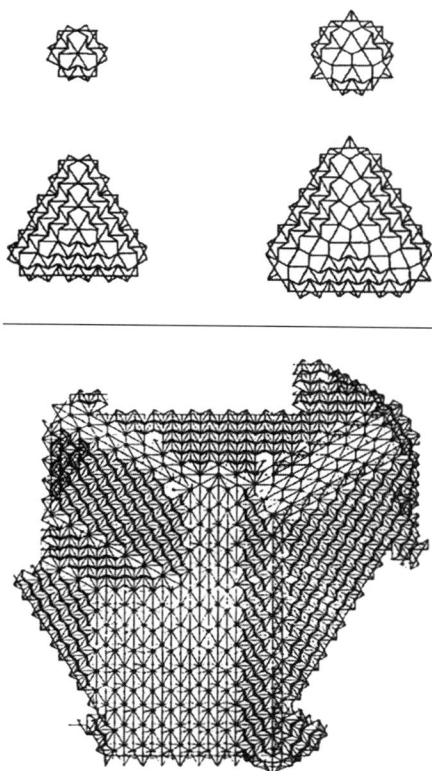

图1-22 Reptile System 两种不同的最初代码："结形（knot）"和"星形（star）"（上）与"星形（star）"所生成的平面形态（下）

1.2.3　参数化设计

参数化（parametric）这一单词由"para"和"metric"组成。"para"在英语中有旁边（besides）、邻近（adjacent）和附属（subsidiary）的含义。事实上在"parametric"中，"para"表达了两个事物或者组件与整体之间有某种关系。"metric"或更早一步写为"meter"，表示系统性、可量化的意义。二者的结合意味着可以量化、可以测量的关系。而"parametric"则表示使用可量化的方法去定义整个系统。

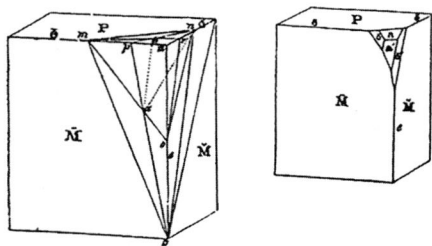

图 1-23 达纳所述晶体与倒角率的关系

参数化方法可以追溯到很久以前。早在古巴比伦时期，人们就开始使用参数化。但彼时人们并没有参数化这一概念，而仅仅觉得他们在找某种几何关系以控制建筑形式。例如乌尔城通天塔的第一层底面约 65m×45m，高约 10m。塔身层层向上收缩，直至第七层。这种精准的几何形式带来宏伟的观感。

参数化一词最初被应用于数学，例如詹姆斯·达纳（James Dana）为解释如何绘制晶体，用参数、变量、比率等描述绘制规则（图 1-23）。其中，这些表示很多独立变量的方程被称为参数。

安东尼奥·高迪（Antonio Gaudi）是前数字时代的伟大建筑师。他的建筑无论是在形式还是结构上都体现出极大的复杂性。他曾说："直线属于人类，曲线属于上帝"。他的作品中呈现的空间和形式从外观看肆意自由，接近于神的美学。但事实上，高迪作品的各种特质都完全符合参数化主义的逻辑。例如，他利用悬链模型探索力的自然分布，从而获得礼拜堂倒立的形式。

弗雷·奥托（Frei Otto）是参数化主义的先驱。他坚持用物理模型实验来"找形"，而摒弃了传统的绘图或生硬生形。其中较为经典的是他的皂膜实验。他将闭合线圈放到肥皂水里，形成一层薄膜。薄膜各点各方向预应力都相同而且保持常量不变，形成空间曲线圈的面积最小的曲面。这也被叫作"极小曲面"。他十分迷恋实验，并认为建筑师应理解"产生物体的物理、生物和技术过程"。比如他在曼海姆多功能大厅屋顶设计中展现出对鸟类头骨、肥皂泡和蜘蛛网等自然现象的兴趣，并将其转化为精致而优雅的形式。

弗兰克·盖里（Frank Gehry）是解构主义的代表人物。他常常利用揉碎的卡纸、碎玻璃等材料找寻建筑灵感。不同于高迪，他的形态生成逻辑并非基于传统欧式几何学。相对地，他对计算工具使用方式的研究在参数化领域产生深远影响。他将原用于飞机建模的 CATIA 软件引入建筑。并且，盖里团队还为 CATIA 创造了一个界面——这也是现在 BIM 软件的原型。巴塞罗那奥运村鱼形雕塑、古根海姆博物馆等作品都体现了他对曲线曲率的极致追求。

1.3 智能化阶段

1.3.1 数字建构

数字和建构这两个概念在历史上"相互纠缠"。其背景可以追溯到 20 世纪 80—90 年代。从某种角度看，如果说两次世界大战是推动 20 世纪上半叶建筑发展的重要事件，那么六八运动便是 20 世纪后半叶建筑的起点。后六八运动时期始终绕不开的话题就是对消费主义和图像文化的抵抗。由此，对建构文化的关注应运而生，主要体现为肯尼斯·弗兰姆普敦（Kenneth Frampton）所引导的对真实物质建构和身体体验的回归。在探求建筑表达的本质之时，由于受到现象学的影响，建构研究者一方面反对后现代建筑通过符号传达建筑意义的表面化方式，另一方面也反对埃森曼脉络下的形式主义者们将建筑意义隐藏于繁琐形式建构规则中的做法。他们所追求的是真实的身体体验。

爱德华多·塞克勒（Eduard Sekler）在讨论建构时建立了一个三角形。三角形的三个顶点分别为"结构""建造"和"构造"（图 1-24）。作为抽象概念的结构是通过建造实现的，即对应技术映射。它通过构造形成视觉表达，即文化含义。不涉及建造过程和构造表达的意义，仅仅与结构高度统一的形式只是一种节约的形式。它对工程师有意义，但远不能涵盖建筑学的全部。

图 1-24 爱德华多·塞克勒建立的建构三角形

在塞克勒的三角形中，建构源于结构和建造，却又超越于结构和建造。如奈尔维（Pier Luigi Nervi）所说的，建构的基础是技术正确性，要遵循结构和建造。但同时建构又会在发展中不断受到美学修正，来反映不同时期观者的感知习惯和认知基础。

1.3.2 离散设计

在 21 世纪初期，3D 打印出现于建筑技术史的舞台，成为新一代数字设计的高效建造技术。3D 打印机器以微分方式进行建造。通过对尺度和分辨率的把握，它几乎可以通过细分来实现任何想要的形态。

在技术的赋能下，离散设计风靡开来。从菲利普·莫雷尔（Philippe Morel）开创性的玻利瓦尔椅（Bolivar Chair）开始，许多设计师都在形式操作中有意识地保留像素化和粒子化的特征。借助结构性能的有限元分析算法等工具，设计师可以将离散化逻辑与建筑形式相结合。

大尺度的离散化建造得益于机器人工业的发展。这一领域的先驱有苏黎世联邦理工学院的法比奥·格拉马齐奥（Fabio Gramazio）和马赛厄斯·科勒（Matthias Kohler）。他们从 21 世纪初开始进行工业机器人的离散化建造研究。斯图加特大学的阿希姆·门格斯（Achim Menges）和扬·克尼普斯（Jan Knippers）团队专注于对自适应机器人建造等研究，尝试解决机器人作业时意外情况的应对问题，实现不可预测的材料行为有效控制。

1.3.3　性能化设计

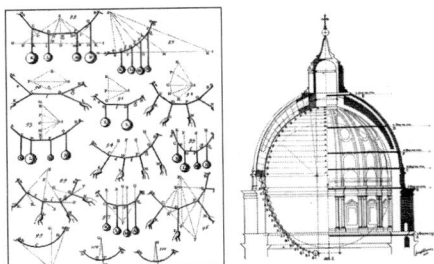

图 1-25　图解静力学的中期探索

高迪无法用几何方程计算复杂的拱，于是用悬力线倒垂的方式为结构找形。建筑抵抗重力的力，跟它所受到的重力的吸引是相平衡的。他用这样的方式，通过镜像的反射巧妙得出上部结构的模型。

当时复杂的代数计算方法阻碍了静力学的发展。而得益于投影几何的出现，图解静力学中清晰的力学表达和结构分析能不再依赖形与力的解析或数值关系，在一种共通的几何语言中对形式和结构进行连续、双向控制（图 1-25）。这种控制来自其中两种图解的交互性（reciprocal）：形图解（form diagram）表示结构、作用力和荷载的几何形状；力图解（force diagram）表示结构中内力与外力的整体或局部平衡状态。

图解静力学找形广泛出现在高迪的设计中（图 1-26）。高迪和他的结构工程师马里亚诺·卢比奥·贝尔弗（Mariano Rubio Bellve）都曾经接受过图解静力学的教育。在高迪看来，结构形式和物理应力的对应关系必然能够同时获得结构效率与形式美学。他认为结构形式应来自于力学的自然成形，而不是预设的几何形态。在高迪的设计中，图解静力学和物理倒挂找形都曾被使用过。在古埃尔公园（Park Guell）与荒山（Muntanya Pelada）

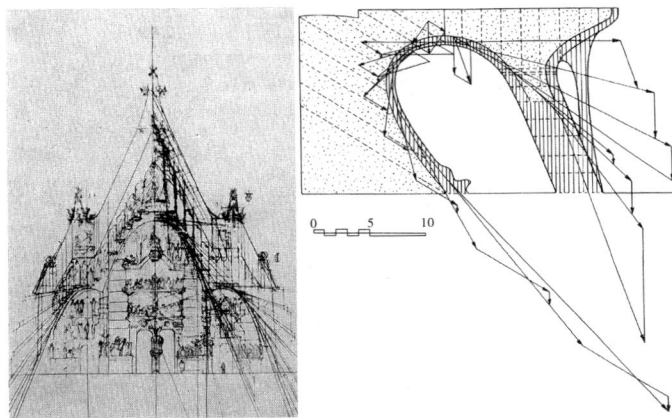

图 1-26　高迪设计中的图解静力学

的挡土墙设计中，高迪就运用了静力图解的方式寻找挡土墙的最有效形式。

进入数字时代后，在算法导向下逐渐形成了计算性图解静力学的工具，如菲利普·布洛克（Philippe Block）领导下的苏黎世联邦理工学院 BRG 小组，以图解静力学为基础的核心目标，去了解复杂结构设计和工程问题的实际需求，并为结构性设计开发新的算法和高效、易懂的工具，开发了犀牛拱（Rhino VAULT）插件。

澳大利亚皇家墨尔本理工大学的谢亿民（Yi Min Xie）院士与格兰特·史蒂芬（Grant Steven）在 20 世纪 90 年代提出了渐进结构优化法（Evolutionary Structural Optimisation，ESO）。基于拓扑优化逻辑，渐进结构优化法能够慢慢从结构体中去除低效材料，逐渐衍生出最优的结构形态。

在 ESO 的基础上，谢亿民又提出了双向渐进优化法（BESO）。在双向渐进优化法中，材料根据受力情况既可以在低效区域被删除，又可以高效区域被增加，进一步提高了优化过程的可靠性。双向渐进优化法将多种维度的复杂结构问题简化为直观的形式操作，成为建筑师快速理解形式与结构关系的重要参考。

生成式人工智能（Artificial Intelligence Generated Content，AIGC）作为一种先进的技术和方法，已经在各个领域展现出巨大的潜力和应用前景。这种生成方法为建筑设计师提供了一种全新的寻找图解关系的方法。

基于大数据，计算机通过既定的算法和模型来学习这些数据集中的模式和规律，自动调整和优化算法模型，以实现任务制定的目标。这一过程通过大量样本案例，提取与整合建筑特征，自动搭建建筑的关系网络。

人工智能生成建筑设计的原理基于数据驱动和模型训练的思想。通过大量的数据和训练，模型可以学习和理解建筑设计的规律和特征，进而生成新的设计方案。而在整个过程中，设计师仍然扮演着重要的角色，包括数据准备、模型训练、设计生成和评估等方面的指导和干预。设计师的专业知识和判断仍然是确保生成设计方案质量的关键因素。

1.3.4　人工智能生成式设计

第 2 章　数字建筑学的设计哲学

2.1　后结构主义哲学

2.1.1　结构主义建筑

结构主义思潮兴起于 20 世纪初的欧洲，20 世纪 60 年代在法国思想的舞台上走向鼎盛，在人类学、社会学、考古学、历史学、语言学、哲学乃至建筑学等多个领域都带来了重大影响，成为当时的主流思潮之一。结构主义起源于结构语言学，最早由费迪南·德·索绪尔（Ferdinand de Saussure）探讨，索绪尔认为语言是由"能指"（Signifier）和"所指"（Signified）组成的符号系统 [1]。随后美国语言学家诺姆·乔姆斯基（Noam Chomsky）研究语言的生成能力，强调语法是语言学的深层结构。

结构主义思想认为事物的本质是由相互关联的元素组成的结构或系统，并强调整体和部分之间的关系，关注元素之间的关系和结构的组织原则。该思想主张通过揭示事物内在的结构和规律，来理解和解释整体以及存在于整体中的规律 [2]。结构主义关注结构的内在逻辑和组织原则，结构具有稳定性、持久性、可变性和适应性，同时兼顾灵活性和多样性，并鼓励创新和变革。结构主义的西蒙·布莱克本（Simon Blackburn）曾总结：人类生活的现象只有通过它们之间的相互关系才能被理解。这些关系构成了一个结构——在表面现象的变化背后隐藏着抽象关系的规律。

在结构主义思想的影响下，20 世纪兴起结构主义建筑与城市规划运动，对《雅典宪章》的现代城市四大功能分类提出挑战。《雅典宪章》对现代城市的定义本意是要求建筑师关注居住、工作、交通与休闲的重要性 [3]。然而，随着大量公共设施和福利住宅的建设，人们逐渐发现城市面貌应有更为丰富的日常生活和展现面貌，才能满足对城市可识别性的要求。1953 年，国际现代建筑协会（CIAM）第九次会议上，艾莉森·史密森（Alison Smithson）和彼得·史密森（Peter Smithson）对教条式的功能主义直接批评，提出用新的社会组织构架替代《雅典宪章》的功能主义原则。会上的青年建筑师们通过对北非传统聚落形态"卡斯巴"的研究，阐述了日常生活和空间模式的关联 [4]。1959 年，阿尔多·凡·艾克（Aldo Van Eyck）等人在建筑杂志《Forum》（7/1959）上撰写了结构主义运动最具影响力的宣言之一，成立了以第九次会议的积极分子组成的"十人组"（Team 10）。

"十人组"认为建筑结构在形式上与社会结构相对应，关注现代性和日常生活的关联。他们认为"人与事物之间的关系"将是城市中新的问题。其理念可被归纳为三个原则：关联、身份和灵活性。关联原则反对雅典宪章的功能主义方案，提出了一种以人群为考虑因素的城市规划，由四种不断增长的集群类别所组成：住宅、街道、区域和城市。"十人组"的意图是在社会学上强调城市需要通过居民之间的联系发展出一种社区意识。身份的产生源于人们认识到巩固归属感的空间需求，是构建新城市的过程。灵活性代表城市的本质现象不是增长，而是变化，因此城市结构应设计为能够生长和变化的。他们反对传统城市规划的概念，因为城市发展往往存在不可预测的变化，因此城市规划唯一能做的就是在现有条件下做到最好。

"十人组"从社会结构、人的需求、关系网络等方面提出了簇群城市（cluster city）、流动性（mobility）、门阶与介入空间（doorstep and in-between space）、街道（street）等概念，在当代的城市公共建筑、景观基础设施、开放空间等话题中占据一席之地。

阿尔多·凡·艾克（Aldo Van Eyck）在阿姆斯特丹孤儿院中构建了一个微型城市。整个孤儿院由重复的柱子、门楣、屋顶组成，该综合体共包含 300 多个模块，所有模块都相互连接并围绕一系列私密庭院分组，形成了相互关联、相互融合的内部空间和户外空间。在他看来，私人与集体紧密联系，建筑与城市的边界将消融。

赫曼·赫茨伯格（Herman Hertzberger）受到阿尔多·凡·艾克的影响，以结构主义为基础形成建筑设计理论。赫茨伯格遵循一个简单的原则"一加一"，即将服务于人的空间单元连接起来形成灵活的整体，同时在场域发生变化后，通过改变空间单元的组合方式，建筑空间能随之变化，服务于现在和未来。

比希尔中心办公大楼由 9m×9m 的重复空间单元组成，空间单元由 3m 宽的走道两两相连，形成开放空间（图 2-1）。整栋建筑在不同层的空间上连接，根据特定需求，空间单元可以被更改为另一种功能，大型铰接式公共空间创造了共享工作的氛围。比希尔中心办公大楼内的人员组织架构不断变化，需要经常调整不同部门的规模，因此建筑实现了结构主义对空间组织的灵活适应性。在不同情况下，该建筑仍能保证作为一个整体的平衡，继续发挥

图 2-1　比希尔中心办公大楼

空间作用，以服务于不同需求 [5]。

结构主义另一建筑案例是由乔治·坎迪利斯（Georges Candilis）等人设计的柏林自由大学。该设计创造了模块化开放步行系统网络，将整个大学编织进高密度的都市之中。该建筑基于对教育体系的反思，通过步行系统，将街道、广场、剧院、庭院、公园连接为一个生长的城市。空间单元和建筑元素的多种衔接方式提供了不同空间使用场景，强烈的配色方案增添空间丰富性和标志性。

总之，结构主义试图为城市或建筑找寻整体秩序和系统，通过清晰的结构组织多个单元模块，注重建筑的组织、秩序和层次。通过建筑内部结构和外部形式之间的统一，实现建筑的整体性和系统性，为功能主义提供一种灵活、可扩展的空间组织形式，以适应不断发展和变化的时代。

2.1.2　后结构主义建筑

20 世纪 60 年代末，结构主义的许多基本原则受到了新的批评，主要来自于米歇尔·福柯（Michel Foucault）、雅克·德里达（Jacques Derrida）、路易斯·阿尔都塞（Louis Althusser）和罗兰·巴特（Roland Barthes）为代表的法国知识分子和哲学家。后结构主义的思维方式扎根于结构主义，同时也对结构主义中的一些内容进行了批判。

雅克·德里达在《人文科学话语中的结构、符号和游戏》一文中，主张批判性地审视、挑战语言和概念的固有二元对立，以揭示意义的多样性和语言的不稳定性；他认为文字和符号系统的运作是无穷的延伸和漂移，意义的建构是由不断的差异和间隙所驱动，拒绝确定性和中心性的观念，主张解构和边际化的思考方式 [6]。相较于结构主义简化的方法论，后结构主义批评将结构置于中心地位，质疑结构的稳定性和决定性作用。它认为结构并非固定不变的，而是受到权力、历史、文化和语言等因素的影响和变化。

在建筑及规划领域，后结构主义倡导以边缘化和边界的概念来重新审视建筑和社会的关系。建筑作为符号和象征的意义不仅仅是实用性的物质构筑物，而且承载着文化、身份、权力和意义等多重层面的符号价值。从设计过程的角度来看，结构主义围绕着二元、等级和结构思维的观念，例如黑色不能是白色，反之亦然。后结构主义者批评了简化的观念，认为事物实际上是以一种更复杂多样的形式发生，存在着模糊、非二元的中间状态。后结构主义的方法认为，要理解一个对象，有必要研究对象本身以及产生对象的知识系统。

后结构主义强调语言和表达在建筑中的重要性，建筑被视为一种通过符号和象征来表达和交流意义的语言系统。建筑通过语言的运作和表达方式来传递意义。建筑的设计和解读都需要从语言的功能和表达方式等层面，探索建筑作品与观者之间的交流和理解过程。后结构主义关注建筑中的次文化和身份政治问题。相较于结构主义对于建筑的普遍化和标准化，建筑设计需要关注不同群体的特殊需求和身份认同。后结构主义倡导通过建筑来探索和反映不同社会群体的文化、身份和权力关系。

彼得·埃森曼作为代表人物，其思想受到诺姆·乔姆斯基的影响。埃森曼将建筑设计纳入生成过程的逻辑中，形式的逻辑可以推演出形式关系，这种关系可以对任何物质结构加以描述，摒弃了"功能需要"或"艺术创作"为主体的思想。解构主义作为一种态度，质疑了"形式追随功能"这个二元议题，模糊了建筑形式与功能、意义的关系，转而使用生成语法，促使建筑推演并进化。埃森曼将这一观点逐步发展为"建筑语法学"。

埃森曼曾在 House X 项目中描述道："大多数房子都是脊椎动物。也就是说，除了它们有一个中心，通常是壁炉或楼梯；它们的屋顶从中心斜撑，表现出对整体中心性的关注，这个中心表达了住宅的功能核心和概念。而在 House X 中，已然没有中心。"House X 由四个正方形并置，它的图解操作从最原始的空间符号开始递归、自指（Self-reterence）与自我复制，将基础元素以各种方向、数量、位置组合，将各个面赋予不同的材料以呈现，使得梁、柱、楼梯等符号的形式含义逐渐被消融。

伯纳德·屈米（Bernard Tschumi）的作品中强调建筑通过程序化和空间来实现非等级化的权力平衡。在屈米的理论中，建筑的作用不是表达现存的社会结构，而是质疑、修改现有结构。屈米采用了俄罗斯电影摄影师谢尔盖·爱森斯坦（Sergei M. Eisenstein）的图解方法，利用构成系统的元素之间的间隙：空间、事件和运动（或活动）。

首先，屈米的项目通过产生、重复、暴露序列空间、实践和运动；其次，通过陌生化、解构、叠加和交叉规划的过程，在空间和发生的事件之间创造新的联系。在拉维

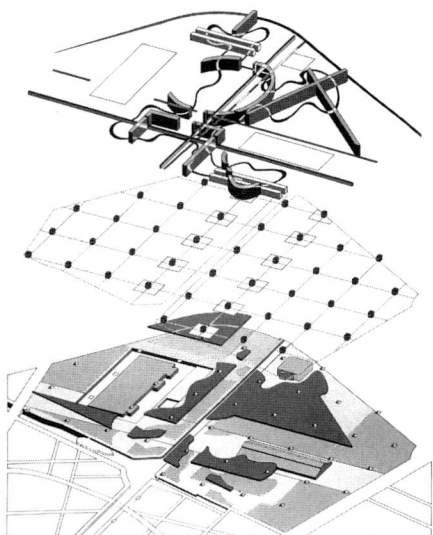

图 2-2　拉维莱特公园的点、线、面系统

莱特公园中，点、线、面三种空间系统组成统一的解构形式公园，三种系统相互叠置、作用，引发实践和空间中行为的可能，带来了多样的社会活动（图 2-2）。

可以说，后结构主义建筑批判性地挑战了结构主义的二元性和现代主义的功能性，强调多样性、多义性和混合性；它拒绝了传统的结构观念，认为缺陷和不稳定性是结构的内在特征；它关注建筑与社会、文化和政治的关系，通过建筑的符号性和表征性来探索权力、身份和意义的问题；它倡导连接性思维，强调事物之间的复杂关联和非二元的模糊性；它追求对空间和时间的敏感性，关注历史地理的特殊性和语境；最重要的是，后结构主义建筑通过自由、突变的手法打破了传统建筑的规范和限制，促进了创新和反思。

2.2　新唯物主义哲学

2.2.1　新唯物主义理论

从本质视角，新唯物主义哲学既不同于 20 世纪哲学领域中的理想主义（Idealist）倾向；同时，它又异于传统认知层面的唯物主义哲学（包括本质主义、理想唯物主义、神创论等）。新唯物主义哲学认为，物质形式的出现是一种真实的、迭代的生成过程，并且这个过程受到某种隐形规则的影响。其中，这种隐形规则便是图解。新唯物主义哲学更加关注在图解控制下的形式演变过程，而非由最终形式结果所代表的象征意义。

并且，与吉尔·德勒兹的图解观不同的是，德兰达对图解的定义更加具体化。在新唯物主义中，图解作为一种规则，其操作对象正是物质本身的内在性能。即在图解规则的控制下，当受到特定外界因素的影响时，物质会为了达到最优的性能表现而不断地自我演变以趋近于某种特定的形式结果[7]。

如果将这一思想映射到建筑学中，建筑设计则成为通过形式操作来赋予物质更高性能的过程。其中，环境（文化、生态、经济等）是影响形式生成的外在因素，而图解是将物质的内在性能呈现出来，并作用于形式的迭代演进过程的隐形机制。

在建筑学的历史发展过程中，图解的这种由抽象规则向物质性能的转变贯穿了从现代性思想萌生到当代建筑学发展的众多核心议题，并且这种基于物质性能的图解思维最终推动了数字建造的发展。

德勒兹在《论福柯》一书中对图解的概念作出进一步定义。他认为，隐形的刑罚机制和可见的监狱空间之间的内在联系本质上是一种特殊的作用力，这便是图解（图 2-3）[8]。在这种物质形式与抽象功能的关系中，图解是"一部抽象的机器：一端输入可述的功能，另一端输出可见的形式"。图解可以被定义成一种"力的关系图……它的作用并不是再现——即再现某种已存在于现实中的事物，而是构建一种将要到来的现实，一种新的现实"。换句话说，在德勒兹的理论中，抽象功能先于物质形式，并且可以通过图解驱动生成过程来创造新的形式。这成为新唯物主义哲学的基础之一。

基于对德勒兹哲学的长期研究，德兰达在 20 世纪 90 年代引入了"新唯物主义"哲学思想。德兰达不仅是哲学家，同时还是一名算法工程师。由于这一身份，其新唯物主义哲学迅速成为当时数字化建筑设计中的全新理论基础。

伴随着计算机技术和算法思维的发展，算法生成设计为建筑学带来了新的形式创造手段。卡尔·初基于算法思维所提出的"星球自动机"理论开启了对形式原点和计算规则的图解化探索，将建筑学问题从形式关系进一步抽象为数理逻辑关系[9]。乔治·斯特尼和在语法建构理论的基础上提出了一种具有高度逻辑性的形式生成方法——"形式语法"，这种方法通过自下而上的迭代思维和图解化的逻辑性规则将设计算法紧密联系起来[10]。

图 2-3　全景敞视监狱原型的空间关系是一种抽象图解

从 1990 年代末至今，算法逐渐成为建筑形式生成中的基本规则，传统的"图"最终被完全抽象为代码，算法生成理论成为建筑学发展的新基础。以约翰·弗雷泽、罗兰德·斯努克斯（Roland Snooks）、迈克尔·汉斯米耶尔（Michael Hansmeyer）等为代表的建筑师与理论家将 L 系统、集群智能等概念引入到建筑学中，极大地推动了建筑形式新自主性的发展。直到帕特里克·舒马赫的"参数化主义"（parametricism）将这种算法形式生成方法引向了语义符号学（Semeiology）层面 [11]，建筑领域才开始质疑"逻辑化的生成设计"是否脱离了建筑的物质性本质。

在新唯物主义营造的具体操作中，一方面，设计思维的物质化过程应该脱离图像化的形式操作，直接回应物质本身的内在性能表现。在图解思维的架构中，新唯物主义营造应该是一种基于物质化材料性能的生产和反馈回路。另一方面，规则化的图解思维应该介入到物质建造过程的生产协作之中。如果说性能化图解推动了建筑师脱离表象，去关注建筑本体与外在物质环境之间的关系，那么同样，建造协作图解可以推动全新的建筑生产系统的整合与升级。基于新唯物主义营造的图解不仅可以揭示物质本身的流动状态，还可以将社会生产中的各个主体视为智能体（agent），并在它们之间建立起一种动态的网络关系以回应物质的流动。

2.2.2 新唯物主义建构

近年来在新唯物主义哲学的影响下，建筑领域开始重新思考基于迭代逻辑的形式生成过程与物质性能的关联性。在这里，无论是源自地球重力的结构本质属性、建筑与生态环境系统的关系，还是人的群体行为方式等，都可以重新通过图解化的逻辑思维方式加以分析与解释，并以几何作为中介建立起一种形式生成与物质材料之间的全新对话关系。其中，基于结构性能的图解设计方法打破了形式、结构和材料之间的层级关系，使得结构性能成为建筑形式生成过程的重要驱动因素。以弗雷·奥托和佐佐木睦朗（Mutsuro Sasaki）为代表的设计工程师（design engineer）通过将建筑学科与结构学科进行融合，使建筑结构设计开始走出后合理化的传统模式，让结构性能图解成为介于"形与力"之间的重要调控媒介。

同时在计算机的辅助下，谢亿民、帕纳约蒂斯·米哈拉托斯（Panagiotis Michalatos）、菲利普·布洛克（Philippe Block）和丹尼尔·派克（Daniel Piker）等人的进一步研究为基于结构性能化思维的算法设计带来了全新的可能。数字化的结构性能图解超越了对结构性能的简单可视化呈现，通过其多维度动态化的实时反馈机制成为数字化结构生形的关键因素。

在基于环境性能的图解设计方面，基尔·摩（Kiel Moe）、伦斯勒理工学院的 CASE 团队、伍兹·贝格（Woods Bagot）团队、琼·布瑞（Jane Burry）等的探索实现了对建筑环境性能表现的直观量化描述，建立起环境性能参数与建筑形式之间的算法逻辑关系，将分析数据定量转化为形态生成的驱动力量。基于这种性能驱动算法，建筑与环境之间的对话关系不再是利用机械控制系统进行消极应对，而是通过建筑形式的优化过程产生对环境的动态响应，建筑环境性能设计回归到了自下而上的迭代生成模式。

在当代建筑建造实践中，BIM 系统与数控机械的整合，可以完成多目标优化、碰撞优化及施工工期优化等工作，实现基于参数化几何的设计建造一体化过程。其中，数控设计与加工技术（CAD/CAM）的应用打破了由二维图纸造成的设计与建造之间的隔离，实现了分析、虚拟和建造的一体化工作流程。信息化的数字制图方法使建筑模型的三维信息与数控建造工具准确衔接，同时，借助智能建造机器人，可以更方便地实现准确、高效、定制化的建造目标（图 2-4）。最终，建筑师可以以一种规则化的图解系统去同时操控数字软件和真实建造中的物质与材料流动。

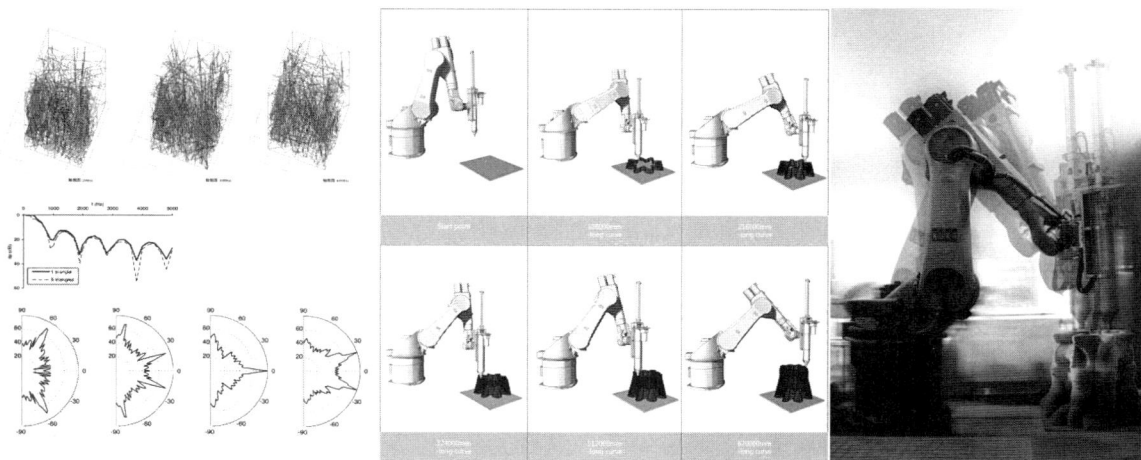

图 2-4　设计建造一体化工作流程：声学性能生形（左）、机器人打印模拟（中）、机器人陶土打印（右）

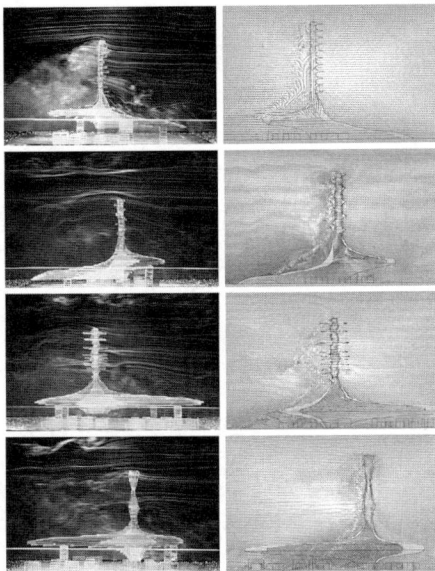

图 2-5 利用风洞实验（左）和数字模拟（右）对空气流体流动方式进行可视化呈现

首先，对建筑形式中内在逻辑的抽象化和可视化，在柯林·罗和埃森曼的研究与实践中就已经出现了。无论是早期基于比例操作的形式图解，还是后来基于算法逻辑的生成图解，都是在探求如何呈现建筑形式的内在逻辑。之后，性能化思维的出现打破了图解仅仅作为抽象生形工具的状态，进而重新建立起了性能逻辑和形式本体之间的联系。在这一语境中，物理实验重新成为数字时代探求并揭示物质内在逻辑的重要途径。比如，同济大学建筑智能设计与建造（AIDC）的交互风洞模拟平台结合快速三维成型技术，在设计初期就能实现风环境模拟、数据测量及实时性能反馈。物理模拟过程借助烟雾装置等可视化技术描绘出建筑周围空气流动的路径，以及通过可视化的烟雾轨迹图将不可见的空气流体与建筑碰撞时产生的加速、转向、漩涡等行为呈现出来，建立起建筑形式与物质流动的直观联系（图 2-5）。

其次，基于"以流定形"的迭代生成规则，传统中单向的设计建造过程可以演变成针对特定性能目标的动态设计与建造回路。例如在一造科技空间（Fab-Union Space）的设计中，基于拓扑优化逻辑（逐步在受力低效区和高效区来删除和增加材料）的双向渐进优化算法[12]被应用于设计阶段中，并成为根据结构性能表现来生成形式的重要依据。在预设的荷载和支撑条件下，双向渐进优化算法不断迭代衍生出最优的结构分布，之后优化的结构体量被转译为直纹曲面以实现可建造性。整个迭代生形过程以图解式的逻辑逐步将力流传导与建筑形式融合成为有机的整体（图 2-6）。

图 2-6 一造科技空间设计中运用拓扑优化进行迭代生形的图解过程

最后，数字工厂的协作式营造作为社会生产中各个系统之间的协作规则，可以重新关联起现代主义之后的建筑业分工，将建筑、结构、水、暖、电等工种作为不同的元素整合在一种动态性的新唯物主义营造系统之中。2015 年同济大学建筑智能设计与建造（AIDC）、创盟国际（Archi-Union）以及一造科技（Fab-Union）团队联合苏州昆仑绿建木业，完成了跨度达到 40m 的江苏省园博会木结构企业馆，实现了对木材的图解化数字生产协作。几何系统可以输出不同的代码控制语言来操作不同的加工机器；同时，整个建造过程中的误差会实时反馈到几何系统中，并对几何系统不断更新，从而形成一个物质建构的图解式信息回路。

总之，新唯物主义营造既不是纯粹以"抽象"逻辑为基础的"形式图解"思路，也不是讨论解决"具体"问题（problem solving）的"功能图解"方法。其本质上是在从物质性的视角重新探讨建造实践的可能性，强调向"性能化建造"的思维逻辑转化，并将这种转化映射到社会生产的主体关系之中。当然，重新定义图解思维，并不希望仅仅创造"规则至上"的假象，而是希望从材料属性与环境性能等最基本的建筑特性出发，探究基于"物质性"的新唯物主义设计原型，并以此作为建造实践的全新出发点。

2.3　后人文主义哲学

2.3.1　后人文主义理论

20 世纪后半叶开始，伴随着信息技术的刺激，一种后人文的身体哲学已经越发普遍化，频繁地出现在哲学、艺术、电影、文学各个领域。在 19 世纪"人类中心主义"达到顶峰时，弗里德里希·尼采（Friedrich Nietzsche）以其大胆的颠覆性思想震撼了整个时代，他主张超越人类中心主义的局限，批评了传统的道德和价值观基础[13]。

马丁·海德格尔（Martin Heidegger）则将批判人类中心主义置于人类与技术的关系之上。相较于人类中心主义的技术工具论，马丁·海德格尔认为技术是在主体之外存在的场域，规训着人类，即技术的发展将改变人类的存在方式[14]。

如果说人文主义时代强调的是人类身体的天然完整性，那么后人文主义则认为人类身体通过与外在技术物的结合，始终处于不断重构的过程中。1960 年曼弗雷德·克莱因（Manfred E. Clynes）和内森·克莱因（Nathan S. Kline）提出"赛博格"（cyborg）一词，意在将技术主体和人类主体嵌合、混合或铰接[15]。此时，技术于人是身体的延伸，如人造器官、人造耳蜗、人脑电子芯片等。

安迪·克拉克（Andy Clark）更进一步提出了隐喻层面上的技术本体论。他提出我们之所以成为赛博格，是因为在更深刻意义上的思维层面成为人与技术的共同体[16]。建筑师使用计算机、触控板、机械臂等设备进行建造，从而提升建造的精确度、力量和速度。此时，技术不再是建筑师操控的工具，也并非主体性中介，而是与人类相互补充、修改、进化，从而突破人类中心主义的桎梏。

后人文主义思潮从 20 世纪 70 年代开始就开始影响着建筑学。在对后人文建构的讨论语境中，一个重要的问题是：既然后人文时代观者对自我身体的感知和认知已经发生了巨大的转变，那么后人文时代的著作权本身是不是也需要被重新解读？

纵观人类建筑活动的历史，建筑的著作权一直是项目构思者或其拟人化的抽象。当技术无法依靠图纸来表达，建筑师早期仅仅作为"工匠"（Craftsman）而存在；直到文艺复兴时期，作为艺术家的建筑师开始捍卫自己的领土，"思考者不建造，而建造者不思考"，莱昂·巴蒂斯塔·阿尔伯蒂（Leon Battista Alberti）宣告着工匠一词的权利范围逐渐被拆分，建筑师以想象的、绘制在图纸上的形式参与设计，建筑师与建造者渐行渐远。特别是工业化与机器的大规模使用，造成社会分工的情形愈演愈烈，建筑师难以维系对手工艺的理解。制图的动作与创作思维的认知机制之间存在差异，后者强调对于空间关系的创造，而并非是制图过程中信息的叠加。

在 18 世纪后，技术的发展已在极大程度上超越机器的定义，强调人与技术的共融，影响着建筑业的进程。随着数字技术的发展，建筑技术的发展增强了建筑师的能力，或许人与机器通过参数化协作共同成为设计的主体，这一全新关系将"著作权"逐步归还给建筑师。

2.3.2　后人文主义建构

技术于建筑师而言彻底改变了设计与建造的流程：一方面，以数字化为代表的参数化、BIM 等技术，实现了设计师、施工方以及其他各方的同步工作工具，三维的数字虚拟化模型弥合了建筑师与空间关系的鸿沟，提供空间感知的具身映射；另一方面，数字化的设计流程并不仅仅局限于信息的整合，通过精准的数控工具可以实现非标准化的构件建造，建筑机器人的便捷使用将建筑师重新带回建筑生产场景，参数化工具的无缝衔接涉及空间建造全过程。

威廉姆·米切尔（William J. Mitchell）在 1995 年对数字化虚拟空间的讨论，揭示了虚拟维度的建筑感知和"表达"[17]。美国哥伦比亚大学由屈米在 1988—1990 年代中期领导的实验性设计课——无纸化工作室，在设计层面关注于脱离物质性的设计交互与注解系统。这些在数字时代背景下对空间本质和感知本质的探索给建构研究的意义带来了巨大的挑战。

两者真正的正面对抗是围绕着当时一系列实验性建筑师的作品转型展开的。美国著名建筑师和建筑理论家格雷格·林恩在 1993 年组稿了一期《建筑设计》（Architecture Design，AD）杂志建筑的折叠（Folding in Architecture），这期期刊作为数字观念正式进入建筑主流话语的起点，讨论了当时 MOMA 的解构建筑展中的建筑师如何在其之后开始转向一种曲面化的、动态的形式语言。

其中具有代表性的有弗兰克·盖里，他的毕尔巴鄂古根海姆博物馆（Guggenheim Museum Bilbao），其中用定制化嵌板系统实现了曲面形式的建造。然而，这种单纯对曲面建构的关注呈现出一种表皮与结构的脱节。以肯尼斯·弗兰姆普敦的《建构文化研究》一书为代表的众多建构文化研究抓住了这一"薄弱环节"，将这种数字时代的建筑表皮化趋势视为是对图像文化的一种回归，并展开了猛烈的抨击。

借助数字技术，建筑师不再需要主观地去决定建构形式，形式是在材料自我搜索最佳结构状态的过程中涌现出来的，就如同高迪利用悬链线自己找到拱顶的形态，因此实现了形式与结构的统一，进而试图消解弗兰姆普敦表皮与结构脱节的批判。对此，理论认为，建构形式并非是以某种特定的结构需求或结构表达为目的而设计的材料拼接方式，而是在材料自我搜索最佳结构状态过程中所生成的物质形态。

建筑领域的后人文主义同样支持使用精准的数控工具和机器人技术延展建筑师空间感知与建造的职能。建造本身也是一种身体行为。在手工艺时代，建造的过程同样建立在通感作用上。生产者与材料直接对话，并体验着材料的变化，这也是工匠创造力的基础。因此，那个时代，建构形式也都是以手作为参照。并且通过手工的建造痕迹，观者可以体验到建造者与建构形式的关系。尽管这种对应关系被工业化生产方式打断了，但是在数字建造技术的支撑下，建筑师和建造行为又被关联起来，只不过与人文时代的手工艺生产不同，建造机器作为建筑师生物性身体的延伸，带来了对于物质属性的全新认知，以及生产过程中新的身体与材料的关系。这时，建构形式本身不再必然由建筑师的手作为参照，同时还可能受到机器逻辑的影响。

法比奥·格拉马齐奥和马赛厄斯·科勒曾用数字物质性（digital materiality）描述这种建构形式在数控机器的信息介入下的转型。这种转型发生在设计建造的数字化过程与物质化过程的信息交互中——通过精确的信息传递，数字化工具的过程逻辑可以被直接投射到物质形式中，使得传统材料可以呈现出新的建构形式（图 2-7）。其中，物质不再仅仅包含重力或材料属性，同时拥有了数字信息的特征。例如，从人文主义的视角来看，这些由机器逻辑所留下的施工痕迹与人类身体之间不存在直接关联，因此在人类感知中也便不具有任何含义，进而甚至可能被认为仅仅是表面装饰。然而，这种建构形式对新技术的映射是否也可以在后人文主义的视角下被重新解读？

另外，在人机协作的设计过程中，来自于数字化设计工具的信息赋予了物质以新的形式，并呈现出相应的力的流动。如舒马赫的建构主义等理论所指涉的，这些软件计算出的力学流动痕迹往往很难被人类直观地理解和感知。

因此，在这种后人文语境下，新的建构形式可以被认为是将复杂的机器建构逻辑或结构力学变化，通过语义表达的形式呈现到人类感知和认知的范畴中，重新建立人和建构形式的感知关联性。

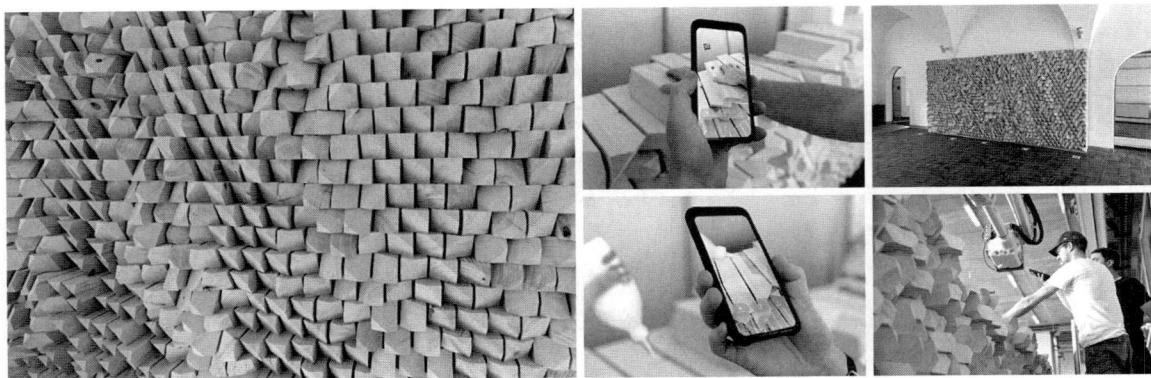

图 2-7　格拉马齐奥和科勒团队运用手机可视化建造指令完成墙体搭建

第 **2** 篇

建筑生成式设计
技术方法

第3章　建筑几何生成式设计方法

3.1　欧式几何生成设计方法

欧式几何产生于曾经辉煌而蓬勃的古希腊，此时数学和逻辑推理得到了飞跃式发展。古希腊时期对欧式几何做出最伟大贡献的是亚历山大的欧几里得，他于公元前300年左右完成一本长达13卷的著作《几何原本》(图3-1)。《几何原本》里收录着欧几里得用一步步简单的公理推导和证明出各种定理来解释当时的几何现象[1]。其中，这五条公理被认为是不需要证明的真理：

（1）任意两个点可以通过一条直线连接；

（2）线段（有限直线）可以无限地延长；

（3）以任一点为圆心，任意长为半径，可做一圆；

（4）所有直角都是相等的；

（5）若两条直线都与第三条直线相交，并且在同一边的内角之和小于两个直角，则这两条直线在这一边必定相交（平行公理）。

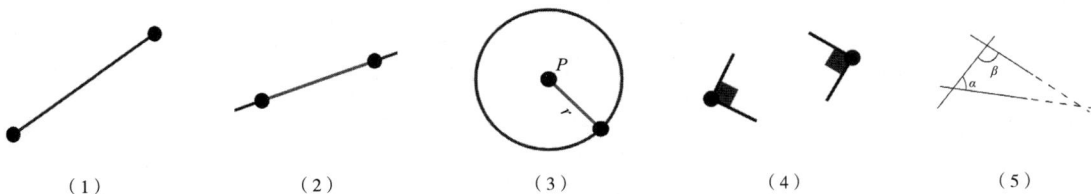

（1）　　　　（2）　　　　　　（3）　　　　　　（4）　　　　　（5）

图3-1 《几何原本》中的五条公理

《几何原本》中，平面几何与立体几何是两大重要议题。平面几何中的黄金分割理论和图形镶嵌理论对建筑造型具有较为显著的理论指导价值，立体几何中的多面体在建筑设计中也有较为广泛的应用。

3.1.1　建筑黄金分割

欧几里得在《几何原本》中第一次系统论述了黄金分割理论（图3-2），该理论是在吸收了古希腊数学家欧多克索斯关于比例理论的研究成果后提出的[2]。

把一条线段分割为两部分，使较大部分与全长的比值等于较小部分与较大的比值，则这个比值即为黄金分割。

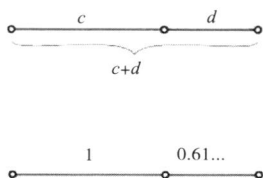

黄金比例

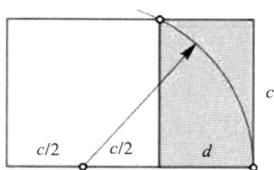

黄金长方形

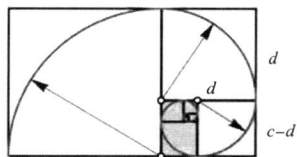

斐波那契螺旋

图 3-2　黄金分割

其比值为 $\sqrt{\dfrac{5}{2}}-1$，近似值是 0.618。这便是现在经常提到的黄金分割比例，使用黄金比例可以推导出黄金长方形和斐波那契螺旋。

斐波那契（Leonardo Fibonacci）在他的一部著作中提出了一个有趣的问题（图 3-3）：假设一对刚出生的小兔一个月后就能长成大兔，再过一个月就能生下一对小兔，并且此后每个月都生一对小兔，一年内没有发生死亡，那么一对刚出生的兔子，一年内可以繁殖成多少对兔子？在图 3-3 右图中，黑点表示的是成熟兔子，白点表示的是小兔子。不难发现，右边一列数字是有规律的：第一个数和第二个数为 1，之后的每一个数为之前两个数之和。例如，六月份的兔子数量为四月份和五月份兔子数量之和，即 8=5+3。

斐波那契数列又称黄金分割数列，因斐波那契以兔子繁殖为例子而引入，故又称"兔子数列"。在数学上，斐波那契数列以被以递归的方法定义（如下）：由 0 和 1 开始，之后的斐波那契数由之前的两数相加得出（图 3-4）。

自然界的诸多动植物，包括人日常接触的自己的身体中，都蕴藏着一些巧妙的黄金分割。艺术中的黄金分割更

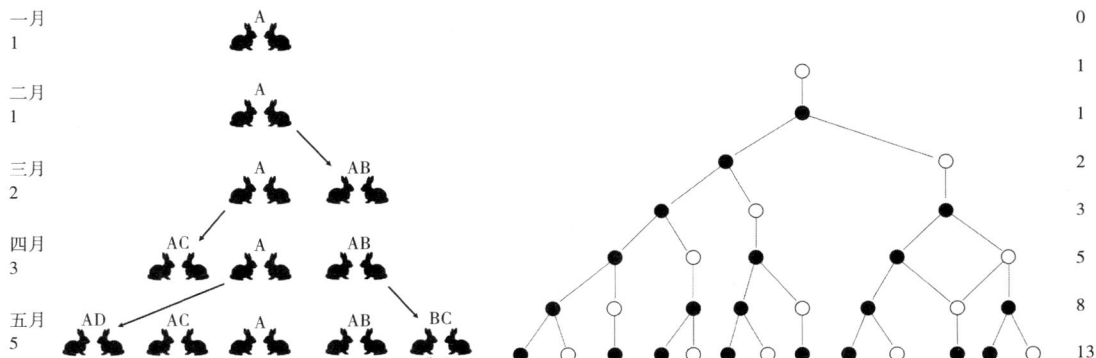

图 3-3　兔子问题与斐波那契数列

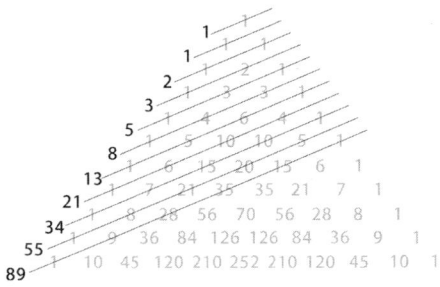

图 3-4　斐波那契数是帕斯卡三角形的每一条对角线上数字的和

是为一些作品带去了经久不衰的影响力（图 3-5）。

古希腊的帕提农神庙是建筑中应用黄金比例的典例，建筑的高和宽都按照这个完美的比例建成（图 3-6）。帕提农神庙还运用了视幻觉的设计，为了补偿人类眼睛造成的视觉上的柱子歪斜，设计师把圆柱向外稍作弯曲，以让人看到的是完全直的建筑结构。这是一个结合黄金几何原理和视觉效果的经典建筑案例。

图 3-5　艺术和自然界中的黄金分割

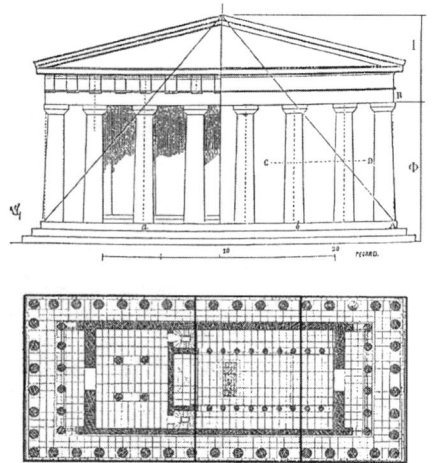

图 3-6　帕提农神庙中的黄金分割

36

《维特鲁威人》是达·芬奇在 1487 年前后创作的素描作品。根据约 1500 年前维特鲁威在《建筑十书》中的描述，达·芬奇绘出了一个完美的男性躯体，在展示完美比例的人体的同时揭示黄金分割（图 3-7 左）。这幅画有时也被称作卡侬比例或男子比例。法国建筑师柯布西耶对使用与人体有关的几何测量系统的古代文明很感兴趣。他受到达·芬奇《维特鲁威人》中人体数学比例的启发，设计了一个不涉及公制系统或英制系统的单一通用人体尺寸测量系统（图 3-7 右），称为模度（modular）。他把模度描述为"适合人类尺度的一系列和谐测量，普遍适用于建筑和机械物体"。该系统基于三大要素：人体测量，斐波那契数字和黄金比例。

柯布西耶在许多建筑物的设计中使用了他的模度测量系统，其中最有名的是马赛公寓，公寓立面混凝土竖框的不均匀间距根据模度比例系统进行设计。在接受这个项目的委托之前，柯布西耶在 1940 年代还没有完成过任何一个大型建筑工程项目。此时，法国部长拉乌尔·道特里同意使用柯布西耶的设计，该设计是为在战争中受损的马赛建造一个"统一居住单位"（"标准尺寸的房屋"）。马赛公寓使柯布西耶成为 1950 年代法国的重要建筑师。该建筑也被当地人和居民亲切地称为"疯子之屋"（La Maison du Fada），于 2016 年被联合国教科文组织列为世界遗产。今天，这座建筑成为许多艺术家和建筑师的住所，室内也以模度来创造富有舒适感的空间。

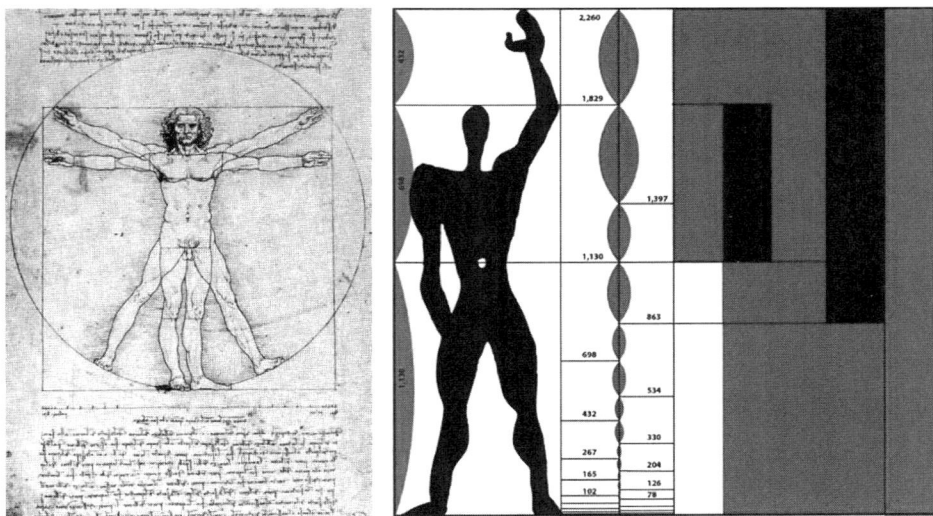

图 3-7　人体与黄金分割

3.1.2 建筑平面镶嵌

图形镶嵌是平面几何的另一个分支。最早对于镶嵌的发现是公元前 4 世纪古希腊数学家帕普斯对于自然界六角形蜂窝的观察，蜜蜂只用正六边形制造它们的巢室，因为这种形状的构造会使所需的材料最少，而形成的空间最大。

从自然界的蜂房镶嵌图案，到罗马的马赛克，到古希腊的拼砖，到阿尔汉布拉的穆斯林艺术家们的奇妙设计，到 M.C. 埃舍尔那出色的镶嵌图案，到简洁的彭罗斯拼砖，镶嵌图案经历了漫长的时间和不同的文化。

在穆斯林艺术里，由于宗教禁止出现具象化的人物和动物，所以其导入了几何形状来做装饰和镶嵌，并达到了超高的水准（图 3-8）。平面镶嵌是以有限数量的平面形态为基本元素，无缝隙、不重复地铺满整个平面。在实际铺设之前，可以通过数学手段以圆周角 360° 为原则确定是否能够成为镶嵌。

后续一些学者还进行了许多非周期性镶嵌的研究，直到 1974 年罗伯特·彭罗斯（Robert Penrose）进入该领域，提出了五角星镶嵌、飞镖原则和菱形瓦片镶嵌等原则，进一步扩充了图形镶嵌领域的组合原则与可能性（图 3-9）。他提出的第一种镶嵌是由五边形、五角星形、船形、钻石形四种图形所形成的图形镶嵌。彭罗斯的图形镶嵌还使用了被称为"风筝"和"飞镖"的四边形，它们可以组合成一个菱形。风筝和飞镖都是由两个三角形组成的，被称为罗宾逊三角形。这两类图案可以通过某些原则来约束排列，形成不同形式的镶嵌图形。图 3-9 右图是"风筝"和"飞镖"图案所构成的镶嵌图形。

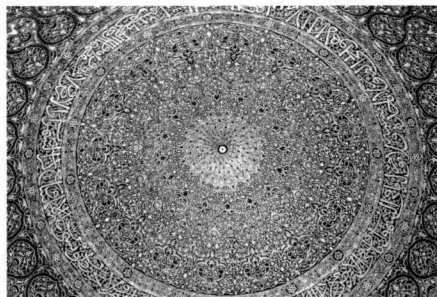

图 3-8　穆斯林平面镶嵌

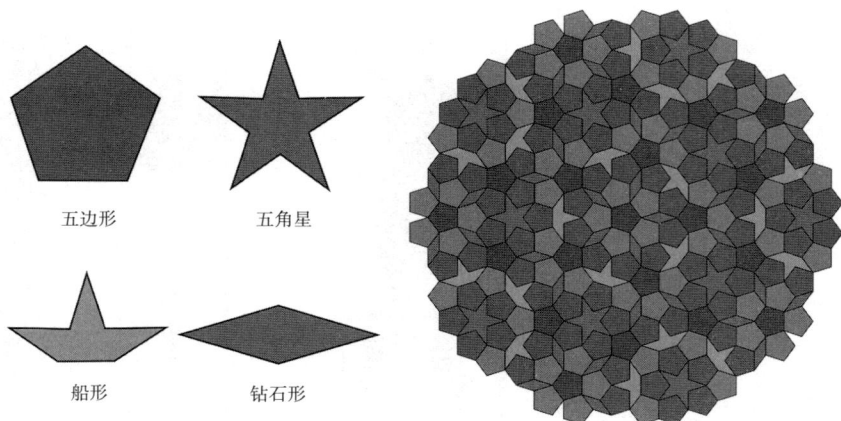

五边形　　　　五角星

船形　　　　　钻石形

图 3-9　由五边形、五角星形、船形、钻石形四种图形所形成的图形镶嵌

北京水立方的外立面设计汲取了泰森多边形的几何美学，形成了一系列独特的泡沫状结构（图3-10）。这些立体的泡沫状元素紧密相连，构成了整个建筑的外观。每个泡沫状元素都呈现出极具科技感的几何形状，它们交汇、延伸，并在光线的照射下营造出丰富的光影效果。这种设计既象征着水泡沫的轻盈和流动，又与游泳运动的氛围相契合，为水立方赋予了独特的视觉魅力和时代感。

图 3-10　水立方外立面的泰森多边形

3.1.3　建筑多面体

柏拉图猜测地上的四种元素气、火、水、土以及天上的第五种存在（quintessence）分别对应五种形状，而他的追随者在此基础上发现了这五个多面体，便以他的名字命名为"柏拉图多面体（The five Platonic Solids）"（图3-11）。

三维空间中只存在五种正多面体，即正四面体（tetrahedron，小面为三角形）、正六面体（cube，立方体，小面为正方形）、正八面体（octahedron，小面为三角形）、正十二面体（dodecahedron，小面为三角形）和正二十面体（icosahedron，小面为五边形）。正多面体的特点是每个面必须是同样的正多边形，并且每个顶点的情况都必须相同。

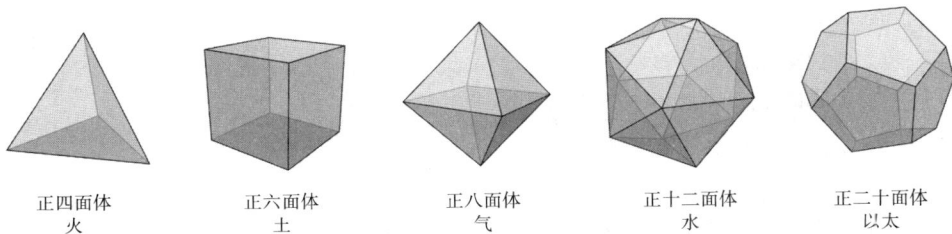

| 正四面体 | 正六面体 | 正八面体 | 正十二面体 | 正二十面体 |
| 火 | 土 | 气 | 水 | 以太 |

图 3-11　柏拉图多面体

为什么三维空间中只存在五种正多面体？针对这个问题许多学者做过研究。18 世纪的欧拉成功使用一个公式进行证明，称为欧拉公式（Euler's Theorem）：对于一个简单的多面体，顶点 V、表面 F 和边 E 之间的关系满足 V+F−E=2。这个公式解释了顶点、表面和边之间的规则。

《达·迪维娜比例》一书由达·芬奇的数学老师卢卡·帕乔利（Luca Pacioli）著，书中记载了 60 种由达·芬奇绘制的多面体（图 3-12）。这本数学著作将斐波那契等此前鲜为人知的数学家的著作带入了广阔的公众视野。

建筑多面体中一个较为有名的案例是柏拉图式公寓大厦（Platonian Tower），是 2014 年由塔莫—普林斯建筑事务所（Tammo Prinz Architects）设计的一栋公寓（图 3-13）。为达到模块化和确保灵活度，其结构形式便是采用柏拉图正多面体中的正十二面体。

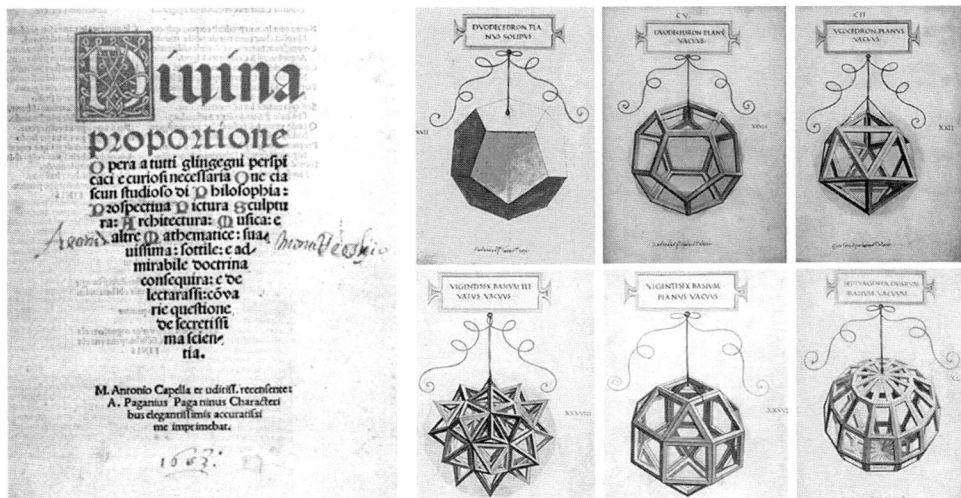

图 3-12　卢卡·帕乔利 –《达·迪维娜比例》

结构　　　　　　　骨架

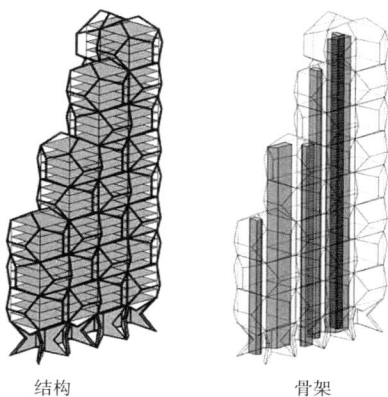

图 3-13　塔莫—普林斯建筑事务所——柏拉图式公寓大厦

3.2　非欧几何生成设计方法

非欧几何的提出是在欧式几何盛行了两千多年后的 19 世纪。欧式几何第五条公理自从被欧几里得提出后，一直没有得到数学家包括欧几里得自己的论证，于是迎来长达 2000 年的争论。第五条公理是"*若两条直线都与第三条直线相交，并且在同一边的内角之和小于两个直角，则这两条直线在这一边必定相交*。"[3]

第五条公理称为平行公理（图 3-14），可以导出下述命题：通过一个不在直线上的点，有且仅有一条不与该直线相交的直线。即两条平行的线永远是同样距离的无止境向前。许多几何学家尝试用其他公理来证明这条公理，但都没有成功。直到进入 19 世纪非欧几何被提出，说明平行公理是不能被证明的[4]。

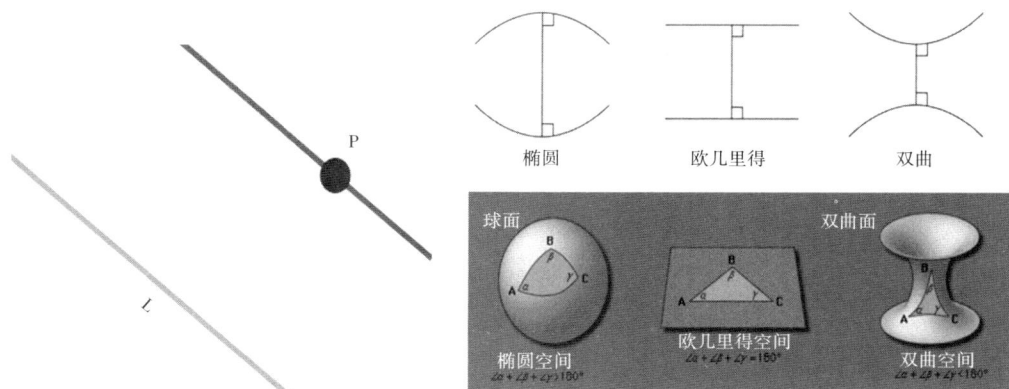

椭圆　　　　欧几里得　　　　双曲

图 3-14　第五条公理

1820 年代，俄国喀山大学教授尼古拉·罗巴切夫斯基（Nikolai-Lobachevsky）得出两个重要的结论：第一，第五公理不能被证明。第二，在新的公理体系中展开的一连串推理，得到了一系列在逻辑上无矛盾的新的定理，并形成了新的理论。这个理论像欧式几何一样，是完善的、严密的几何学，被称为罗巴切夫斯基几何，简称罗氏几何（双曲几何）。这是第一个被提出的非欧几何学[5]。

圆锥曲线作为双曲几何的来源之一，起源于通过圆锥在不同平面位置的剖切，进而得到圆、椭圆、抛物线和双曲线。双曲线是平面上的一种光滑曲线，由其几何性质或作为其解集的方程定义。除去自由曲面，现有的四种传统曲面通常由挤出、平移、旋转和直纹等四种方法得到（图 3-15）。挤出曲面定义简单、特征直观，因此主要关注后三类曲面在建筑中的应用。

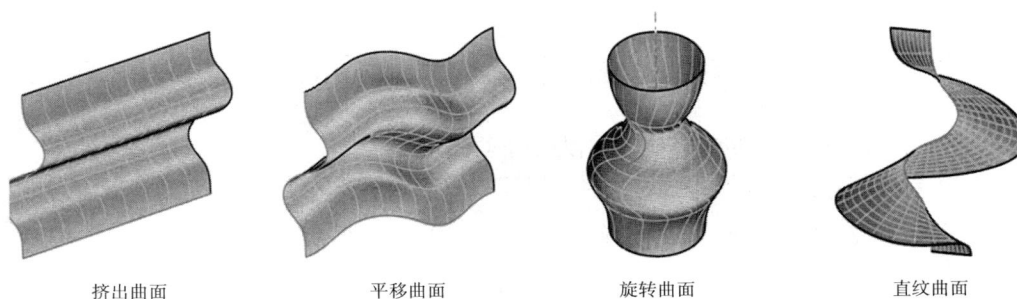

| 挤出曲面 | 平移曲面 | 旋转曲面 | 直纹曲面 |

图 3-15　四种传统曲面

3.2.1　建筑直纹曲面

如果一个曲面上的任意一点上均有至少一条直线经过，则称该曲面为直纹曲面。马鞍面是一种曲面几何体，其形状类似于马鞍，因此得名。它是一种特殊的直纹曲面，因为马鞍面上的每一点都可以通过至少一条直线来连接其他点。这种性质使得马鞍面在建筑工程领域中具有重要的应用。由于马鞍面具有优秀的承重抗压性能，结构工程师们常常将其用于设计中有强大结构支撑的建筑物。例如，在建筑屋顶或大跨度结构中，使用马鞍面可以提供良好的结构支撑，并能够承受较大的荷载。

直纹曲面作为一种特殊的曲面形式，在现代建筑设计中确实扮演着重要的角色。其主要特征是通过直线构成的曲面，给建筑物赋予了动态感和现代感，成为设计中引人注目的要素。上海一造科技空间中的曲面就是一个很好的例子，其利用直纹曲面的特性，创造了独特的内部空间。直线构成的直纹曲面不仅令建筑在视觉上更具有动感，还赋予了建筑现代感和科技感（图3-16）。

除了视觉效果，直纹曲面在建筑设计中还可以实现结构上的创新和优化。通过合理设计直线构成的曲面，可以实现建筑物在结构上的优异性能，例如增强建筑物的稳定性和承载能力，同时降低建筑材料的使用量，提高建筑的可持续性。

实现建筑直纹曲面通常需要采用特定的结构技术和方法。数学原理的运用是生成直纹曲面的基础，通过对曲面参数的调节和控制，可以实现所需的直纹形态。在结构设计中，合适的材料选择和构造方式是确保直纹曲面稳定性的关键。同时，对曲面的连接方式也需要精心考虑，以确保整体结构的完整性和持久性。

图3-16　一造科技空间

3.2.2　悬链线建筑形态生成

悬链线（Catenary）是一种特定的曲线，描述的是两端固定的、均匀质量分布的柔软链条在重力作用下呈现出的曲线形态。例如，悬索桥的形状就是悬链线的一个实际应用，由于其与两端固定的绳子在均匀引力下下垂的形态相似而得名。一旦我们选择适当的坐标系，悬链线的方程可用双曲余弦函数来表示，其标准方程为：

$$y = a \cosh(x/a)$$

其中，a 表示曲线顶点到横坐标轴的距离。

悬链线在建筑设计中得到了广泛的应用，并且在美学和结构设计上都具有重要的价值。首先，悬链线的形态赋予建筑物柔和而流动的外观，增添了建筑的美感和艺术性。悬链线的曲线美学在建筑设计中常被用来创造出优雅、动态的外观。其次，悬链线的自重平衡特性使得它成为稳定结构的理想选择。悬链线的曲线形态是在重力和张力的平衡下形成的，因此具有自稳定性。在设计大跨度结构时，悬链线可以有效地分散荷载，并在保持结构稳定性的同时减少材料的使用，从而降低建筑的成本并提高其可持续性。最后，悬链线的特性还可以提升建筑物的抗风能力。由于悬链线在结构上的稳定性，它可以有效地抵抗风力对建筑物的作用，从而增强建筑物的结构安全性。

杰斐逊纪念拱门作为美国历史与文化的象征，巧妙地融合了悬链线的美学特点于其独特的建筑设计之中（图3-17）。这座壮观的拱门以其优美的曲线和流动的形

图3-17　杰斐逊纪念拱门

态，展现了悬链线的特征。拱门的外观仿佛是两端固定的柔软链条在重力作用下自然形成的曲线，呈现出悬链线典型的美感。同时，拱门的结构也巧妙地运用了悬链线的自重平衡原理，使得这座建筑在视觉上引人注目的同时，也具备了稳定的结构性能。因此，杰斐逊纪念拱门不仅是历史纪念的象征，更是悬链线美学在建筑艺术中的杰出体现。

悬链线的美学特点不仅使建筑物呈现出柔和、流动的外观，同时在结构设计中具有稳定性和创新性。通过其形态，建筑师可以创造出独特、流畅的线条，将建筑物与周围环境相融合，从而为建筑带来新的艺术和结构表达。

3.2.3　建筑极小曲面

在数学中，极小曲面是指平均曲率为零的曲面。举例来说，满足某些约束条件的面积最小的曲面。物理学中，由最小化面积而得到的极小曲面的实例可以是沾了肥皂液后吹出的肥皂泡。肥皂泡的极薄的表面薄膜称为皂液膜，这是满足周边空气条件和肥皂泡吹制器形状的表面积最小的表面[6]。

建筑极小曲面是一种特殊而重要的结构形式，它在现代建筑设计中扮演着重要的角色。这种结构形式由一系列曲线或线段组成，通过张力的调节来保持整个结构的稳定和平衡。极小曲面结构通常用于轻量化的薄壳建筑，包括张拉膜结构、帆布结构和网格壳结构等。这种设计理念追求结构的高效性和形式的优雅性。

在建筑设计中，极小曲面结构的应用有多方面的优势：①轻量化和高效性：极小曲面结构通常采用轻量化材料，例如薄膜、纤维材料或金属网格等，能够在保证结构稳定的同时减轻整体建筑的重量，提高建筑的抗风能力和抗震性。②形式的优雅性：极小曲面结构可以创造出优美的建筑形式，通过曲线和线段的组合，赋予建筑以流畅、动感的外观，提升建筑的艺术性和视觉吸引力。③可持续性：极小曲面结构在设计上追求高效性，能够优化材料的使用，减少建筑物的资源消耗，符合可持续建筑的理念。④灵活性：极小曲面结构的设计灵活多样，可以根据具体的建筑需求进行调整和优化，适用于不同类型和规模的建筑项目。

值得一提的是，建筑中采用极小曲面结构的成功案例众多，伊东丰雄事务所设计的台中歌剧院便是极小曲面在建筑空间中的应用案例（图 3-18）。台中歌剧院以极小曲

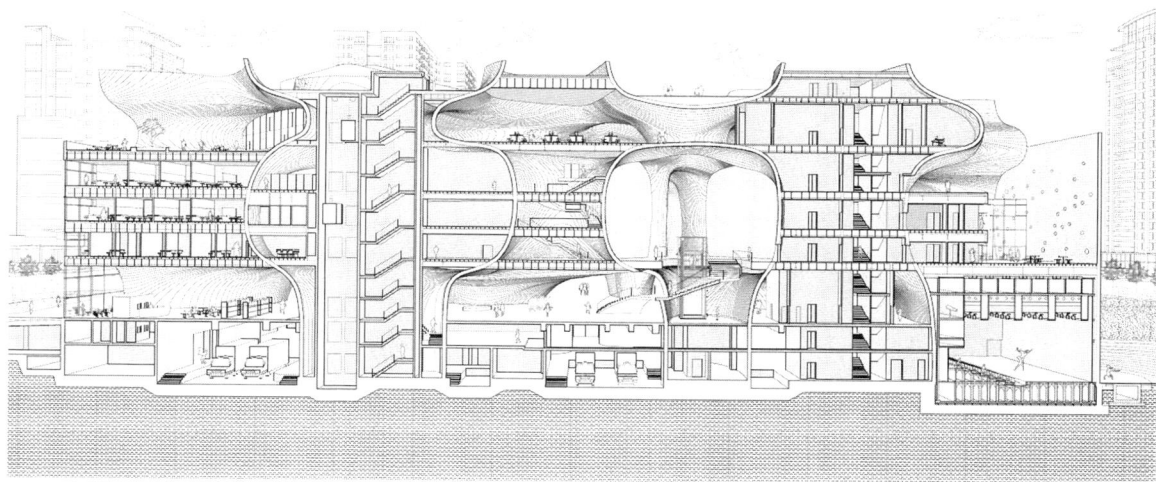

图 3-18　台中歌剧院剖面

面结构为特色，展现了曲线的优美与流动，不仅赋予建筑物独特的美感，同时也确保了其结构的稳定性。这座建筑成为城市的标志性地标，彰显了极小曲面在建筑设计中的成功应用。

　　由扎哈·哈迪德事务所设计的温顿美术馆数字科学博物馆（Mathematics: The Winton Gallery）展现了与建筑极小曲面的关联（图 3-19）。通过精妙的建筑构造和设计理念，这个展馆将数学的抽象概念转化为实际的建筑元素，创造出复杂而充满艺术感的空间。这种设计方式与极小曲面的思想相呼应，都强调了高度曲率和独特形态的重要性。展馆内外的曲线、弯曲和变化形态，以及空间中的流动感和动态性，都体现了数学与建筑的交融，呈现出一种独特的视觉和空间体验。

图 3-19　温顿美术馆数字科学博物馆

　　对于建筑师来说，理解极小曲面的原理和技术、了解曲面形态和张力之间的相互关系，以及如何通过材料的选择和张力的调节来实现稳定和平衡，对于成功地应用极小曲面结构至关重要。极小曲面结构的复杂性要求设计师在形态创作和结构计算之间进行充分的协调。通过对曲面的几何形状、张力分布和材料特性的准确把握，设计师可以实现令人惊叹的建筑创作。此外，极小曲面结构设计还需要考虑到结构的可持续性和施工的可行性，确保在设计阶段考虑到实际的建造和维护过程[7]。

3.3 计算性几何生成设计方法

近代新兴几何是近几十年来发展出的种类繁多的几何性分支，本节选取其中最有代表性的拓扑几何、分形几何、离散几何进一步阐述。

3.3.1 拓扑几何空间设计

请思考一个问题："如果地球变成了甜甜圈，世界将会出现怎样？"这个说法由地平说学者瓦鲁格（Varuag）于 2012 年提出。在这样一个星球上，将看不到地平线；风景不会在远处消失，而是往上延伸直达天空，形成一道巨大的拱门……人类生存的环境将产生巨大的变化。而这种变化的起因，便是"拓扑几何"的空间特质。

在拓扑学中，对象被视为可以拉伸或拖动的橡皮膜或平面上的对象。上述所有图形都可以通过弹性变形而变成相同的形状，所以它们是等价的。拓扑学不考虑图形的大小、形状和刚性，多久和多大这样的特征在拓扑上无意义；它关注在哪里、中心是什么、内外等属性。

1858 年莫比乌斯的发现引发了对一种特殊几何形态的广泛兴趣，即莫比乌斯环。这个单面的曲面具有令人惊奇的特性：当一张纸扭曲 180° 后粘合起来，形成一个环状结构时，它只有一个面和一个边缘。这意味着纸带的表面可以被涂成一种颜色，但在不停止的情况下，一只虫子可以在不越过边缘的情况下爬遍整个表面。莫比乌斯环的空间连续性特性使得它在家具、装置和建筑结构设计中得到了广泛运用。这种特殊形态的几何学引发了人们对非常规设计和创意构造的兴趣，为各种领域的设计师和艺术家提供了灵感和可能性。

阿斯塔纳国家图书馆新馆（Astana National Library）的造型如同一个莫比乌斯环，构成了一个独特而引人注目的建筑形态（图 3-20）。整个建筑由两部分结构相互交错组成：一个是完美的圆形结构；另一个是公共的盘旋空间。这种设计创造了一个清晰的线性功能空间，同时将其融合在一个无限循环的空间中。通过拓扑几何学的核心理念，即连续变换，该建筑将动态的连续性引入到建筑空间中，颠覆了传统笛卡尔几何体系中稳定静止的空间状态。

图 3-20　阿斯塔纳国家图书馆新馆

从上文可知，欧 　　　　　　　　　　、蜂
巢之类的物体，但 　　　　　　　　　　线等
对象。

分形几何是一种 　　　　　　　　　　定自
相似性的几何形态和 　　　　　　　　探讨
的是那些在各种尺度 　　　　　　　　自相
似性是分形几何中的 　　　　　　　-部分
与整体在形状上相似 　　　　　　　都存
在时，就称该对象具

分形几何的研究 　　　　　　　口人造
结构，如云彩的形 　　　　　　　勾、河
流的走向等。通过 　　　　　　　解这些
复杂现象背后的规 　　　　　　　呈应用
提供了新的视角和

1975 年，伯努 　　　　　　　elbrot）
创造了"分形"一 　　　　　　　数学发
展，并通过引人注 　　　　　　　说明他
的数学定义。

分形几何没有 　　　　　　　分形最
好的例子。在一棵 　　　　　　　起来像
整棵树，但它和整 　　　　　　　和它自
己的分支又像整棵 　　　　　　　1）。因
此一棵树可以分成 　　　　　　　非常接
近。归根结底，分 　　　　　　　似方式
分解成"部分"的 　　　　　　　工的[8]。

现实世界中 　　　　　　　以的：部

3.3.2　分形几何生成设计

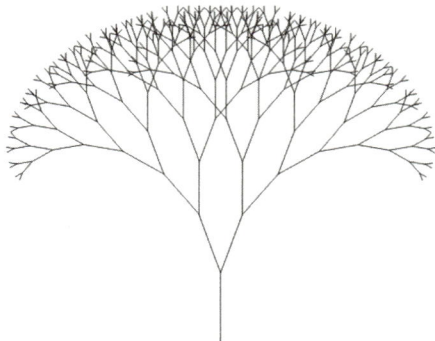

图 3-21　树枝中的分形

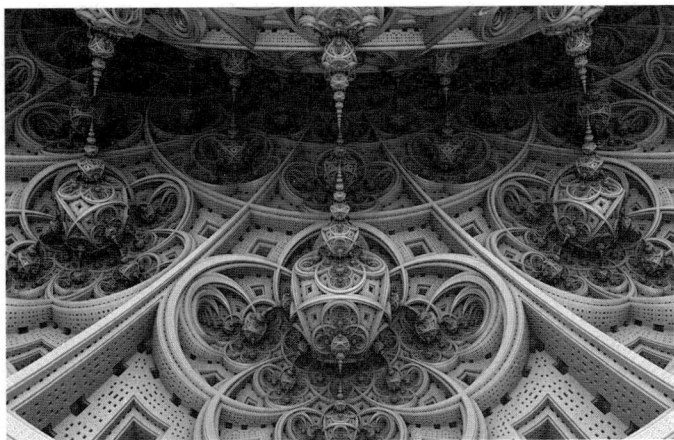

图 3-22　阿格里教堂（Agri Chapel）中的分形图案

分物体在许多尺度上表现出相同的统计特性。自相似是分形的典型特性。标度不变性是一种精确的自相似形式，在任何放大倍数下，物体的一小部分与整体相似。例如，科赫雪花的一侧既是对称的，又是比例不变的；它可以连续放大 3 次。

中世纪的一些宗教建筑确实蕴含了许多三维分形图像（图 3-22），这在当代建筑中仍然有所应用。维尔纽斯艺术学院对立陶宛本土建筑的研究表明，建筑的结构方法和形式是从多种社会进程中演变而来的。这种特性在中世纪的一些宗教建筑中得到了体现。例如，哥特式建筑中的拱顶和尖顶，以及窗户和装饰元素，常常呈现出复杂的、重复的几何形态，这与分形图像的特点相符合。

当代建筑师也在借鉴这种分形结构的设计理念。他们可能会通过计算机模拟和先进的建筑技术，创造出具有分形特征的建筑形式，以实现对传统和历史建筑的致敬，同时注入现代的创新和审美观点。

3.3.3　离散几何空间设计

离散几何是几何学的一个分支，专门研究离散的、有限的对象和空间结构。与传统的连续几何不同，离散几何着眼于具有离散性质的几何问题，例如在有限的网格上或有限的点集上进行研究。离散几何研究的对象包括了各种离散结构，如网格、图、点集等。它关注的问题可以是在这些结构上的排列、组合、相交等性质，也可以是基于这些结构的几何形态的研究，例如多边形的组合、多边形网格的划分等。

离散几何在计算机科学、通信、密码学等领域都有广泛的应用。在计算机图形学中，离散几何常用于处理数字图像、网格模型等；在通信领域，离散几何被用来研究编码、解码等问题；在密码学中，离散几何被应用于设计和分析密码算法。[9]

几何图论是离散几何下的一个分支，广义的几何图论是图论的一个大而无定形的子域，用以研究几何方法定义的图。从更严格的意义上讲，几何图论研究的是几何图和拓扑图的组合和几何性质，几何图是指在欧几里得平面上画出的可能相交的直线边，而拓扑图的边可以是连接顶点的任意连续曲线，因此它是"几何和拓扑图的理论"，几何图也被称为空间网络。

另一方面，以点云数据为代表的离散集思想在虚拟模型的构建和扫描中也起着非常重要的作用。如图 3-23 所示移动机器人砖构项目中，墙体被存储为图像，每块砖是一个节点。每块砖的位置根据图像确定，从而约束机器人的路径。在每块砖到达预定位置后，机器人将改变其位置，重新定位，然后继续其施工活动。

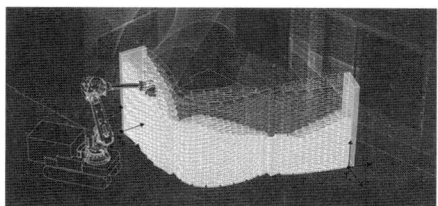

图 3-23 移动机器人砖构

在全球住房危机和生态危机的双重压力下，木结构住宅的预制化、模块化、离散化和自动化设计代表了一种新的建筑趋势（图 3-24），它融合了现代科技和工程技术，旨在解决全球住房需求和生态保护的双重挑战，为建筑行业的发展带来了新的可能和机遇。这种趋势借助现代科技和工程技术，通过将木结构住宅的设计和建造过程标准化、自动化和工厂化，以应对日益增长的住房需求和环境保护的挑战。

图 3-24 离散木构建筑

预制化、模块化和离散化设计意味着建筑构件可以在工厂中进行生产，并在现场进行组装，大大提高了建筑的施工效率和质量控制。木结构住宅的这种设计理念使得建筑项目能够更快地响应市场需求，同时减少了建造过程中的浪费和对环境的影响。自动化设计则利用数字化技术和智能化设备，实现了建筑设计和生产过程的高度自动化。通过计算机辅助设计（CAD）、建筑信息模型（BIM）和数字化制造技术，木结构住宅的设计可以更加精确和高效，同时减少了人力成本和时间成本。

第4章　规则导向建筑生成式设计方法

4.1　形式语法建筑生成设计方法

通过几何学和图解来研究建筑特征的方法由来已久。在早期的设计中，几何与建筑生形总是有着千丝万缕的联系，而图解则仅作为展示建筑生形结果和传达设计思想的工具。近年来，计算机技术与计算几何的发展，以及计算机辅助设计（CAD）或计算机辅助加工（CAM）技术的成熟使得建筑设计与复杂几何形体的交融成为可能。乔治·斯特尼现任麻省理工学院建筑系计算机设计学教授。1972 年，他和詹姆斯·吉普斯（James Gipps）一起创立形式语法，并将形式语法描述为一种代表视觉、空间甚至是思维的原始绘画语言。作为最早的算法系统之一，它通过对形状进行直接计算来完成和理解设计，而不是通过对文本或符号进行间接计算。多年来，形式语法已经探索解决了多种设计问题[1]。本节简要概述了形式语法在建筑和艺术领域的应用历史，并阐述了形式语法在教育和实践中的重要作用。

4.1.1　平面语法

在斯特尼 1978 年出版的《算法美学》（Algorithmic Aesthetics）一书中，形式语法成为解释和评价艺术作品的嵌入式审美系统。两年后，斯特尼的另外一篇文章《形式和形式语法导论》（Introduction to shape and shape grammars），奠定了形式语法在建筑领域应用的基础，成为第一个面向设计生成系统的开创性理论研究。1980 年在论文《幼儿园语法：用福禄贝尔积木做设计》（Kindergarten grammars: designing with Froebel's building gifts）中首次解释了创建基本形式语法的具体步骤。

在实际应用中，形式语法规则可以分为两大类："生成式规则"和"修饰式规则"。所谓"生成式规则"，是指依据基本形态特征从无到有地衍生出设计结果。"修饰式规则"是指在设计产生后，对其进行诸如拉伸、缩放、平移、错切、变形等修饰的规则。作为设计的决策者，设计师在建构形式时可以随时在这两种规则之间进行切换，以在原有基础上满足新的设计要求。形式语法将设计过程转换为一种图解计算模式，通过定义形态的构成形式和规则，使得设计意图与背后的系统性分析得以进行更清晰的推演。

形式语法可以按照人们的设计思想和要求，依据一定的规则自动地产生新形态。它是一个四元组，即 SG=（S，L，R，I），其中 S 是形态的有限集合；L 是符号的有限集合；R 是规则的有限集合，规则的形式为：α → β；I 是初始形态，形式语法产生的形态都应是通过形态规则由初始形态衍生出来的。从这四元组中，我们也可以基本确定了形式语法的设计步骤。应用形式语法的基本设计过程为：确定初始形态，确定空间关系，确定规则，应用于设计（图 4-1）。

■形式语法的操作步骤

SG = (S, L, R, I)

— 形态的有限组合（SHAPES）
— 符号的有限组合（SYMBOL）
— 规则的有限组合（RULES）
— 初始形态（INITIAL）

确定**初始形态**(SHAPES)
↓
确定**空间关系**(SPATIAL RELATIONS)
↓
确定**规则**(RULES)
↓
应用于**设计**(DESIGNS)

图 4-1 四元组及形式语法的操作步骤

第一个步骤：确定初始形态。初始形态就是在笛卡尔坐标系中定义的有限直线段的一种组合，如线段、面、正方体、长方体、三角体等。初始形态是空间布局中的基本要素。

第二个步骤：确定空间关系。空间关系是初始形态在二维或者三维空间中的排列方式。在二维空间中，空间关系可以有任意的定义，如边接触、角接触、不接触、点接触、面接触等。并且，接触的范围有所不同，空间关系的定义也不同（图 4-2）。

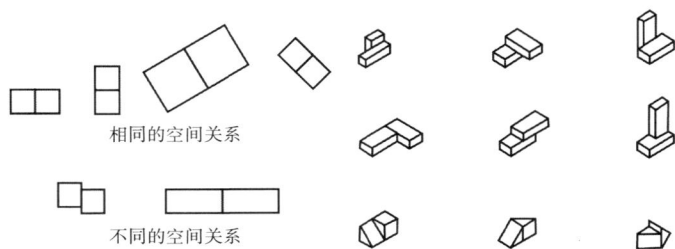

相同的空间关系

不同的空间关系

图 4-2 描述空间关系的形式语法

在上面一张图解中，我们认为空间关系是相同的，是边的完全接触。而在下面的图解中，左边的图解边产生了相对位移，那么与右边的图解的空间关系定义就不再相同了。而在 3D 空间中，空间关系组合的可能性会更多，变形的方式也更多。在初始形态和其变化后的形态上，还包含形态的位置（Location）、角度（Orientation）、镜像（Reflection）及大小（Size）的空间变化关系等，因此可以借由平移（Translation）、旋转（Rotation）、镜像（Reflect）及缩放（Scale）等其中任何几种的有限组合来达到变形的目的。

第三个步骤：确定规则。规则就是描述将形态按某种关系加入或减去的过程（图 4-3）。规则分为两种加法规则（addition rules）以及减法规则（subtraction rules）。在规则中，有一个很重要的概念，就是带标记的规则，我们称为"标记形"。在形式语法的发展初期，常有规则中形态呈现不够精确，导致规则容易被判别错误。为了弥补判断形态差异不显著的问题，可运用"标记点"来产生"标记形"，或者是加入参数的概念，使之成为"参数形"或者"标记参数形"。以平面矩形为例，取 4 个相同矩形，分别给矩形的四个角的 Label 定义的空间的参数是分别不同的是四种的参数形。

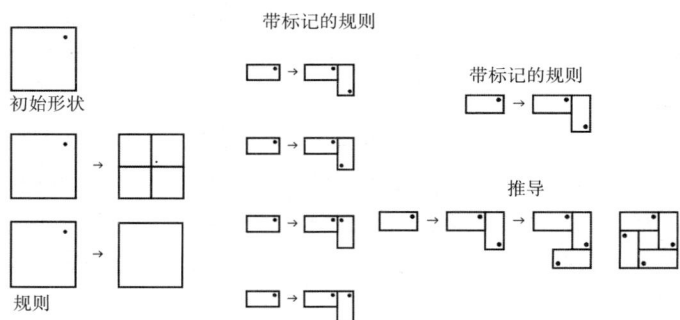

图 4-3 形式语法中的规则

第四个步骤：应用于设计。基于以上提到的三个步骤，我们就能够得到针对当前设计任务的形式语法。我们首先定义初始形态和空间关系，再选择加法或减法的规则。而规则中标记形的不同会导致设计产生不同的结果。这里罗列了两个形体在相加的规则下，由于不同的标记形，导致最终的不同设计结果（图 4-4）。

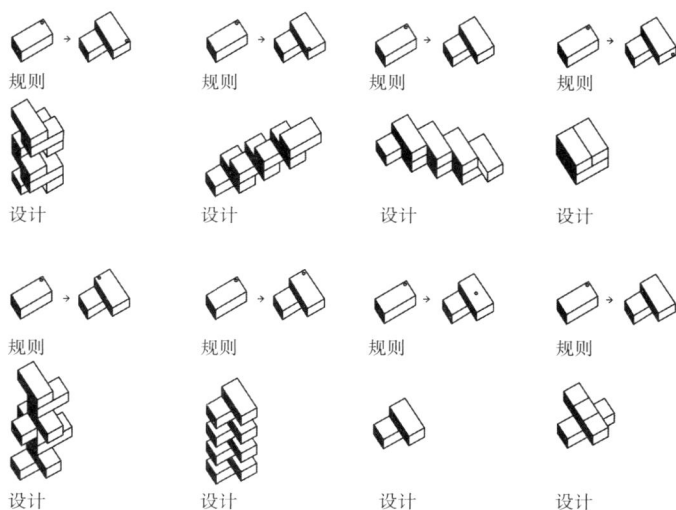

图 4-4　形式语法在设计流程中的运用

　　这四个步骤中的简单练习成为后来形式语法众多应用的基础，并展示了这些应用在教育和实践中的潜力。第一个练习展示了形式语法如何用于原创性的组合，即创建新的设计语言或风格。第二个练习展示了形式语法如何用于分析已知或现有的设计语言。这两个练习说明了形式语法形式化的独特性，激发了近四分之一世纪的形式语法工作。

　　形式语法理论和应用在设计计算及相关领域的文献中得到了详细记录与说明。形式语法是一组按步骤计算生形的规则，用于生成一组设计成果。形式语法既具有描述性，又具有生成性。

　　形式语法具有适用于设计而不牺牲形式严谨性的特性。首先，形状规则的组成部分是基本形状：点、线、面或体（图 4-5）。形状规则使用加法和减法的形状操作以及设计师熟悉的空间变换（如平移、镜像和旋转）来生成设计[2]。简言之，形式语法是空间算法，而不是文本或符号算法。其次，形式语法将形状视为非原子实体——可以根据设计师的意愿自由分解和重组。这种自由性允许出现新的形状——这是形式语法与最常见的集语法最显著的一个区别。新形状是指在语法中未预定义但通过规则应用生成的形状。最后，形式语法是非确定性的。形式语法的使用者在计算的每个步骤中可能有许多规则选择和应用方式。在运用形式语法进行设计时，可能出现在符合规则约束下的多种设计结果，这些结果体现了形式语法的特性：它对于设计结果有一定的约束，但也适当保留了自由发挥的空间。

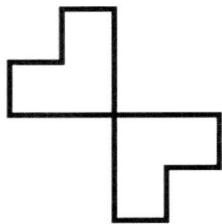

图 4-5　形式语法中一种基本形状

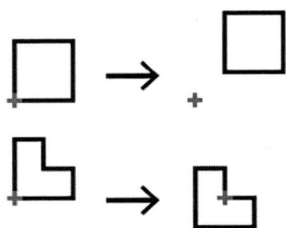

图 4-6 形式的两种规则

下图案例中的两条规则体现了形式语法的这一特性（图 4-6）。第一条规则将一个正方形沿对角线方向进行平移，移动长度为对角线长度的一半。第二条规则是 L 形沿对角线方向进行平移。规则中的标记展示了规则左侧和右侧形状相对位置的位置。计算的起始形状被称为初始形状，它由两个 L 形组成。这两条规则应用于这个形状以及通过匹配规则中左侧的正方形或 L 形与设计中的正方形或 L 形产生的形状。规则中的正方形或 L 形可以进行平移、旋转、镜像或缩放，以便与设计中的形状匹配。如果匹配成功，设计中的匹配形状将被替换为规则中指定的平移形状。平移的方向取决于用于匹配的空间变换方式。

以下是使用该语法进行设计计算的过程（图 4-7）。从第二步开始，规则可以应用于新出现的 L 形或正方形。形式语法的使用者，无论是人还是机器，必须决定每一个设计步骤使用哪个语法规则以及该语法规则作用于哪个对象。

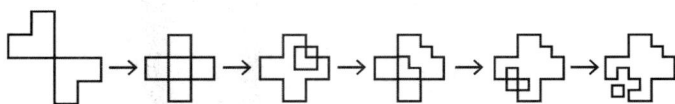

图 4-7　一种采用上述规则进行设计计算的过程

以下是使用该语法的另一种设计计算过程（图 4-8）。前三步与上面的计算过程相同。然后它分叉并按照不同的路径生成不同的设计。

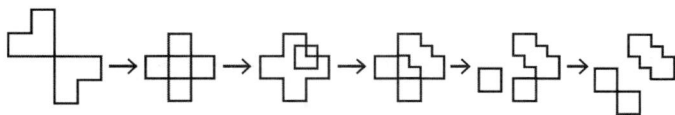

图 4-8　采用上述规则的另一种设计计算过程

4.1.2　空间语法

从理论上来说，形状和形状之间的空间关系可以是任何形式，数量上也没有限制（图 4-9）。然而，在实践中，设计问题的限制（如场地、经济或功能需求）以及设计师对问题的限制（如风格或设计理念）会影响选择特定的形状和空间关系。因此，用于进行设计计算的形状和空间关系通常具有隐含的涵义和功能，就像在传统的设计过程中，设计师在纸上绘制的线条具有意义一样。

加法和减法形状规则可以被用来探索空间关系[3]。加法和减法形状规则用于定义简单的形状语法，也称为基本语法（图4-9）。基本语法可以生成使用一个或多个给定空间关系的所有最简单的设计。基本语法通过根据规则中形状的对称性属性以不同方式进行标记或标签，来进行定义。所定义的基本语法可以在标签的指导下，以不同的空间变换实例化相同的空间关系，从而生成不同的设计[4]。

图4-9展示了基本语法和设计发展的示例，定义了一个长方体的词汇，并定义了两个长方体之间的空间关系。根据空间关系，也给出了使用加法和减法规则添加和减少立方体的方法。

下图加法规则中添加的柱子根据柱子的对称群中的16个运算进行了16种不同的标记。每种不同的标记定义了不同的基本语法和设计（图4-10）。

在运用空间语法的设计实践中，设计师可以将设计的每一个步骤以量化的方式记录下来。形状、空间关系和规则可以被反复修改和重新定义，直到生成的设计满足项目的整体目标[5]。

1992年，泰瑞·奈特（Terry Knight）以乔治·斯特尼的案例为基础，对形式语法进行了扩展并构建了限制类型的色彩语法。形式之外，色彩语法则是在形式语法的基础上增加了第三个元素——色场。色场的填充相对自由，它既能够表示为用单一颜色填充的有限区域，也能够表示为包含多种不同颜色连续填充的复合区域。在二维平面上，色场对应色彩填充面；在三维空间中，色场对应色彩填充体。在色彩语法中，规则的应用可能意味着色场的相加，因此任意两色场中重合色点的排序也必须与所应用的规则同时被指定。

较之标准形式语法，色彩语法在形式操作之外增加了感知因素，使形式语法更加契合建筑设计的实际需求。同时，色彩语法的创建在补充完善基本形式语法的同时，也开拓了多维形式语法的设计思路。同时，将诸如颜色、纹理、材料、功能等的品质纳入形状语法的规则中。为了能够适应某些类型的复杂设计，随后基本形式语法衍生出了众多复合多维的语法专题。

左图展示了基本颜色语法（图4-11）。词汇和空间关系与上述基本（形状）语法示例中的相同，只是添加了颜色。可以从空间关系中定义一个加法颜色规则。规则中的两根柱子可以以不同的方式重新定位，以保持柱子之

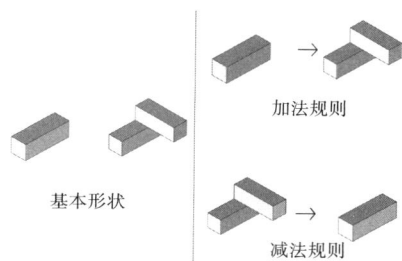

图4-9 基本形状和两种形状规则

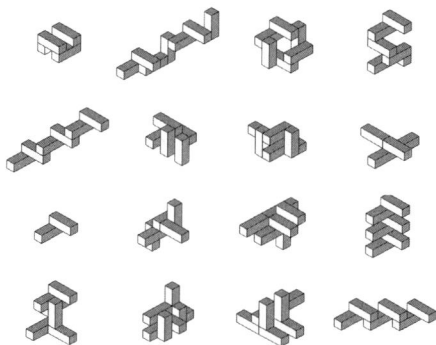

图4-10 16种不同的设计成果

4.1.3 色彩语法

色彩语法　　色彩语法下的加法规则
图4-11 色彩语法的基本形状与加法规则

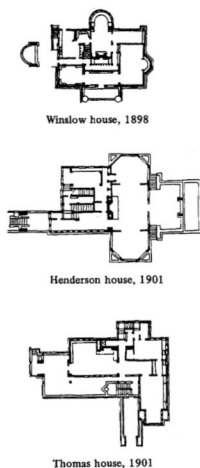

图 4-12　色彩语法设计的实例

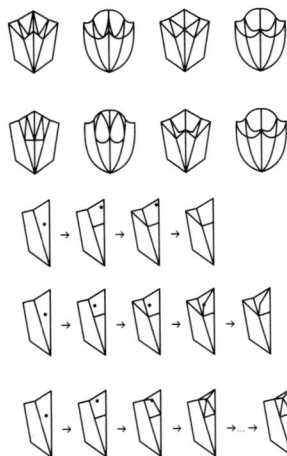

图 4-13　参数形式语法——赫普尔怀特椅背
生成过程

间的几何关系不变，同时颜色关系发生变化。柱子不同的重新定位会导致不同的颜色语法和设计，就像上面的例子中对未着色柱子的不同标记会导致不同的语法和设计一样。通常，彩色形状在加法规则中的不同重新定位取决于形状的对称性，无论是有颜色还是没有颜色。在这里，有16×16=256 种不同的方法可以重新定位加法规则中的彩色柱子（图 4-12）。每种不同的重新定位定义了一个不同的基本颜色语法。其中一些颜色语法生成不同的空间形式，而另一些则生成相同的形式但具有不同的着色。

用该语法可以进行许多其他计算。多年来，形式语法理论已经发展到超越了上述内容的形状和形状计算的复杂性。参数形式语法可以计算具有可变形状或参数化形状的设计（图 4-13）；颜色语法和带权重的语法可以计算具有形状和形状属性（如颜色、材质和功能）的设计；结构语法可以计算设计的结构或形式集合（图 4-14）；属性语法可以计算具有属性和属性约束的设计；并行语法或在多个代数中定义的语法可以同时计算设计的不同形状、文本或符号表示（例如，平面图、剖面图和立面图以及它们的文字描述）。

所有这些对原始形式语法的扩展都是为了比标准形式语法更轻松、更富表现力地计算特定类型的设计[6]。然而，它们都没有增加标准形式语法的计算能力，而标准形式语法的计算能力相当于图灵机，这是迄今为止最强大的计算设备。

总之，形式语法是一个强大而灵活的工具，用于描述、生成和分析设计语言和形式。它具有广泛的应用领域，并在教育和实践中发挥重要作用。随着进一步研究和发展，形式语法有望继续为设计领域带来创新和进步。

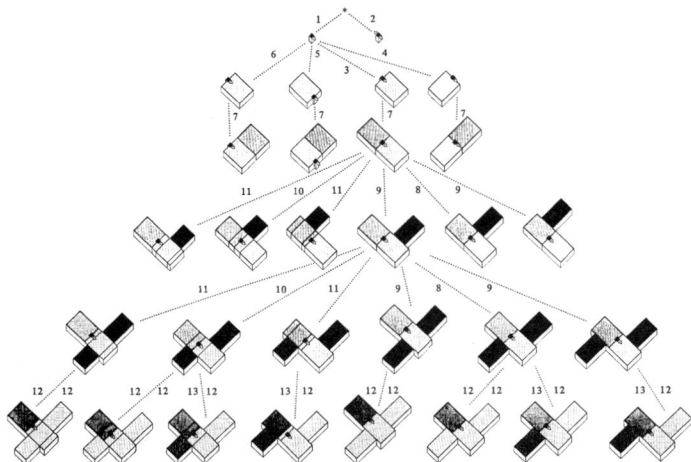

图 4-14　描述性语法分析草原式住宅的生成步骤

4.2 布尔运算建筑生成设计方法

图灵法则声明了"宇宙中任何物理存在的事物都是可以被计算的",那么毫无疑问,建筑作为现实世界中典型的物理存在,也自然是可以被算法所定义的[7]。在计算机领域,任何可被计算的事物都可以通过代码的形式被呈现。英国数学家、建筑师莱昂内尔·马奇致力于研究一种可以通过数学的手段解决建筑形式困扰和设计难题的"建筑科学",称之为"布尔描述"。1976 年,莱昂内尔·马奇在《建筑的形式》(*The Architecture of Form*)一书中通过列举两个经典的案例详细论述了使用数学编码来对建筑的平面布置与体量构成进行描述的方法。

4.2.1 布尔代数的运算法则

4.2.2 二维布尔运算

二维布尔运算是一种在二维平面上进行逻辑操作的方法,基于布尔代数的运算法则发展而来(图 4-15)。它将图形或形状视为集合,利用逻辑运算符(如并集、交集和补集)来对这些集合进行操作。二维布尔运算在建筑学专业和建筑设计领域中具有广泛的应用,可以帮助设计师进行形状生成、空间分析和设计优化。

首先,设计师可以使用布尔运算来组合基本几何形状(如矩形、圆形和多边形)来创建复杂的建筑轮廓和形态。其次,二维布尔运算在建筑设计中可以用于空间分析。设计师可以将建筑空间划分为不同的区域,并使用布尔运算来确定这些区域的关系。例如,可以使用并运算来计算出两个空间的交集,从而确定它们是否重叠或相连。这对于分析空间的使用、通行流线和功能布局等方面非常有帮助,可以优化建筑内部的空间利用效率。最后,二维布尔运算还可以在建筑设计中用于形状的优化和改进(图 4-16)。设计师可以使用布尔运算来生成不同的设计方案,并通过比较它们之间的区别和特点来进行选择和优化。例如,可以使用并运算来将不同的设计元素组合在一起,使用交运算来确定元素之间的关系,使用补运算来减少或增加某些设计元素。通过不断地进行布尔运算和形状迭代,设计师可以逐步改进设计,并找到最优的解决方案。

随着计算机辅助设计技术的不断发展,二维布尔运算在建筑设计中的应用将变得越来越重要,并为设计师提供了更多创造性和灵活性的可能。

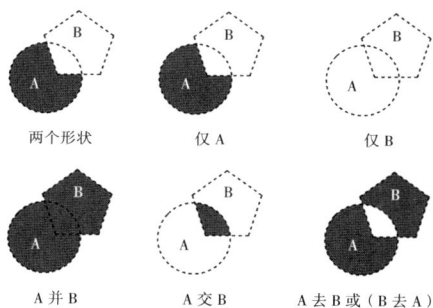

两个形状　仅 A　仅 B

A 并 B　A 交 B　A 去 B 或(B 去 A)

图 4-15　二维布尔运算的基本操作

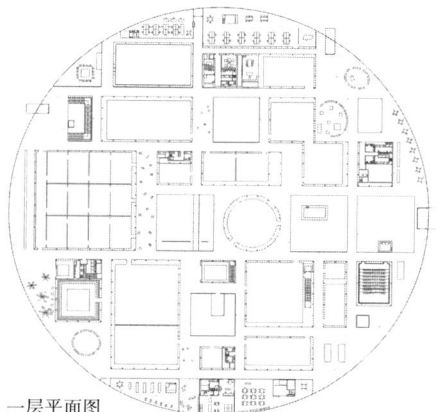

一层平面图

图 4-16　基于二维布尔运算的建筑平面设计案例
(21 世纪金泽美术馆)

如图 4-16 所示这个项目在公共住宅的平面中加入了圆形三角形等不同基础几何体来定义不同的公共空间。多个几何形体的碰撞在平面上产生了墙、柱网以及曲面。这些元素打破了传统墙体在平面上分割空间的单调性，而是呈现多个不同体验空间的连贯性。多条漫步曲径从城市街道延伸到不同的内部几何体，从而实现了公共空间在平面上的连接。

4.2.3 三维布尔运算

三维布尔运算是二维布尔运算的扩展，用于处理三维空间中的逻辑操作。二维布尔运算是在平面上进行逻辑操作，而三维布尔运算涉及三维几何体的组合和切割。二维布尔运算可以被视为三维布尔运算的特例，当涉及垂直于特定平面的操作时，可以将三维问题简化为二维问题处理。两者都是基于布尔代数的原理，并使用相似的逻辑运算操作符。无论是二维还是三维布尔运算，在建筑学专业和建筑设计中都有广泛的应用。

布尔并集　　　布尔补集 01

布尔补集 02　　　布尔交集

图 4-17　三维布尔运算的基本操作

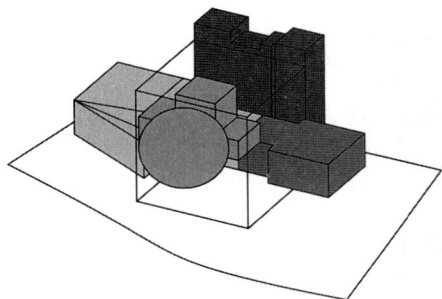

三维布尔运算是一个三维的集合概念。它包括并集、补集和交集（图 4-17）。并集（Boolean union）是两个物体的结合体，如图 4-17 正方体和球形的结合。交集（Boolean intersection）是两个物体共有的部分。而补集（Boolean difference）是一个相对的概念，从 A 物体中减去 B 物体。通过指定不同的 A 和 B 能得到不同的几何体。如图 4-17 长方体和球形的补集有两种不同的集合体。掌握这三个概念，在进行建筑体量设计以及三维建模时有至关重要的作用。而在建筑设计中，较为常用的就是布尔并集和布尔补集这两个概念。

如 OMA 设计的台北表演艺术中心，就是利用布尔运算的并集概念来推敲出最终的建筑体量。我们可以看到，整体建筑形状是通过多个基础几何体的碰撞结合得来（图 4-18）。

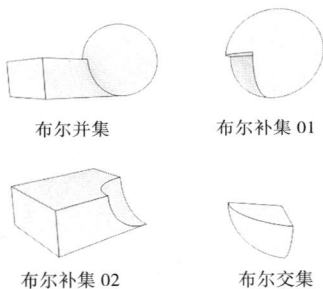

图 4-18　台北表演艺术中心的几何体布尔并集操作与鸟瞰效果图

OMA 通过分析表演艺术中心所需的不同功能来推敲出适合每个功能的空间几何。例如镜框式剧场采用了球形体量，多功能小剧场采用了传统立方体体量，而大剧院则使用了类似于梯形的体量来应对剧院的阶梯座位布局。核心筒和后台工作区则是采用了传统的长方体。四个不同的功能部分直接连接在主体公共空间。这个手法可以保证每个功能区域既能完美运作，又能给观者带来截然不同的空间体验。

布尔补集与并集相比更能在一个较大的体量中创造出独特的小空间，从而起到画龙点睛的作用。一个很好的例子就是斯蒂芬·霍尔（Steven Holl）的 EX-OF-IN 住宅（图 4-19）。这个住宅只有两层，占地仅 85m^2，然而霍尔在这个极小体量的项目中采用了布尔补集的表达，充分探索了内部空间的多样性。整个建筑体量也是从传统立方体出发。霍尔首先从立方体中减去了两个梯形体量，从而使营造了一个坡道式的屋顶，使建筑中二层卧室的一角有充分的日照。整个建筑体量也在概念上被分割成了会客区和卧室区两个部分。第二步霍尔则是在住宅中运用了球面，来打破整个传统方形体块。如图 4-19 中可以看到，有四个大小相近球体被用作切割主体量，主要使用在入口处、屋顶处以及卧室朝南面。球面在建筑外表面带来了一种不同的几何语言，在室内产生了独特的局部空间。如入口处，霍尔通过布尔补集切割产生了一个半球体的门厅空间，是整个建筑的画龙点睛之笔。

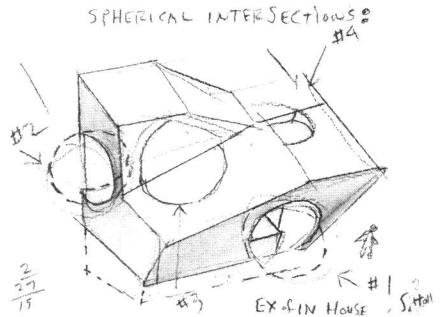

图 4-19　几何体的布尔补集操作图
（EX-OF-IN 住宅）

4.3　迭代与递归建筑生成设计方法

计算性设计过程中的"算法"对应于形式语法中的"规则"，而"迭代和递归"与"判定和优化"成为连接建筑设计与计算机算法的两组核心。

迭代是一种通过不断重复同一算法的反馈来逐渐逼近所需目标或结果的过程（图 4-20）。其中，每一次对算法的重复称为一次"迭代"，而每一次迭代得到的结果会作为下一次迭代的初始值。在迭代算法中，其预先设定的迭代规则在整个递推过程中始终保持不变，即在迭代规则设定后，会影响最终结果的因素只有迭代的初始值。

递归是指将每一步迭代所产生的结果累积在一起而形成一种叠加几何结构的过程，其生成的最终形态可以被认

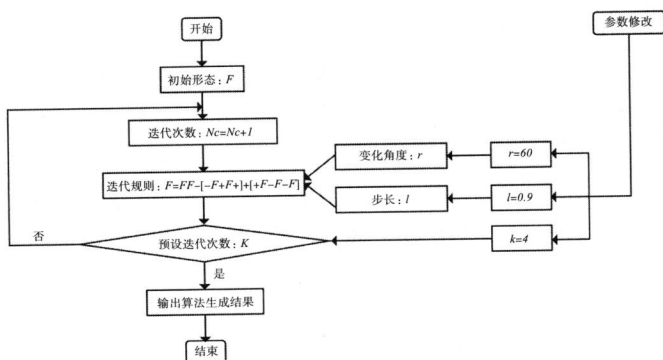

图 4-20　迭代的逻辑图

为是从第 1 步至第 n 步所有迭代结果的集合，递归可以被看作是另一种规则下的迭代算法（图 4-21）。而从过程上来说，两者则是基于完全不同的运算逻辑。

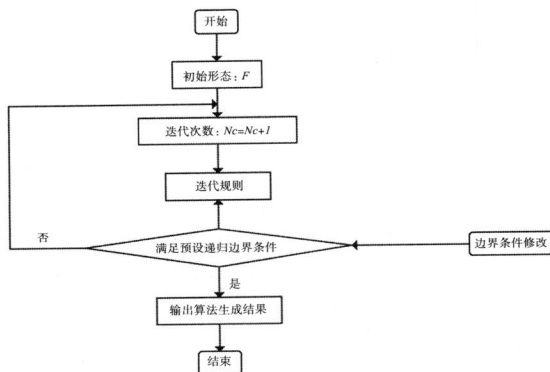

图 4-21　递归的逻辑图

4.3.1　元胞自动机

随着计算机技术的发展，当形式变得纷繁多变，再难以有一个强有力的形式范式将它们进行统一和抽象。在"元胞自动机"理论的影响下，卡尔·初认为，建筑学"本体论"的研究需要超脱任何范式的限制，具备绝对一般性和普适性。生成性图解同样需要一个"本体论"层面的变革。

元胞自动机是一种具有自生成属性的计算机图像系统，其基本概念由波兰数学家斯塔尼斯拉夫·乌拉姆（Stanislaw M.Ulam）与匈牙利数学家约翰·冯·诺依曼（John von Neumann）于 1950 年提出（图 4-22）。它是一种离散的动态系统，可以通过检测每个细胞以及其周围细胞的当前状态来决定该细胞的未来状态。元胞自动机是单子论在计算意义上的直接呈现，单元细胞代表了单子，而单子论中定义的"感知"和"欲求"则呈现为生成规则。

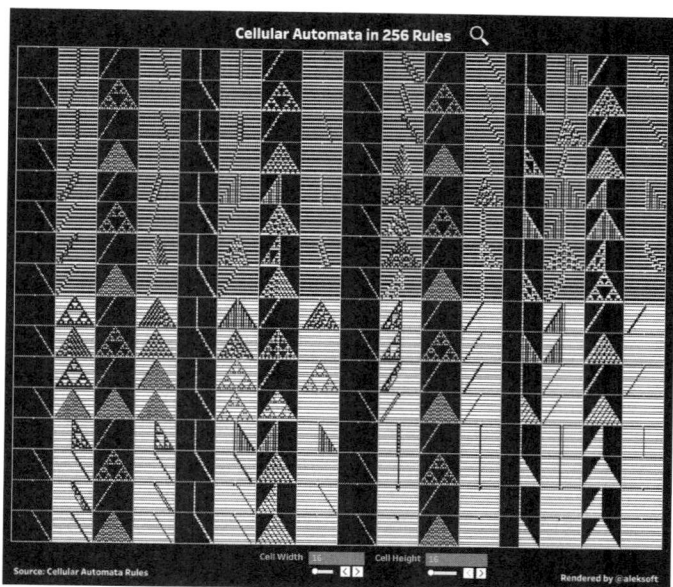

图 4-22 元胞自动机

卡尔·初的"ZyZx"原型采用了一维元胞自动机中的一种特殊类型——"帕斯卡三角形"作为其生成体系的描述（图 4-23）。在帕斯卡三角形中，细胞以 0 和 1 的顺序从左边开始依次向下一层级分解为两组，直到所有的细胞相邻可能性都考虑完毕。ZyZx 系统对每个细胞单元进行了重新定义：每个细胞单体"生"与"死"或者"白"与"黑"的生命状态被替换成了几何意义。因此，ZyZx 系统虽然只是一种基于一维元胞自动机形成的几何系统，但其变化的可能性可以说是无限的。

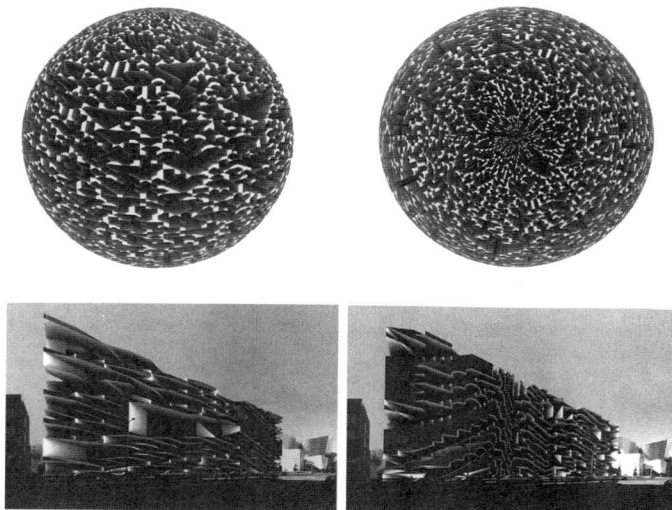

图 4-23 卡尔·初的"ZyZx"设计

4.3.2 爬行系统

约翰·弗雷泽将自然界中的生物进化理论与建筑生成设计相结合，提出了建筑"生成进化范式"。在评价与选择标准方面，"适者生存"代表了生物进化的选择标准。自然界中，这一标准通过生或死来实现，这是生命的基本特征。然而建筑并没有生或死这样的属性，这就意味着整个生成过程需要建立一种适合于建筑的选择标准来对所有的生成结果进行筛选。

1968 年，弗雷泽建立了"爬行系统"。"爬行系统"是一种从根本上基于单元化和遗传规则的系统，弗雷泽希望用这种系统来实现不同空间结构体的生成。这个系统由两种折叠结构单元体组成，两种单元体相互之间有 18 种不同的连接方式。所以，当多个单元之间相互组合时，系统便能够衍生出大量的组合可能性，并且这些可能性最终可以被转化为具有丰富多样性的平面与空间结构。

弗雷泽的"爬行系统"很直接地体现了算法生成图解的基本特点：在结构单元体的生成图解中，图示与代码并置是核心的表现手段；在"爬行系统"的程序图解中，类似算法流程图的表达成为图解的主要内容；在生成结果的表现中，最终形态只是众多可能性中代表某一类型的典型结果（图 4-24）。这些图解最终表现出来的特点与弗雷泽所定义的"生成进化范式"完全一致——代码与规则成为操作的基础，形式转译与选择成为最终形式生成的手段。

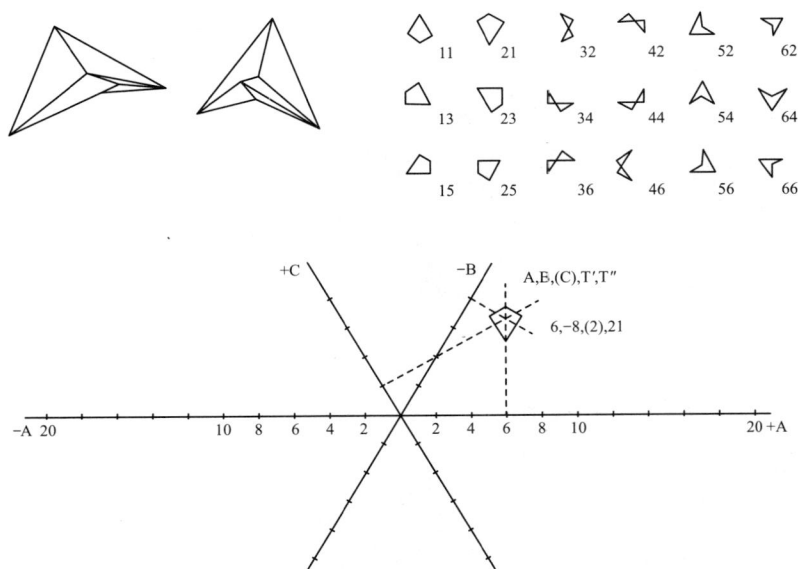

图 4-24 "爬行系统"程序流程图解

多智能体系统是随时间变化而进行自下而上的逐步迭代，并且过程中呈现出动态变化和自我组织的特性。在建筑设计中，如果将建筑空间看作是一个复杂系统，那么人可以被视为组成建筑系统的基本单位——智能体（图4-25~图4-27）。大量的智能体通过在一个限定的空间范围内进行智能性的运动，并且随着相互之间的作用而固定下来，最终会形成一种具有高度自治性的网络结构——建筑雏形。

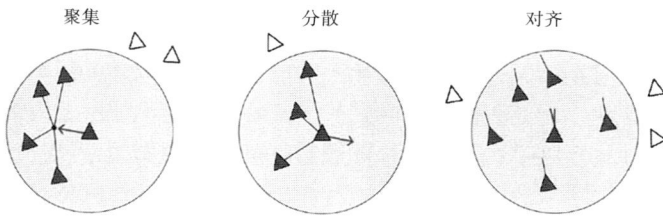

图4-25　三种智能体行为：聚集、分散与对齐

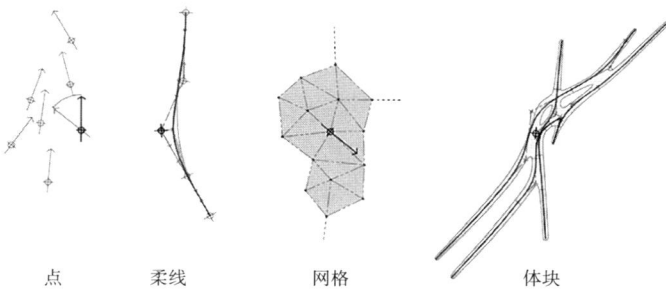

图4-26　智能体的表达方式：点、柔线、网格和体块

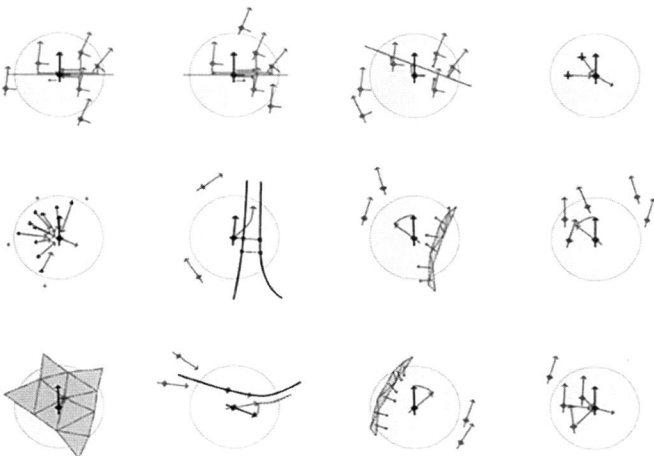

图4-27　智能体之间的交互作用以及智能体对环境的响应

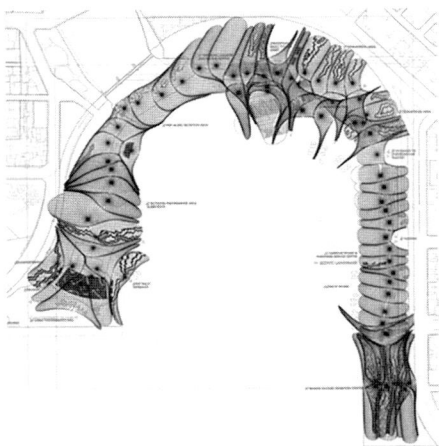

图 4-28　基于智能体的台湾高雄流行音乐中心的设计

阿丽萨·安德鲁塞克（Alisa Andrasek）一直从事着多智能体系统生成设计的研究与实践，在台湾高雄的流行音乐中心设计中，她首先通过模拟电磁场中磁感线的分布，将场地编织为一个无时无刻不在变化的动态磁力领域，其中具有磁感线规律的线性肌理作为的一种智能体通过不断地自组织将场地与建筑缝合为一体，来整合生态系统下的各种环境因素（图 4-28）。之后，在建筑空间的建构中，阿丽萨又根据液体中微粒的无规律运动——布朗运动作为数学逻辑，建立了另一种智能体的行为模式来模拟人类的活动。

集群智能是多智能体系统中的一个分支。在集群智能的发展初期，它被广泛应用于对群体社会生物体的行为研究之中。例如，自然界中蚂蚁、蜜蜂等社会性昆虫的群体行为均反映了大量简单个体通过交互而产生集体智能的现象。之后，这些生物群体的社会行为激发了设计领域对集群智能算法的应用。不同于多智能体系统，集群智能反映了更加复杂的内部构成形式，而这种复杂的机制使算法摆脱了传统生成设计中的单一目标趋向性，进而转变为对环境的高度智能化回应。

由于集群智能是基于"自主智能体"间的相互作用，进而导致涌现行为的发生，所以任何一个集群智能算法都倚仗于一定数量的基础个体而存在。而这些巨大数量的个体形成了集群智能的另一个特点——自组织性。大量智能个体间的往复循环作用会使得宏观机体的秩序被不断地重新整合与排列，从而自组织成为一种内在固有属性贯穿于涌现过程的始终。

罗兰德·斯努克斯团队一直致力于对集群智能概念的研究，在墨尔本码头的研究项目中，设计团队以蚂蚁在寻找食物过程中发现路径的行为来模拟人类步行所呈现出的自组织性，从而开发出了基于行为的生成设计方法（图 4-29）。通过个体间的智能化自组织使得整个系统对人流的模拟不断趋向实际情况，并以此优化建筑路径、形成建筑雏形。

从图解与数学的联系来看，这个过程中产生的任何形式结果都是作为一种数学基数来被编码，因此理论上可以迭代出无穷小的形体以进行进一步操作。

整个"分形柱式"的建造过程可以视为将"可计算"的"形态阈值"通过代数编程的转化之后由数控机床进行加工的过程。在一定程度上，这意味着形式算法与建构图解的表达不再是相分离的领域，就好像外形不再需要强加

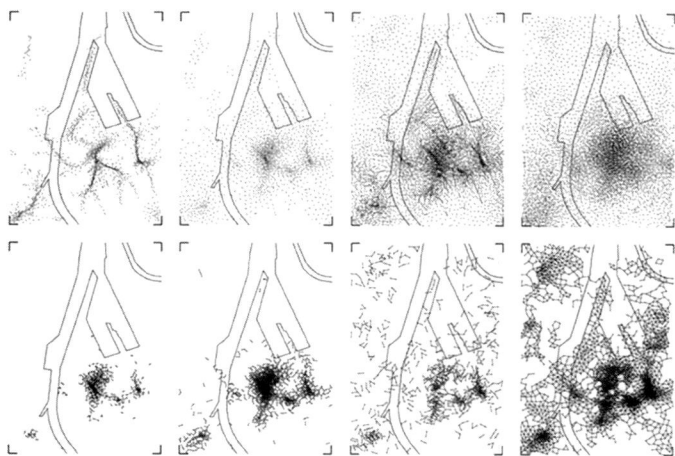

图 4-29 基于集群智能系统的墨尔本码头研究

在建造之上，设计师不仅可以计算形式本身，也可以"计算"形式的可建造性。

在迭代与递归的思想下，设计师可以从不同的维度来理解形式。在程序算法的建构下，代码成为图解的象征性代表，设计师可以通过释放代码的内在动力对极其复杂的形态进行迭代生成。而其中，对复杂形式的"转化"成为分形几何思维在建筑设计中进行应用的主要方式。汉斯米耶尔以其"代码—形式"的逻辑将建筑实体建造的角度扩大至计算范畴，并渲染了一种图解形式表达的极端临界，这为建筑的复杂性探究提供了重要的参考价值。

第 5 章　人工智能增强建筑生成设计方法

5.1　人工智能建筑生成设计概述

5.1.1　人工智能概述

广义上，人工智能的操作模式是输入训练数据，再经过多层算法训练，最后输出训练结果。按照模仿人类行为和能力的能力进行分类，人工智能技术（现有技术和假设技术）都可以分为三种类型：第一种是狭义人工智能（Narrow Artificial Intelligence），也叫弱人工智能，它提供的能力范围很窄，这些系统只能接受训练以执行特定任务。例如 Google 的 Rankbrain，Apple 的 Siri 或 Amazon 的 Alexa；第二种是通用人工智能（General Artificial Intelligence），也叫强人工智能，这种类型的人工智能技术反映了人类的能力，具有多种功能，能够解决许多问题并从经验中学习；第三种则是超级人工智能（Super Artificial Intelligence），它是一种在几乎所有领域都比最优秀的人类大脑聪明得多的智力，包括科学创造力、一般智慧和社交技能。到目前为止，弱人工智能是唯一已被人类成功实现的 AI 类型，强人工智能还没有实现（甚至差距较远），而超人工智能更是存在于科幻中的想象，在实际应用中"特定领域"目前还是人工智能无法逾越的边界，现在的人工智能还处在单一任务的阶段。

机器学习（Machine Learning）是人工智能的一个子领域，主要研究如何让计算机系统通过学习数据中的规律和模式，自动提高自己的性能，而无需人为编程指定具体规则。简单来说，就是让计算机根据历史经验（数据）来自动学习和决策。深度学习（Deep Learning）是机器学习研究中的一个领域，其动机在于建立、模拟人脑进行分析学习的神经网络，模仿人脑的机制来解释数据，例如图像、声音和文本。神经网络（Neural Network）是一种机器学习的算法，是深度学习研究的核心概念，神经网络的原理是受我们大脑的生理结构——互相交叉相连的神经元启发，可以简单地分为单层、双层以及多层网络（图 5-1）。

机器学习是人工智能的一种类型，它为计算机提供了无需明确编程即可学习的能力。根据训练期间接受的监督数量和监督类型，可以将机器学习分为四种类型。

图 5-1　人工智能、机器学习和深度学习的关系

（1）监督学习：算法尝试对目标预测输出与输入函数之间的关系和依赖性进行建模，以便我们可以根据从先前数据集中学习到的关系来预测新数据的输出。

（2）无监督学习：使用无标签数据训练计算机。学习数据中的模式后，计算机可以教你一些新知识。在我们不知道要在数据中查找什么的情况下，这种算法特别有用。

（3）半监督学习：在许多实际情况下，标签的成本非常高，因为它需要熟练的专业人员。因此，在没有标签的情况下，半监督算法是构建模型的最佳选择。这些方法利用了这样的思想，即使未标记的数据组的成员身份是未知的，数据也会携带有关该组参数的重要信息。

（4）强化学习：这种方法利用与环境互动过程中收集到的观察结果来采取行动，以最大程度地提高回报或最小化风险。强化学习算法（称为智能体）从环境中连续不断地学习。在此过程中，"智能体"从它在环境中的经验中学习，直到探究所有可能的状态为止。

机器学习能够适应各种数据量，特别是数据量较小的场景。如果数据量迅速增加，那么深度学习的效果将更为突出。深度学习是机器学习中一种基于对数据进行表征学习的方法，可以有效地学习数据特征。通过使用模拟人脑进行分析学习的多层神经网络，从数据中总结出规律。深度学习最特别的地方在于能够自主学习特征提取。它能够在一定程度上实现模仿人脑的机制来解释数据，例如图像、声音和文本。

机器学习从多媒介数据的输入开始，到对机器进行训练迭代（计算机作为决策辅助工具），这个过程只要不被外来控制破坏，便可以永远进行自动化迭代，最后输出的结果是机器凭着大数据里的过往经验呈现出对未来的预测判断（图 5-2）。

5.1.2　人工智能与建筑

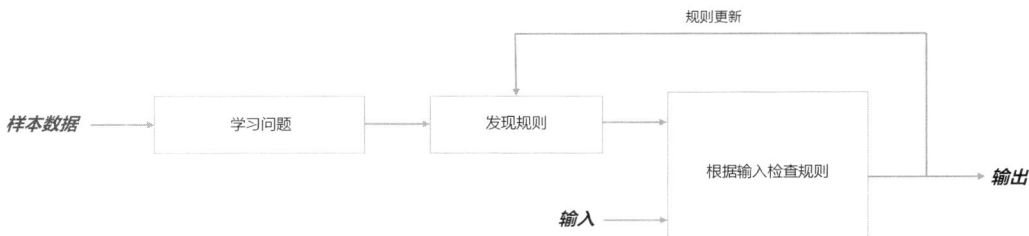

图 5-2　机器学习工作逻辑

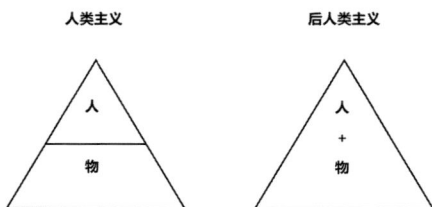

人类主义　　　　　　　后人类主义

图 5-3　人类主义与后人类主义的人、物关系对比

在哲学层面，后人类主义以现代西方文化的基本假设为基础取得了一系列突破，特别是以一种新的方式来理解与自然世界以及与虚拟世界有关的人类主题。新的知识理论并没有以我们为中心，而是人和物享有同等地位。在此意义上，人类和机器之间的关系和界定开始变得模糊。在人文主义中，建筑师以自上而下的方法主宰设计，一切物，包括机器，都在人类之下，服务于人类。在后人类主义中，机器的自动化不再是无脑的重复动作，机器开始被赋予智能，并有能力凭借以往经验来帮助人类决定设计（图 5-3）。

在传统的数字建造里，所谓的"人机交互"是操控者和工具之间的关系。在人工智能发展后以及后疫情时代里，后人类主义从哲学、科学和技术三个方面，提供给人类一个新的认识论，一个重新诠释"人—自然—世界"之间关系的理论主张，强调人与物的平等关系，由此形成"人机共生"的未来。人工智能与建筑学的邂逅远比我们想象中更早，自 20 世纪初以来，建筑学试图改进学科内部设计方法论的尝试，经历了数次思潮演变，其中涉及模数化、控制论、参数化，甚至是早期的人工智能。这些思潮大多借鉴其他学科的理论。通过向这些学科的借鉴，建筑学得以尝试新的发展可能。

两次工业革命为社会赋予了高度的复杂性，大量人群涌入城市给前现代的建成环境带来了巨大的压力，建筑师亟需以一种更科学和更理性的方式去提升居住空间品质。而工业社会中的设计相较于传统农业社会，有着复杂的不确定性。在计算机和人工智能得到长足发展前，以柯布西耶为首的先驱们尝试从汽车等先进制造业中获得启发，针对不确定性的问题提出可能的解决方法。不仅仅是建筑学，当时的其他学科为了回应这样的需求，发展了以系统科学和控制论为发端的复杂性科学（Complexity Science），为诸多学科在理解复杂系统方面提供了坚实的理论基础。

而在工具方面，随着早期计算机和可编程的计算机的出现，一种可通过机器来控制建筑的概念正不断发酵。在这个崭新概念的影响下，建筑师开始尝试为建筑赋予人造"生命"。一方面，建筑师畅想建筑在类智能体的帮助下，建筑自身可以控制空间的营造，并对居住在其中的"被服务者"和室外环境作出反应。另一方面，部分先驱者也从对实体建筑的想象转向对虚拟建筑的探索，甚至开始通过计算机实现一种类似于今天的生成式设计程序的尝试

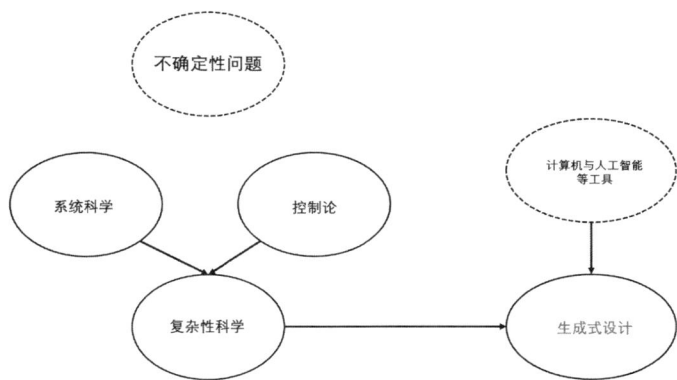

图 5-4　复杂性科学与生成式设计

（图 5-4）。但由于当时计算机条件的限制，1960 年代的建筑师更多地是在理论上对人工智能与建筑学的结合作出探索。

哈佛大学的斯坦尼拉斯·沙尤（Stanilas Chaillou），是 Achi-Gan 的创造者，他将人工智能在建筑中的应用分为四个阶段：模块化、计算性设计、参数化，以及人工智能阶段[1]。

（1）模块化阶段：模块化可以作为系统架构设计的起点。从 1930 年代早期开始，模块化建筑的出现是语言和建筑语法的概念阶段，有助于建筑设计的简化和合理化。

（2）计算性设计阶段：在 1980 年代，随着模块化系统复杂性的飙升，计算性设计的出现把可行性和弹性化带回了模块化设计。除了模块的复兴，基于规则的设计的系统性也在某种程度上得到了恢复。

（3）参数化阶段：在参数化的世界中，重复的任务和复杂的形状都有可能被合理化为简单的规则集，将规则编码到程序中就可以自动地完成不同的任务，这样一种模式推动了参数化建筑的出现。简而言之，如果一项任务可以解释为计算机的一组命令，那么建筑师的任务就是将它们传达给软件，同时通过调控影响结果的关键参数以生成不同的可能结果。

（4）人工智能阶段：人工智能实际上可以解释为一种统计学方法，前提是将统计原理与计算相结合。这样一种新的方法逻辑，可以在一定程度上改善参数化建筑的缺点。

我们可以看到人工智能在生成建筑设计方面的巨大潜力，但同时也要认识到它的效果仍然取决于设计师给机器准确传达自己意图的能力。随着机器被训练成为一个可靠的"助理",建筑师可能会面临两个主要挑战：①建筑师需要合理地描述建筑需求，确保其可以转化为机器可量化的指标；②建筑师必须在人工智能领域选择合适的工具。这两个先决条件将最终决定人工智能建筑的成败。

5.2　人工智能建筑生成设计算法

当我们在讨论 AI 时我们其实是在讨论算法，目前建筑学界内主流的神经网络主要包括以下三种，卷积神经网络（CNN）、生成对抗网络（GAN）和全连接神经网络（FCNN）。卷积神经网络是最常用的图像处理网络，它将图像映射到向量。生成对抗网络映射图像到图像，是除了 CNN 之外的另一种处理图像数据的机器学习网络，在 GAN 的网络结构中输入和输出都是用图像，通常用于生成式设计。全连接神经网络映射向量到向量，是几乎所有神经网络的起源，它将数据视为单纯的向量或实数。

5.2.1　卷积神经网络

卷积神经网络是近年来比较受关注的人工神经网络结构，其最常被利用的方面是计算机图片识别和语言识别，在这两方面可以给出优秀的测试结果。除此之外它也被应用在视频分析、自然语言处理、药物发现等领域。总的来说，CNN 的实际应用和应对的数据比较广泛，这为其带来了广阔的应用前景。CNN 最大的贡献是解决了人工智能里的两大难题：

（1）图像需要处理的数据量太大，导致成本很高，效率很低。图像是由像素构成的，每个像素又是由颜色构成的。现在随便一张图片都是 1000×1000 像素以上，每个像素都有 RGB 3 个参数来表示颜色信息。假如我们处理一张 1000×1000 像素的图片，我们就需要处理 3 百万个参数！这么大量的数据处理起来是非常消耗资源的，而且这只是一张不算太大的图片。CNN 的解决方法是将复杂问题简化，把大量参数降维成少量参数，再做处理。

（2）图像在数字化的过程中很难保留原有的特征。在图 5-5 中，假如有圆形是 1，没有圆形是 0，那么圆形的位置不同就会产生完全不同的数据表达。但是从视觉的角度来看，图像的内容（本质）并没有发生变化，只是位置发生了变化。所以当移动图像中的物体，用传统的方式测得出来的参数会差异很大！这是不符合图像处理的要求的。CNN 的解决方法是：用类似人类视觉的方式保留了图像的特征，当图像做翻转、旋转或者变换位置时，它也能有效地识别出来是类似的图像（图 5-5）。

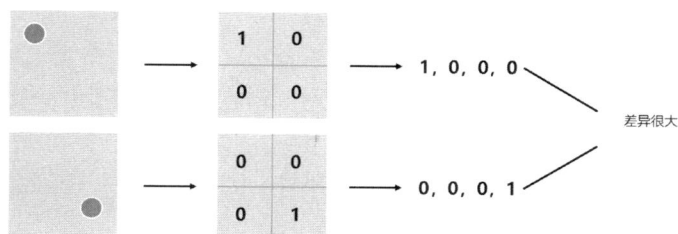

图 5-5　卷积神经网络出现之前人工智能的两大难题

卷积神经网络是如何实现的呢？在我们了解 CNN 原理之前，先来看看人类的视觉原理是什么。深度学习通常建立在对大脑认知原理，尤其是视觉原理的研究基础上。

人类的视觉原理如下：从摄入原始信号开始（瞳孔摄入像素 Pixels），接着做初步处理（在视觉皮层中接收信息的第一个神经元层发现边缘和方向），然后抽象（大脑判定眼前物体部分的形状），最后进一步抽象（大脑进一步判定该物体是个人脸）。对于不同的物体，人类视觉也是通过这样逐层分级来进行认知的：在最底层，特征基本上是类似的，就是物体的各种边缘；越往上，越能提取出此类物体的一些特征（轮子、眼睛、躯干等）；到最上层，不同的高级特征最终组合成相应的图像，从而能够让人类准确地区分不同的物体。那么我们可以很自然地想到：可不可以模仿人类大脑的这个特点，构造多层的神经网络较底层的用于识别初级的图像特征，若干底层特征组成更上一层特征，通过多个层级的组合，最终在顶层做出分类呢？答案是肯定的，这也是 CNN 的灵感来源。

典型的 CNN 模型架构由 3 个部分构成：卷积层，池化层，全连接层。搭建结构的顺序是从左到右，首先是输入的图片，数据经过一层卷积层（convolution）的处理之后用池化（pooling）的方式处理卷积的信息，按同样过程再进行第二次处理。然后把第二次处理好的信息传入全连接神经层（fully connected layer），最后再接上一个分类器（classifier）进行分类预测。简单来描述的话：卷积层负责提取图像中的局部特征；池化层用来大幅降低参数量级（降维）；全连接层类似传统神经网络，用来输出想要的结果[2]。

在特征提取（feature extract）的过程中，过滤器（filter）或内核（kernel）对输入数据执行卷积操作，然后生成特征图（feature map）。卷积操作就是使用一个滑动窗口，在图像上从上到下，从左到右滑动，并对窗口里的像素进行加权平均，每滑动一下，就得出一个加权平均的结果，滑动的结果也是一个二维数组。在图 5-6 中，3×3像素大小的过滤器（橘色方块）在输入图像（蓝色方块）上滑动，卷积的总和纳入并形成特征图（绿色方块）。实际上，卷积是在 3D 中执行的。每个图像表示为 3D 矩阵，其中具有宽度、高度和深度的尺寸。因图像使用（RGB）颜色通道所以深度也需要被纳入计算（图 5-6）。

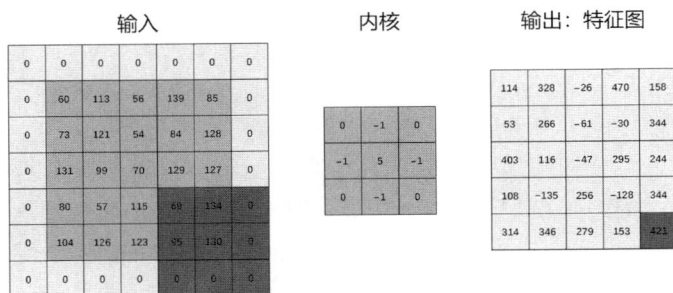

图 5-6 卷积神经网络原理示意

由于卷积核比较小，因此就算经过了卷积层，图像尺寸和算量还是很大。为了降低 GPU（图形处理器）的计算负担和数据维度，CNN 里的第二主要部分便利用池化层，它的功能是进行特征下采样。图 5-7 中的原始图片是 4×4 像素，利用 2×2 像素的采样窗口对其进行特征采样，最终生成一个 2×2 像素大小的特征图。池化层相比卷积层可以更有效地降低数据维度，不但大大减少运算量，还可以有效地避免模型过拟合的问题，即模型在训练数据上获得较好的拟合，但是在训练数据以外的数据上却不能获得有效的拟合（图 5-7）。

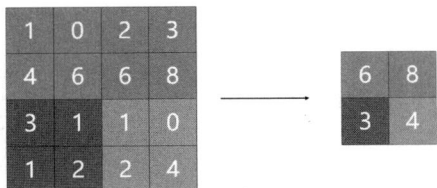

图 5-7 池化层原理示意

最后一步，经过卷积层和池化层处理过的数据被输入到全连接层中（图 5-8），全连接层在整个卷积神经网络中起到"分类器"的作用。如果说卷积层、池化层和激活函数层等操作是将原始数据映射到隐层特征空间，那么全连接层则起到将学到的"分布式特征表示"映射到样本标记空间的作用。只有经过卷积层和池化层降维过的数据，全连接层才能"跑得动"，不然会因数据量太大导致计算成本高且效率低。

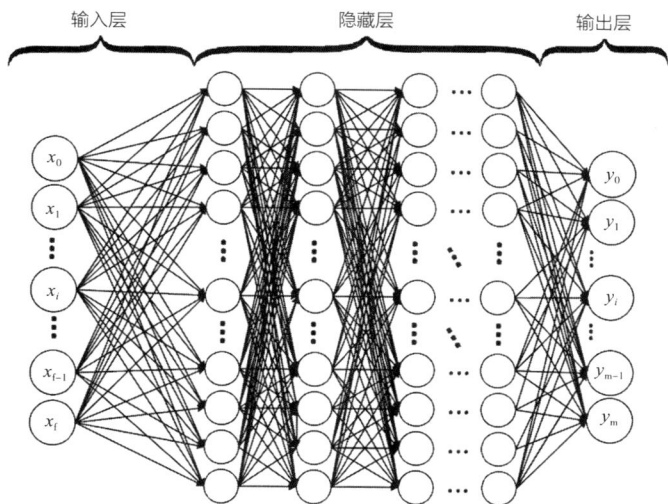

图 5-8　全连接层结构示意

2014 年，还在蒙特利尔大学读博士的伊恩·古德费洛（Ian Goodfellow）教授将生成对抗网络（Generative Adversarial Network，GAN）引入深度学习领域。到了 2016 年，短短两年的时间，GAN 算法的热潮已经衍生出数种基于 GAN 架构发明的其他算法并遍布 AI 领域各大顶级会议（图 5-9）。

如前文所提到的，深度学习最特别、最厉害的地方就是能够自动提取并学习数据特征。一句话来概括，GAN 的设计动机就是——自动化。以前是人工提取特征，在 GAN 中是神经网络自动提取特征；以前是人工判断生成结果的好坏，在 GAN 中是神经网络自动判断和优化。训练集需要大量的人工标注数据，这个过程是成本很高且效率很低的。而人工判断生成结果的好坏也是如此，有

5.2.2　生成对抗网络

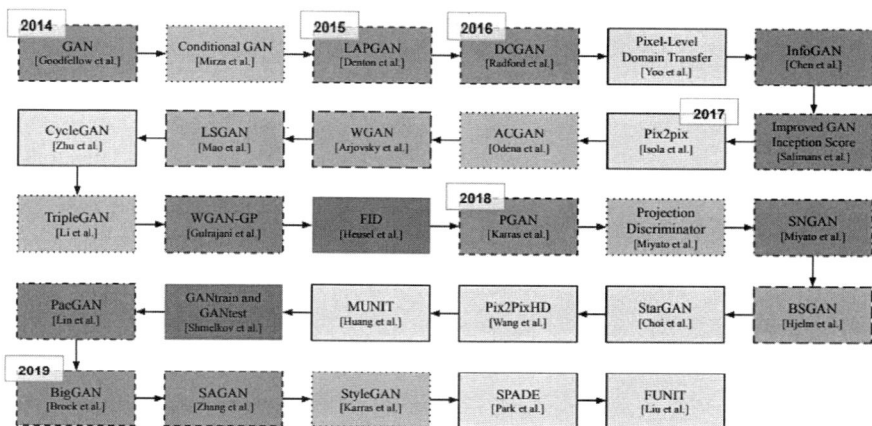

图 5-9　GAN 架构衍生算法

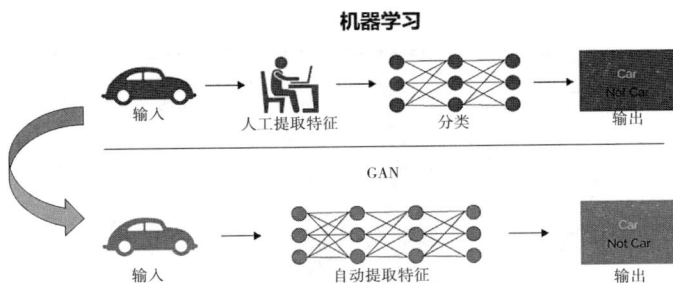

机器学习

输入　　　人工提取特征　　　分类　　　输出

GAN

输入　　　自动提取特征　　　输出

图 5-10　GAN 与传统机器学习对比

成本高和效率低的问题。而 GAN 能自动完成这个过程，且不断地优化，这是一种效率非常高且成本很低的方式（图 5-10）。

生成对抗网络由两个重要的部分构成。一是生成器（Generator）：通过机器生成高质量假数据（大部分情况下是图像），目的是"骗过"判别器。二是判别器（Discriminator）：判断这张图像是真实的还是机器生成的，目的是找出生成器做的"假数据"。两个网络相互博弈使生成器生成的"假样本"越来越逼真。GAN 实现这一效果的方法可以概括为两个阶段，第一阶段是固定"判别器 D"，训练"生成器 G"。我们使用一个效果尚可的判别器，让一个"生成器 G"不断生成"假数据"，然后给这个"判别器 D"去判断。一开始，"生成器 G"的生成效果不佳，所以很容易被判别器判断为"假"。但是随着不断地训练，"生成器 G"的生成效果不断提升，最终骗过了"判别器 D"。到了这个时候，"判别器 D"基本属于"瞎猜"的状态，判断是否为假数据的概率为 50%。第二阶段是固定"生成器 G"，训练"判别器 D"。当通过了第一阶段，继续训练"生成器 G"就没有意义了。这个时候我们固定"生成器 G"，然后开始训练"判别器 D"。"判别器 D"通过不断训练，提高了自己的鉴别能力，最终它可以准确地判断出所有的假图片。到了这个时候，"生成器 G"已经无法骗过"判别器 D"。循环进行阶段一和阶段二，在不断地循环中"生成器 G"和"判别器 D"的能力都会不断提升。最终，我们就可以得到一个效果非常好的"生成器 G"来生成我们想要的图片[3]。

5.2.3　全连接神经网络

全连接神经网络（FCNN），也被称为多层感知机（MLP），是几乎所有神经网络的起源，它将数据视为单纯的向量或实数（图 5-11）。因此，当应用于建筑设计

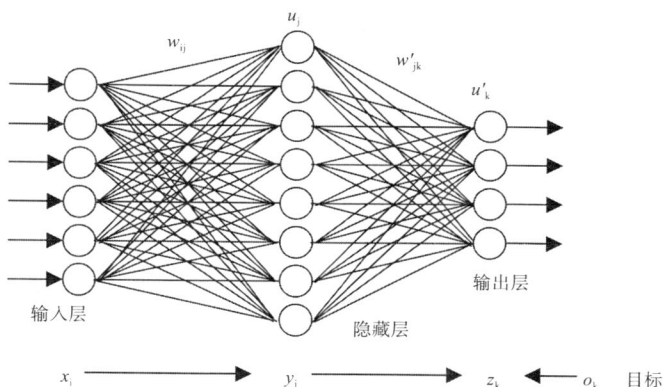

图 5-11　全连接神经网络架构

时，它不能像 CNN 或 GAN 那样直接带来可视化的效果。但实际上计算机本身就是将数据储存为实数，图像只是矩阵的可视化表达，对人类来说更容易理解。因此，使用适当的数据结构来转译和概括一个设计，然后使用 FCNN 来学习和生成设计，通常是一种更有效、更准确的方法。

5.2.4　扩散模型

　　除了上述三种常见的深度学习网络架构，还有一种近年来在生成式人工智能领域大放异彩的网络架构——扩散模型（Diffusion Model）。2022 年 AI 绘画领域异常火爆，人们通过简单的语言命令输入就能通过已经训练好的神经网络得到与输入描述对应的图像，这一切的背后离不开扩散模型的大范围应用。扩散模型最早于 2015 年提出，但当时并不完善，直到 2020 年扩散概率模型（DDPM）的推出才真正落地。从 2021 年底到 2022 年间，相关应用方面先后有 OpenAI 的 GLIDE、DALLE2 和 Google 的 Imagen。

　　扩散模型是一类生成模型，与变分自编码器（VAE）、生成对抗网络等生成网络不同的是，扩散模型是一个在前向阶段对图像逐步施加噪声，直至图像被破坏变成完全的高斯噪声，然后在逆向阶段学习将高斯噪声还原为原始图像的过程。它从物理现象中汲取灵感，因此称为扩散模型（图 5-12）。扩散模型背后的中心思想来自气体分子的热

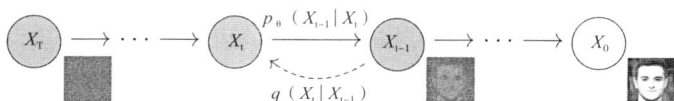

图 5-12　扩散模型原理示意

力学，分子从高密度区域扩散到低密度区域。这种运动在物理学文献中通常被称为熵增或热寂。在信息论中，这相当于由于噪声的逐渐介入而导致的信息丢失。GAN 模型在训练过程中，除了需要"生成器"，将采样的高斯噪声映射到数据分布，还需要额外训练"判别器"；与之相比扩散模型只需要训练"生成器"，训练目标函数简单，而且不需要训练别的网络（判别器、后验分布等）[4]。

5.3 人工智能建筑生成设计范式

人机共生的新主体性将推动建筑学知识体系的更新迭代，人工智能赋能设计思维带来了启发设计、定制设计和增强设计等 3 个方向的变革。首先，人工智能技术启发设计思维的创作范式，将由人为主导转换为人机共创的著作权模式；其次，人工智能技术带来定制化的建筑智能生成范式，从"数据—模型—互动—评价"层面重塑设计概念的生成过程；最后，人工智能技术增强了建筑知识体系的感知、分析、决策、反馈的能力。此时此刻，积极思辨与讨论人机共生下的建筑设计范式转化正当其时，充分认知人工智能推演与建筑设计思维的耦合将为后人类时代带来新伦理、新美学以及新未来的多种可能。

5.3.1 启发设计：从规则到规律的推演创作范式

规则主导和规律主导是当前建筑学创作中两种主流的推演范式。前者是指建筑师控制机器做设计。通过研判设计需求，使用 Rhino、Grasshopper、Revit 等数字化工具，将创作思路转变为机器可执行的命令。基于约翰·冯·诺伊曼的元胞自动机，卡尔·初采用"帕斯卡三角形"来定义细胞迭代规则、作为建筑生成的原型。由此，基于规则的创作本质上依托于计算机庞大的信息储存量和强大的计算能力，将思维转译为计算机所能识别的代码。

基于规律的创作，则是机器学习如何做设计。人工智能技术通过感知、认知、学习和推理，通过大数据自动分析出信息和条件，通过设计要素找到建筑创作的规律和思维，生成大量的建筑方案。例如，丹尼尔·博勒坚（Daniel Bolojan）通过生成对抗网络找到圣家堂的设计规律，结合森林的视频，探索了两种意象的结合[5]。相较于上述基于规则的创作，这一阶段我们普遍的追求是：人工智能可以理解建筑涵义，提取设计特征，让整个设计更加智能化、自动化。特别是生成式人工智能技术，在吸收了海量设计资料后，通过设计要素组合、外延、创新，甚至能超越建筑师的想象力，生成更加丰富、精确的设计成果，可协助增强建筑师的思辨力与创造力[6]。

当前，以扩散模型为代表的生成式 AI 主要分为 3 种生成路径（图 5-13）。

（1）通过单语义词（prompt）生成图像，分析建筑方案需求，将设计需求转化为文本描述，进行发散性思维，来探索创造性方案。例如，灭绝物种纪念馆设计通过对展览路径的解构——萌芽、生长、消逝、回忆，使用人工智能生成了叙事性空间节点。

（2）使用路径是多语义词或图像（prompt 和 image）生成图像。通过对文本、单张图像或多张图像的相互组合，对设计形态和布局进行粗略定义和规划，算法根据输

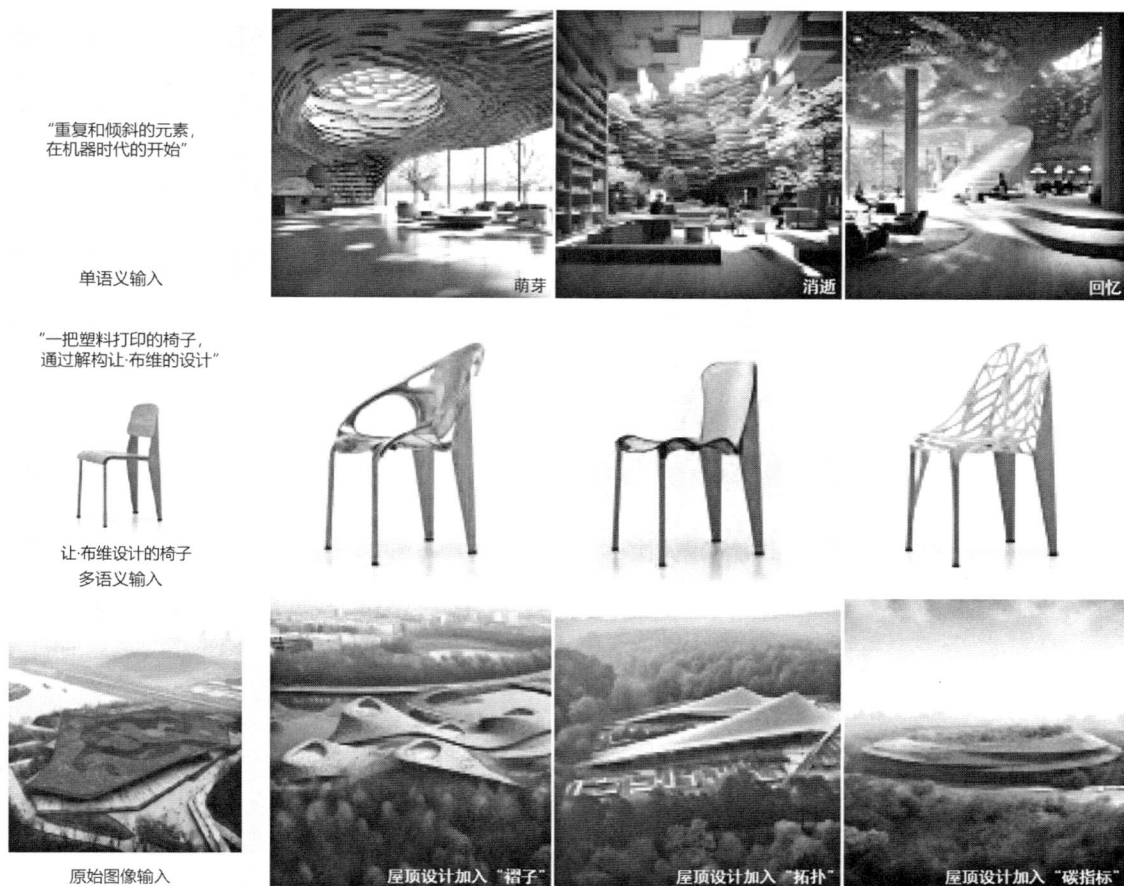

"重复和倾斜的元素，
在机器时代的开始"

单语义输入

萌芽　消逝　回忆

"一把塑料打印的椅子，
通过解构让·布维的设计"

让·布维设计的椅子
多语义输入

原始图像输入

屋顶设计加入"褶子"　屋顶设计加入"拓扑"　屋顶设计加入"碳指标"

图 5-13　生成式人工智能的 3 种生成路径示例：灭绝物种纪念馆（上）；让·布维设计的椅子与塑料打印结合（中）；某乡村美术馆项目设计迭代（下）

入的文本或控制图像，解析空间关系，生成相对应的设计方案。例如，图 5-13 中图通过解构让·布维（Jean Prouvé）设计的椅子，仅保留椅子腿部分，生成适用于新材料打印的椅面设计。

（3）图像修复（inpaint）生成。建筑师将完成度较高的设计方案输入，人工智能通过增加、减少、修改方案中的设计要素，在已有方案的基础上进行局部改动，进一步灵活、有针对性地优化设计。例如，图 5-13（下）在某乡村美术馆项目中，对草图方案已有的建筑形体与布局进行形式迁移与风格衍生，快速迭代形成多方案比较。

上述 3 种路径，展现了从"人机协同"（通过人的指导来监控机器的执行）到"人机共生"的创作范式，人和智能技术共同参与创意过程，通过相互补充和激发，实现更高效的创意产出。

5.3.2　定制设计：人机协作下的工作流程范式

定制化的人机交互形式，是生成式 AI 增强设计的基础。通过建筑师专属的人机交互关系，强调人工智能系统的设计以建筑师的需求为主导，根据具体建筑语境的变化而随时做出调整。丹尼尔·博勒坚坦言："使人工智能符合建筑师的习惯是建筑师自身的任务，而不应完全依赖大型人工智能公司"。让人工智能更适应建筑师的设计思维，需要从"数据—模型—互动—评价"4 个方面重塑建筑产业，实现定制化的建筑设计智能生成范式。

（1）数据收集

数据收集的本质是建立建筑师的专属知识库：根据建筑师的需求和偏好，筛选建筑文本、图片、模型等数据，构建个性化的数据库；通过单条数据被使用的频率，排序数据库内的信息；将材料、环境、构造等设计相关的知识体系转变为数据图谱，从中获取丰富的建筑信息，以提供更有针对性的支持。建筑师可根据需求确定人类生产数据与机器生产数据间的关系，确立提示数据、输入数据与生成数据的文本关系与交互流程。例如人工智能生成的数据（即机器数据）与人机共同生成的数据（共创数据），将作为数据集重新被输入到训练过程中。清洗、集成、变换、归约建筑信息数据，促使人工智能训练过程更快收敛，使得模型能够更好地理解建筑细分领域下的语义和特征，实现从逻辑控制到自主生成的建筑智能。

（2）模型训练

模型训练，是将人脑的设计思维与经验判断转化为机

器算法可理解的多维度建筑表达。模型涵盖参数和超参数
两类：参数是指材料、尺度、布局等与建筑学科相关的知
识，转译成变量、权重等；超参数是指学习率、批量大小
等人工智能认知过程的控制。由此，针对模型层面的定制
化，也应从两方面进行：一方面，通过人机交互的形式，
将定制化的数据作为训练输入，逐步将建筑师创作思维融
入人工智能决策模型之中，促使人工智能更好地捕捉建筑
领域的特征和规律，提供专业性的设计解决方案；另一方
面，可以通过记录和优化建筑师选择的超参数，提高训练
的收敛速度和准确性。通过比较不同算法的性能、观察生
成结果的差异，并根据需求选择和调整算法参数，实现设
计目标。

（3）互动设计

互动设计本质上是指基于单一或多重目标的人机交
互过程。目标可以是借助公式的指标，也可以指建筑师的
经验决策。人工智能的生成并非一蹴而就，需要建筑师检
验设计形式、性能及可建造性，调整每一个环节的生成结
果，使之最终转化为建筑师思维导向下的建筑方案。正
如耶胡达·E·卡莱（Yehuda E.Kalay）所说，建筑设
计可以被视为一个循环的连续学习过程[7]。在调整的过程
中，最大程度地打破人工智能与建筑师之间的藩篱，建立
可追溯和可迭代的交互形式，使建筑师能够及时反思、评
估和调整设计方案，成为流程定制化的重中之重[8]。契合
建筑创作思维的生成式 AI，将建筑师从烦琐的设计迭代
中抽离；建筑师只需要积累快速筛选和决策的能力，这为
建筑学的创作形式带来了新的可能。

（4）评价反馈

评价反馈不仅是建造完成后的最终复盘，而且还是
从设计至建造的全流程中建筑师对每个环节进行反馈和评
价、辅助人工智能的自我进化。通过人类与机器间渐进式
的交互，人工智能可以接收来自建筑师的反馈，包括对生
成结果的评价、指导、改进和建议（图 5-14）。在人们
使用人类反馈强化学习（Reinforcement Learning from
Human Feedback，RLHF）的过程中，反馈行为本身
可以被用作评价模型的训练数据，进一步改进人工智能的
生成能力和设计质量。对建筑智能的评价过程正是人机协
作的趣味所在，同样的工具在不同人手中，经过不同的评
价进行优化，会展现出不同的匠心。

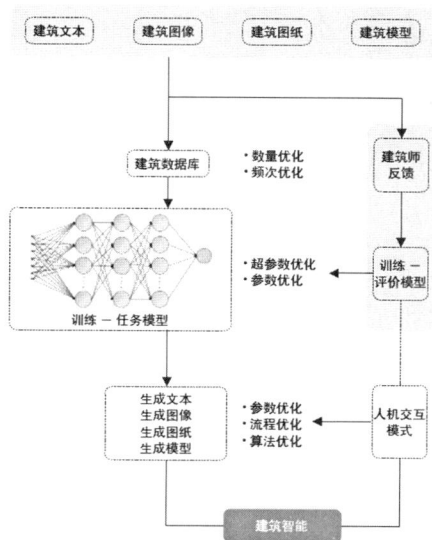

图 5-14 基于建筑师反馈的定制化智能体系

5.3.3　增强设计：建筑知识体系下的智能架构

生成式 AI 增强设计并非泛专业算法和模型的移植，更需要系统性地认知建筑知识体系。在数字化时代，人工智能算法及模型对建筑知识知之甚少。建筑师用功能、美学、风格、主义、场域等词汇描述建筑，用经济指标、碳排放、结构荷载等指标定义建筑，这些常识性、隐匿性、抽象性的概念如何被人工智能感知？各维度间的不可见关联是否能被学习？机器智能是否能针对建筑知识体系下的特定问题进行回答？由此，应用于建筑设计的人工智能要求同时满足"通用性"（整体性、系统性地理解建筑学科体系及内部关联）和"知识性"（细分化、颗粒化地分解建筑领域问题）。

实现建筑人工智能的通用性，需要①建立认知策略，通过类比构筑底层问题，搭建与建筑师思维相同的信息处理方法[9]；②建立共性训练方法，将材料、环境、构造等建筑学知识转变为可计算的数据图谱；③通过大规模建筑数据，人工智能将理解建筑学的经验和知识。实现知识性，需要建立细分模型，将环境性能化、结构性能化、行为性能化引入算法技术，使得创作可以被度量和分析。另外，需要对泛化模型进行迁移学习，在建筑知识体系的源域中提取参数信息，针对特定建筑形式、性能、建造等问题进行决策。

"通用模型、专业模型、细分模型"三位一体，成为在建筑知识体系下的人工智能模型架构范式（图 5-15）。通用模型具有强泛化能力，在被引入建筑设计领域时，模型的权重可被重复使用和迁移，可以用来广泛地学习建筑知识。专业模型是通过局部冻结、低秩适应方法（Low-rank adaptation of large language models，LoRA）等微调技术[10]，对通用模型进行调整，以适应建筑设计的特殊需求，形成细分模型，基于单一目标或多目标，将复杂的非线性设计过程进行公式化、模型化，优化建筑设计的特定部分。例如，建筑师通过搭建人工神经网络（Artificial Neural Network，ANN），模拟有限元分析（Finite Element Analysis，FEA），加速了结构分析速度，通过精细化、精准化的方法寻找效能最大的结构形式。

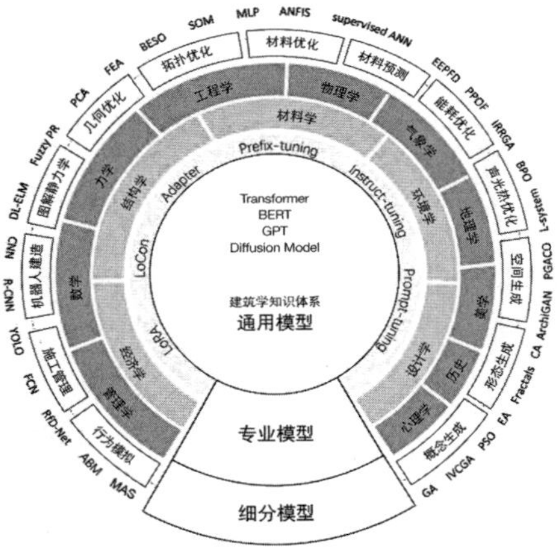

人工智能在建筑设计领域的增强应用，需要平衡整体性和透明性。人工智能赋能建筑设计，首要目标是根据不同的任务和场景，从模型架构中调用和组合多个模型及算法，构建适应建筑任务的整体解决方案。然而，在人工智能走向整体化、集成化的过程中，不可避免地会黑箱化；尽可能保留人工智能的可解释性、可理解性、可靠性与可控性，成为建筑智能的重中之重。其解决方式在于，随着人工智能的逐步发展，不断引入解释机制，形成动态变化的循环认知过程。

图 5-15　建筑知识体系下的模型架构范式

第 **3** 篇

建筑性能化设计
技术方法

第6章 数字化结构性能模拟与优化

6.1 结构建筑学的历史与发展

6.1.1 结构建筑学历史

结构建筑学（Archi-Neering）是以结构主义思维方式为基础，以结构理性主义为原则，渗透结构、暖通、电气等各工程设计需求并以之为创新触发媒介的建筑设计理念[1]。

1999年，Archi-neering在德裔美国建筑师赫尔穆特·杨（Helmut Jahn）和德国结构工程师韦尔纳·索贝克（Werner Sobek）共同出版的名为 *ARCHI-NEERING* 的著作中首次提出，这一词体现了二人综合建筑与工程的理念[2]。2014年，由日本建筑学会所举办的 A.N.D（Archi-Neering Design）建筑模型展在同济大学进行了中日"结构建筑学 Archi-Neering"学术研讨会，重点探讨结构与建筑之间的关系。

纵观建筑史，建筑师与结构师之间的关系很有趣地反映在建筑形式的演进之中。在古希腊，"architekton"一词同时包含了建筑（archi-）和工程（-tektura）的概念，这一时期"建筑师"（architect）和"工程师"（engineer）是一个统一的概念。architekton 不是现代意义上的建筑师，而应该翻译成总设计师（master designer）或者建造总监（construction manager），这也是肯尼斯·弗兰姆普敦的"建构"理论的基础[3]。

在那个时代的建筑工程中，建筑与结构是不可分割的整体。帕提农神庙、罗马斗兽场等无一不是建筑与结构的完美统一。

建筑与结构的"和谐"关系在中世纪的哥特建筑中延续下来，然而，随着文艺复兴时期建筑与结构的学科分离及职业建筑师的出现，二者之间的联系也逐渐减弱。

以莱昂·巴蒂斯塔·阿尔伯蒂为代表的新兴建筑师很少关注建造层面的技术与经验，他们的兴趣更多地转移到对"和谐比例"和"古典形式"的研究中。同时，在菲利波·伯鲁乃列斯基和莱昂纳多·达·芬奇等人的影响下，绘画逐渐成为工程设计过程的核心内容。

19世纪末，钢结构和钢筋混凝土结构的发展进一步加速了建筑与结构的分离。虽然建筑与结构的分离从文艺复兴开始逐渐成为主流，但仍可以在这条历史主线之外梳理出一条与之相反的脉络——法国建筑理论家维奥莱·勒·杜克（Eugène Emmanuel Viollet-le-Duc）深受哥特建筑的影响，认为建筑形式本质上就是结构形式，建筑美的意义在于形式与结构的内在一致性（图6-1）。勒·杜克深刻影响了亨瑞·拉布鲁斯特（Henri Labrouste）、海瑞克·贝尔拉赫（Henrik Petrus Berlage）等人（图6-2）。

到现代建筑运动时期，在结构理性主义思想影响下的"建构"观念进一步促使包括密斯·凡·德·罗、弗兰克·劳埃德·赖特等在内的建筑师对结构和建造的诗学产生兴趣。

结构理性主义和建构思想的引入是建筑师在新的材料和技术条件下对结构、建造意义的重新思考，这在一定程度上促进了建筑师与工程师之间的合作，但是建筑与结构在设计过程中的划分并没有因此而得到改善。之后，现代建筑师对工业革命以来的建筑技术进行了重新审视。与建筑师相比，结构工程师对结构形式和材料具有更好的驾驭能力。从水晶宫到埃菲尔铁塔，铸铁、钢等新的建筑材料使结构工程师能够独立完成建筑的设计与建造（图6-3）。

到了20世纪，随着钢筋混凝土结构的成熟，爱德华·托罗哈（Eduardo Torroja）、皮埃尔·路易吉·奈

图 6-1　1864 维奥莱·勒·杜克设计的音乐厅用铸铁材料表达哥特的结构理性精神

图 6-2　亨瑞·拉布鲁斯特设计的巴黎 Sainte-Geneviève 图书馆阅览室

图 6-3　水晶宫（左）和埃菲尔铁塔（右）

图 6-4　爱德华·托罗哈设计的马德里竞技场（上）；皮埃尔·路易吉·奈尔维设计的罗马小体育宫（中）；海因茨·伊斯勒设计的布吉花卉中心（下）

尔维、海因茨·伊斯勒（Heinz Isler）等结构工程师在结构性能探索的同时创造了极具建筑品质的混凝土空间结构。这些结构工程师的实践使他们在历史上能够享有与建筑师同等的地位，被称为结构建筑师（architect engineer）（图 6-4）。

真正意义上建筑与结构的学科融合起源于 20 世纪后期设计工程师（design engineer）的出现。彼得·莱斯（Peter Rice）可以被称为设计工程师的先驱，与约恩·伍重在悉尼歌剧院的结构合作中，彼得·莱斯对屋面陶板的几何问题的研究影响了歌剧院的肋结构和屋顶的整体造型，这一过程有效地将传统设计过程转变为"材料—结构—形式"的过程。建筑设计开始走出结构后合理化模式，从概念阶段便开始与结构设计融合。

在过去的十余年间，设计工程师这一职业已经发展成为连接结构设计和建筑设计的有效媒介。弗雷·奥托、埃德蒙·哈波尔德（Edmund Happold）、川口卫（Marnoro Kawaguchi）、与雷姆·库哈斯和伊东丰雄（Toyo Ito）等合作的塞西尔·巴尔蒙德（Cecil Balmond）（图 6-5）、与 SANAA 合作的佐佐木睦朗等都是设计工程师的典型。

数字技术的发展带来了建筑设计方法和建造技术的转变。数字化设计和建造技术使设计开始趋向于非标准化、复杂建构及曲面形式在数字技术的支持下，一种新的设计思维——性能化建构理论应运而生（图 6-6）[4]。

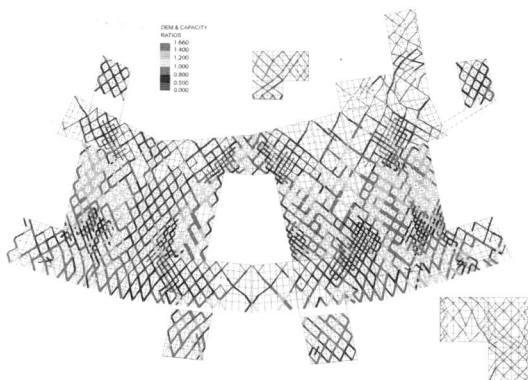

图 6-5　巴尔蒙德与库哈斯合作的 CCTV 总部大楼及图解

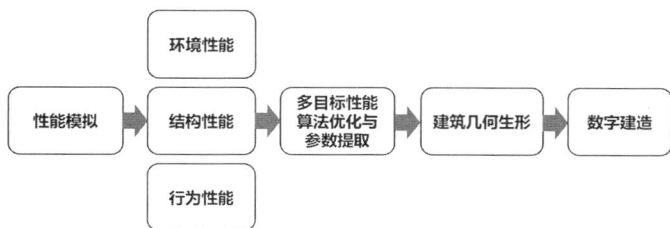

图 6-6　性能化建构理论

几何图解是结构性能化设计流程中的重要工具。在中世纪，几何作为应用艺术一直被延续，并且 12 世纪欧几里得《几何原本》的重新发现更为这个时期注入了关键性的元素。在当时，作为工程设计、绘图和验证的工具，几何在建筑实践中展现了巨大的作用。

文艺复兴时期，具有典型力学性质的几何图解开始成为结构合理性的推演工具。西班牙建筑师吉尔·德·亨塔南（Gil de Hontanon）曾经以几何图解方式讨论了墙墩和飞扶壁的设计。虽然这种建立在经验之上的结构几何图解并不存在科学的因果关系，却在当时的建造实践中表现出巨大的实用性价值（图 6-7）。

到了 17 世纪，对不同类型拱券和柱墩的几何图解方式出现在大量建筑著作中。其中最著名的案例是将拱券曲线划分为等长的三段进行几何图解的方法。这种方法后来被收录进弗朗素瓦·布隆代尔（Francois Blondel）的鸿篇巨制《建筑学教程》（Course of Architecture）中，成为著名的"布隆代尔法则"[5]（图 6-8）。直到 19 世纪末，现代力学的出现使得结构内在原理能够被科学准确地解释时，几何图解才正式退出历史舞台。

13 世纪欧洲的数学家和科学家约旦努斯·德·内莫雷（Jordanus de Nemore）首次用带有长度和方向的线

6.1.2　结构图解的历史

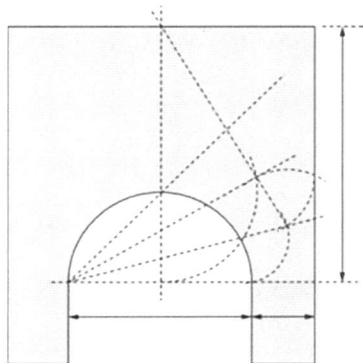

图 6-7　吉尔利用几何图解对砖石拱的墙墩厚度进行分析

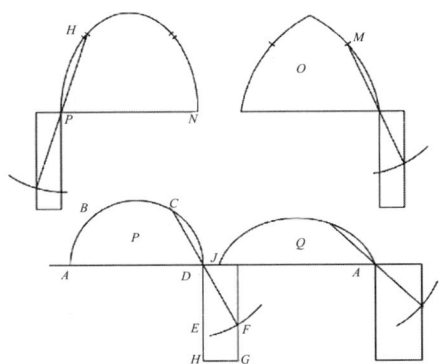
图 6-8 "布隆代尔法则"

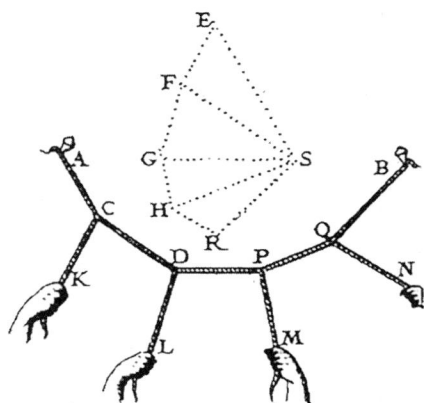
图 6-9 西蒙·斯蒂文首次将矢量的力图形化表达

段将静态应力图解化，并用这种方式研究了一个弯曲杠杆的平衡问题。达·芬奇在手稿中把他对结构变形、荷载大小（用数字标示或用不同尺寸的元素表示）等基本结构作用的理解进行图解化，并在图纸中进行"思考实验"。从此，结构性能图解开始从经验向科学进行转化。

工程师西蒙·斯蒂文（Simon Stevin）被称为静力学之父，是古希腊之后推动传统静力学向现代静力学发展的重要学者之一。在 1586 年的著作《静力学法则》（*The Principles of Statics*）中，他绘制了现在熟知的"力的平行四边形"，并给出了一些在悬吊物作用下产生的二维和三维悬链线的案例，成为 19 世纪图解静力学的重要源头[6]（图 6-9）。

在结构性能图解方面，物理学家伽利略用几何图示的方式对两千多年前亚里士多德和阿基米德提出的物体强度问题，给出了科学的诠释，通过绘图分析对悬挑造成的材料断裂进行图解化表达（图 6-10）。

在 19 世纪末，得益于钢结构建筑体系和钢筋混凝土技术的出现，建筑师开始尝试新的建筑方法和材料并探索新的形式依据，"图解静力学"就是其中较早的设计方法。卡尔·库曼（Karl Culmann）发表了其主要著作《图解静力学》（*Die Graphische Statik*），利用绘图方法阐述了钢结构框架计算及钢结构桥梁受力等问题，标志着图解静力学学科的出现。

进入 20 世纪，建筑师对复杂的结构形式需求逐渐超出了手工绘制图解的能力范围，图解静力法受其精确性影响又开始慢慢被代数分析法取代。后来随着计算机辅助设计的成熟，才为静力学图解带来了新的转机。图解静力学等传统方法被转译成数字算法，打破了手工绘图的局限

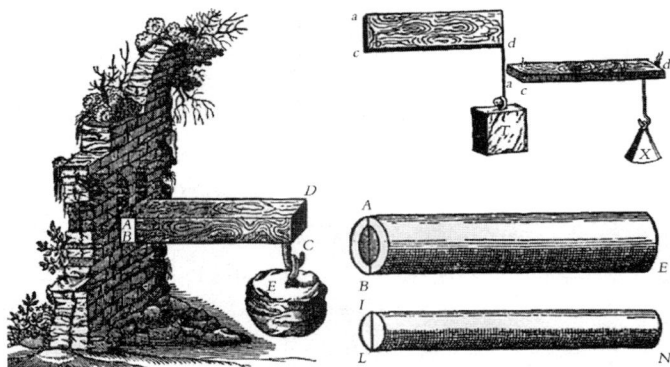
图 6-10 伽利略对结构强度及其量（截面形式、材料高度等）的图解

性，在计算机的帮助下逐渐完善了对复杂结构的分析与生形的能力。

在数字时代，结构性能图解完全超越了对力流的简单呈现。有限元分析等结构数值计算方法开始在计算机平台上以过程化的性能图解展现出来，并以多维度动态化的实时反馈技术成为结构性能找形的关键。

回顾结构性能化建筑设计发展的历史（图 6-11），建筑师结构意识的匮乏和设计过程中结构工程师的参与相对滞后，使建筑学与结构工程呈现出一种分离的趋势。在当代语境下，图解作为建筑师的重要思考媒介，其发展为建筑师运用结构性能化思维创造建筑形式提供了重要工具。以数字化结构性能图解为基础，基于力学性能的建筑设计方法将力流（force）形式（form）与材料（material）整合一体化，使得结构性能成为建筑形式生

图 6-11　结构性能化建筑设计发展简史

成过程中的重要驱动因素。结构性能图解作为建筑师与结构师结构与形式、图解与数值之间不可或缺的桥梁，无疑将会打破建筑与结构的设计边界，建立两者间全新的协作关系，使建筑学与结构学回归一种全新的统一与融合。

基于有限元分析的结构拓扑优化生形还为基于"柔度渐变"的结构设计思想提供了可能性。在传统的结构设计方法中，刚度是结构体最关键的性能要素之一。而从数学的角度而言，有限元结构分析和优化的目的往往是寻求刚度的最小化。有限元分析图解的呈现方式是基于连续渐变的色阶，这为连续材料分布的柔性结构和无缝结构的设计提供了参考依据。

6.1.3 结构找形的历史

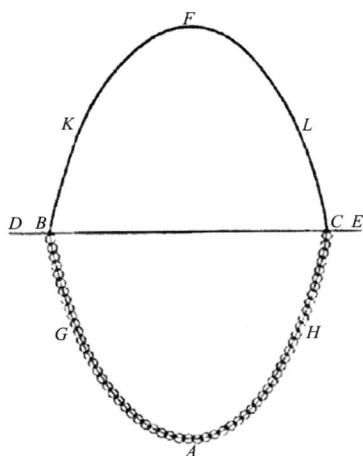

图 6-12 胡克倒悬定律

基于物理模型的"结构找形"，是数字化结构性能生形的雏形。三维物理模型通常能够在不需要结构计算的情况下有效地预测足尺结构的性能特征，在常规几何或数学公式无法定义的复杂结构形式的设计中具有明显的优势。

1675 年，英国科学家罗伯特·胡克（Robert Hooke）首次提出了对物理找形的科学认识：胡克倒悬定律（图 6-12）。根据该定律，倒悬链处于纯拉伸状态，不受弯矩的影响，倒转过来就是纯压状态的等效拱。胡克倒悬定律成为此后大多数物理找形研究的基础。

建筑师安东尼奥·高迪在胡克实验的基础上，将二维悬链线找形发展到三维，利用绳索和沙袋制作了三维悬挂模型，这些实验帮助他设计了几座由砖石建立的拱门和拱顶。其中最著名的是科洛尼亚·居尔地穴（Colònia Güell）（图 6-13）。

图 6-13　高迪站在他的悬挂模型旁边（左）；科洛尼亚·居尔地穴（右）

海因茨·伊斯勒是 20 世纪伟大的混凝土壳体设计师。他创新地将胡克定律运用到三维空间中，用布片（而不是链条）制作悬挂模型。为了固定悬挂形成的形态，他将布片浸泡在液体石膏或树脂中，或者将湿润的布放在瑞士冬天夜晚的户外，使其变硬（图 6-14）。

弗雷·奥托在物理找形方面是一位伟大的创新者。他使用模型作为确定三维、薄膜和张拉索网结构的唯一方法，这些结构的最终几何形状在当时（计算机技术发展之前）无法用其他方法确定。奥托最著名的实验是"极小曲面"（Minimal Surface）找形实验，他采用肥皂泡做实验，因为肥皂泡能够提供恒定的表面张力（图 6-15）。

图 6-14　海因茨·伊斯勒的悬挂布片

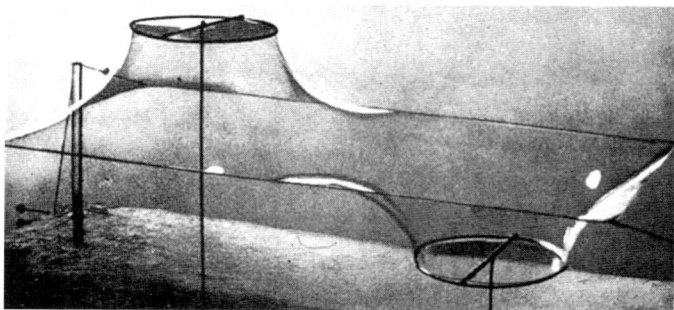

图 6-15　肥皂泡模型

前计算机时代物理模型找形方法极大地推动了特定结构形式的生形研究，但是生形过程中物理模型难以对这些结构形式进行精确的数学和几何描述。在这一背景下，计算机数字找形技术的出现成为结构性能化生形的重大突破。在计算机的辅助下，高迪、伊斯勒、奥托等人的物理找形方式能够在数控环境中被精确模拟和实现。

在数字化结构性能生形时代，由于计算能力和模拟、计算技术的提高，建筑师可以将以前的方法扩展到新的阶段，探索新的找形程序，并在设计早期预测结构性能。

6.2　数字化结构性能生形方法

6.2.1　图解静力学法

图解（静力学）法在结构内力与几何之间提供了一种直接的对应关系。它成为一种设计工具，可以快速地发展和提炼形式，既控制结构内在的应力，又处理结构外在的形态 [7]。

图解静力学能对形式和结构进行连续、双向的控制。这种控制来自于其中两种图解的倒易关系。形图解代表结构、作用力和荷载的几何形状，而力图解表示结构中内力与外力的整体或局部平衡状态（图6-16）。

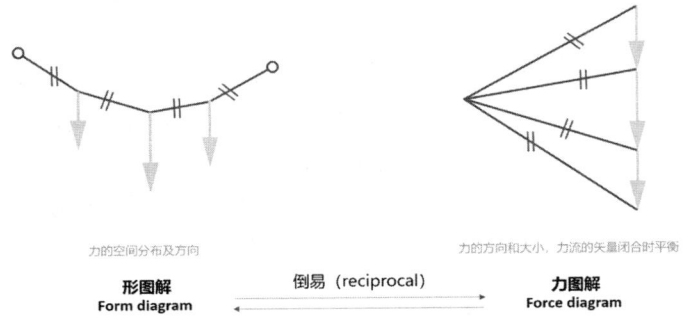

力的空间分布及方向

力的方向和大小，力流的矢量闭合时平衡

形图解
Form diagram

倒易（reciprocal）

力图解
Force diagram

图6-16　图解静力学原理

众多建筑师、工程师、理论家、数学家推进了图解静力学的发展，从准备、建立到分岔再到重获新生，图解静力学的理论逐渐趋于完善，也逐渐和计算机结合起来（图6-17）[8]。

在图解静力学之前，力学和结构的知识经历了长时间的积淀。

阿基米德在《论平面图形的平衡》中用代数的方式加少量的图示解释到："平衡条件下物体重量与距离成反

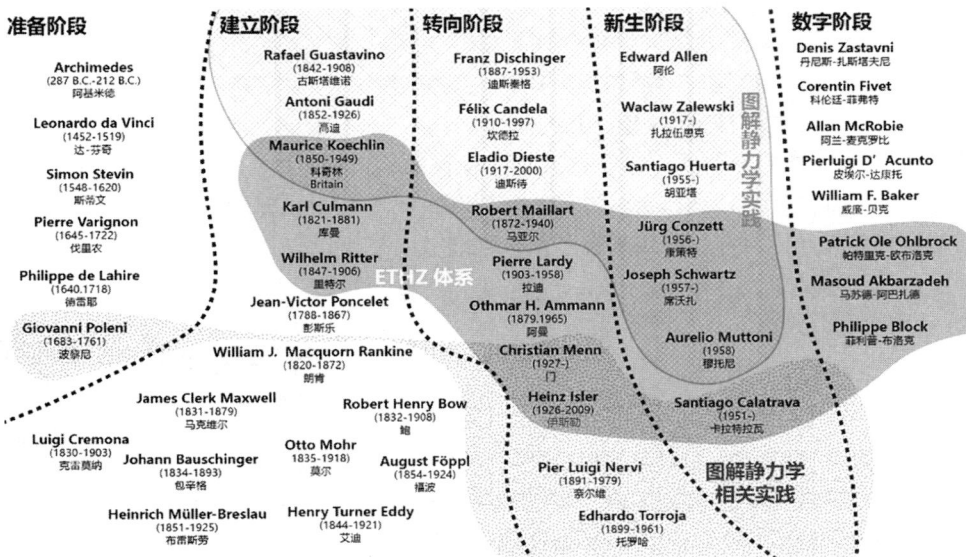

图6-17　图解静力学的发展历史

比。"意大利科学家伽利略、英国科学家胡克和牛顿对力学的科学发展做出了巨大贡献，提出了力学的三个要素：力作为矢量的图示化，力的分解与合成，以及力的平衡。

1864 年到 1866 年，卡尔·库曼发表了两卷《图解静力学》，标志着成熟的图解静力学方法正式出现。同时期，詹姆斯·克莱克·马克维尔（James Clerk Maxwell）发展出一套倒易图解。陆吉·克雷莫纳（Luigi Cremona）又在马克维尔的研究基础之上对它进行了进一步完善。英国科学家罗伯特·亨利·鲍（Robert Henry Bow）所发明的鲍标记法的出现——用字母标记外力之间的空间，用数字标记结构元素之间的空间交互图解的绘制更加简便和直观，进一步推动了图解静力学的传播与应用。至此，图解静力学的学科基础已基本形成。

之后，图解静力学得到了进一步的发展和应用。巴伐利亚皇家理工学院（现名慕尼黑理工大学）的工程力学教授约翰·包辛格（Johann Bauschinger）在 1871 年的《图解静力学的元素》中讨论了将图解静力学快捷应用于框架结构的计算问题。瑞士学者威廉姆·里特尔（Wilhelm Ritter）是库曼在 ETHZ 教学时的助教，出版了 4 卷《图解静力学应用》分别关于梁的内部应力、桁架、连续梁、拱，促使图解静力学的应用更为系统和广泛。莫里斯·科奇林（Maurice Koechlin）是享誉世界的埃菲尔铁塔的合作设计者之一，他用不同高度风荷载分布下的静力学图解寻找铁塔的结构形态。西班牙建筑师拉斐尔·古斯塔维诺（Rafael Guastavino）深受图解静力学的影响。他利用图解静力学寻找到了最高效的拱顶形式，并通过将砖放置在推力线流经的位置，从而使结构形式与力流方向完全一致。他参与设计了卡耐基·梅隆大学贝克厅的主楼梯。在古埃尔公园与荒山间的挡土墙设计中，高迪就运用了图解静力学方式寻找挡土墙的最有效形式。

随着力学数值计算方法的发展，图解静力学开始遇到瓶颈，只在极少数国家中的实践者仍旧继续寻找突破口，试图将图解静力学从结构分析方法转换为设计工具。与此同时，19 世纪末出现的钢筋混凝土成为 20 世纪最重要的建筑材料之一，促使图解静力学必须面对其在钢筋混凝土结构上的应用。

海因茨·伊斯勒通过倒置模型研究寻找光滑优雅的薄壳，这种方法是在与西班工程师爱德华·托罗哈访问苏黎世联邦理工学院期间交流受到的启发。伊斯勒创作了很多薄壳作品，如布吉花卉中心等。

德国建筑工程师费朗茨·迪辛格（Franz Dischinger）于 1928 年提出了一种确定薄壳混凝土结构壳应力的方法，并于 1929 年设计了市场大厅，76m 跨度的多边形圆顶的重量仅为 1913 年 67m 跨度的 Breslau 圆顶的三分之一。

瑞士工程师罗伯特·马亚尔（Robert Maillart）是将图解静力学应用于探索钢筋混凝土新材料的先驱。他用图解静力学方法设计了诸多优雅而经济的桥梁和屋顶系统——田瓦纳萨桥、切阿索混凝土桁架屋面、萨尔基纳山谷桥等。奥斯马·安曼（Othmar H. Ammann）是美国桥梁工程师，用图解静力学作为设计工具设计了众多的钢结构桥梁，诸如索拱结构的地狱门大桥，又如悬索结构的乔治华盛顿大桥。与马亚尔相比，他对图解静力学在杆件结构的应用中做出了重大贡献。意大利工程师兼建筑师皮埃尔·路易吉·奈尔维被认为继承了克雷莫纳关于图解静力学的知识——这种继承理解为作为结构概念的力流思维方式。奈尔维用与力流相关的概念的方式把握了对结构与形式关系的理解和控制，罗马小体育宫是其代表作之一。西班牙工程师托罗哈毕生致力于探索薄壳结构，尤其是双曲薄壳。马德里竞技场的顶棚建于 1935 年，是托罗哈使用与力流相关的概念设计的结果。乌拉圭建筑师和工程师埃拉迪奥·迪斯特（Eladio Dieste）在乌拉圭蒙德维的工程学院学习了图解静力学。迪斯特集中于砖拱或曲面屋顶的探索和实践。其代表作有基督圣公教堂和"海鸥"（The Gull）结构。

信息时代的来临革新了工程设计以图纸为操作媒介的方式，新的时代对建筑形式创新的探索向建筑师和结构师提出了形式与力学融合的课题。

波兰的瓦克劳·扎拉伍思克（Waclaw Zalewsk）和爱德华·阿伦（Edward Allen）合著了《设计结构：静力学》讲授图解静力学，之后又和更多的学者出版了《形与力：设计有效和有表现力的形式》。瑞士结构工程师奥瑞利奥·穆托尼（Aurelio Muttoni）在洛桑联邦理工学院（EPFL）教授图解静力学，并在 2004 年出版了《结构的艺术》作为全面讲授图解静力学的教科书，同时领导其 EPFL 团队展开图解静力学的人机交互模式研究，并在学院网站上开设了 i-structure 的图解静力学辅助设计网页。

瑞士工程师约瑟夫·席沃扎（Joseph Schwartz）在与建筑师克里斯蒂安·克雷兹（Christian kerez）的合作中，将图解静力学这一工具灵活应用，创造出异于常规的建筑与结构形式。在五户公寓的设计中，席瓦茨在深梁的高度范围内进行图解静力学拉压关系的推演，从而使十分复杂的结构方案在最简练的力流概念下得到了解决。这推翻了传统图解静力学的局限性思维方式，借助简练的力流概念和拉压杆模型，将形与力有机融合，展现了图解静力学实践的无限可能性。

瑞士工程师约格·康策特（Jürg Conzet）毕业于苏黎世联邦理工学院结构专业。接受过经典图解静力学训练，康策特将这种力学生形方式完美地应用到了枕木峡上前后两座步行桥的设计之中。在其中第二座步行桥的设计中，康策特将经典结构体系亚韦特（Jawerth）双弦桁架结构中的下弦曲线倒置，并利用图解静力学原理对新的结构体系反复进行形式推演，最终将力流转换为可以行走、触摸的优雅步行桥形态。康策特除了定量使用图解静力学，也将其作为探索结构概念设计的定性方法。在马斯特里尔斯学校多功能厅的设计中，他用图解静力学为平坦的斜屋面重新组织了原本侧推力极大的力流。

西班牙马德里综合理工结构设计学院的教授圣地亚哥·胡亚塔（Santiago Huerta）的贡献集中在利用图解静力学的方式对历史建筑的保护性修护，同时他也对高迪的图解静力学运用展开研究，著有《拱顶、拱顶和穹顶：传统结构计算中的几何和平衡》一书。

在麻省理工学院，奥克森多夫（John Ochsendorf）教授长期致力于图解静力学的教学研究，其著作有《古斯塔维诺拱顶结构砖构艺术》等，并带领团队研究砌体拱结构与形式高度融合，以此提高经济性并探索合理形式，其代表作品有马篷古布韦展览中心等。同时他也指导研究团队探索图解静力学在软件辅助设计方面的可能性。

阿伦和格林伍德（Simon Greenwold）于 2001 年开发了图解静力学的数字时代应用——网页 active statics。这是第一次对图解静力学进行编程，利用计算机运算使图解静力学对形式的探索很直观便捷。

苏黎世联邦理工学院的菲利普·布洛克团队开发的互动网页 eQUILIBRIUM 将图解静力学与动态数学软件 GeoGebra 相结合，提供了计算结构性能的全新方式（图 6-18）。

由于计算机技术的发展，三维图解静力学得到了发展。其代表人物主要有菲利普·布洛克的学生阿克巴扎德·马苏德（Akbarzadeh Masoud），阿克巴扎德详细研究和扩展了多面体三维图形静力学 [9]（图 6-19）。在

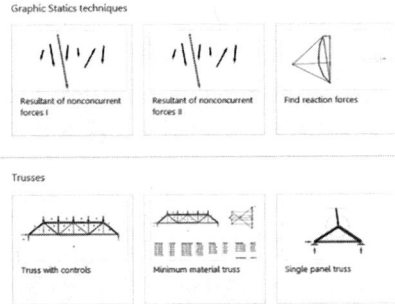

图 6-18　图解静力学网页教学网站

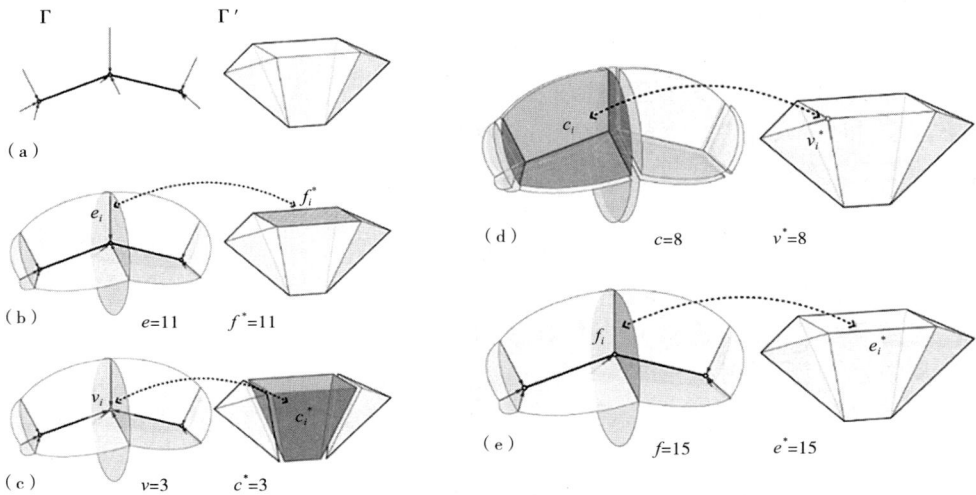

图 6-19　多面体三维图解静力学

多面体三维图解静力学中，形图解中的点对应力图解中的体，形图解中的力或者杆对应力图解中的面，同时具有垂直和面积等比的关系。这种能够互相转化的图解是三维图解静力学的基础。

与此同时，基于矢量的三维图解静力学生形工具也应运而生。皮耶鲁易·达昆托（Pierluigi D'Acunto）和丹尼斯·扎斯塔夫尼（Denis Zastavni）等人开发的 CEM 和 VGS 工具，通过矢量的方法对图解静力学进行求解[10]。

RHINO 平台上有关三维图解静力学的插件，通过数字化的方式，将复杂图解静力学的计算交给了计算机解决，大大提高了结构设计的效率。

结构优化设计方法可分为尺寸优化、形状优化和拓扑优化（图6-20）。其中基于有限元分析的拓扑优化是当下应用最为广泛的结构生形方法之一。在给定的荷载和边界条件下，拓扑优化法能够在设计空间中优化材料分布，在满足一定的结构性能指标的前提下减少材料用量。不同于传统意义上的结构尺寸优化或形式优化，基于有限元分析的拓扑优化能够从根本上改变初始结构形式的拓扑关系，从而创造出新的结构形态。本质上，拓扑优化背后的数学逻辑是一种迭代（iteration）运算，因此整个优化过程能够与生形算法相结合，直观地将每一步迭代优化进行可视化。

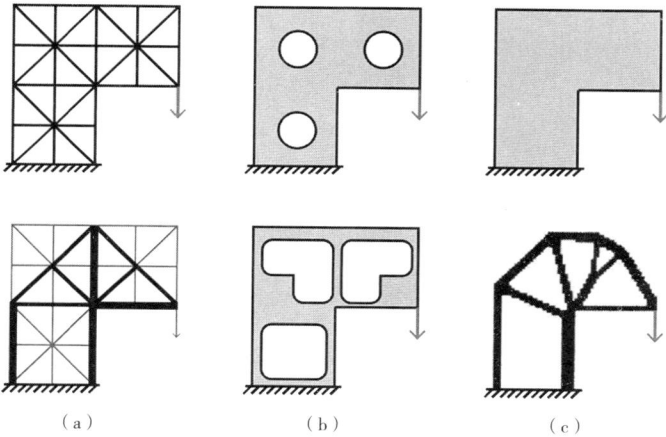

图6-20 结构优化设计方法（a）尺寸优化；（b）形状优化；（c）拓扑优化

谢亿民教授与格兰特·史蒂芬在1990年代提出了渐进结构优化法（the Evolutionary Structural Optimisation，ESO）（图6-21）。基于拓扑优化逻辑，渐进结构优化法能够慢慢从结构体中去除低效材料，从而逐渐衍生成最优的最终形态。之后，谢亿民又在这一基础上提出了双向渐进优化法（bi-directional ESO，BESO）。

图6-21 渐进结构优化

在对圣家族大教堂（Sagrada Familia church）的研究中，谢亿民与马克·贝瑞（Mark Burry）团队合作，应用渐进结构优化算法 ESO 对高迪的结构手稿进行三维模型模拟，获得了与高迪的设计相似的结果（图 6-22）[11]。双向渐进优化法还可以跟其他的有限元分析（FEA）软件（如 "ABAQUS" 和 "ANSYS"）进行互连，并与一些计算机辅助设计软件（如犀牛Rhinoceros 和玛雅 Maya）整合使用，为建筑师在概念设计阶段创造新颖高效的结构形式提供了便捷的工具。工程师佐佐木睦朗提出了扩展演化结构优化（Extended ESO）方法，在给定一些起始条件或参数的情况下，生成新颖高效的三维结构。

图 6-22　基于拓扑优化的圣家族大教堂受难门结构找形模拟（左，中）与高迪设计手稿（右）

当拓扑优化方法被设计师开发成计算机程序或工具包时，它便可以直接与数字设计工具衔接，用于指导研究与实践。在这一背景下，哈佛大学帕纳约蒂斯·米哈拉托斯教授将软件视为一种使理论知识变得可操作化的便捷途径，一种比起学术论文更直观也更易理解的总结研究成果的方式。基于有限元分析和拓扑优化方法，他先后开发了Millipede、topostruct 等结构性能工具，并应用于 GSD的建筑学教学实践中。

Millipede 是一个基于 grasshopper 平台的力学插件，包含一个用来处理设计过程中多种线性结构分析与优化问题的工具库。Millipede 的创新之处在于对分析结果的几何化提取和可视化展示，从而实现与参数化设计找形过程的对接。Topostruct 是一个拓扑优化软件，供设计师和建筑师使用。该软件支持 2D 和 3D 系统，以及一些可视化结构分析结果的方法，使得拓扑优化的过程更加直观。

丹麦奥胡斯建筑学院将拓扑优化技术与混凝土浇筑用聚苯乙烯模板的机器人制造技术相结合。在这个项目中，拓扑优化不仅可以被看作是新型建构语言的促进者，也可以看作是在建筑设计过程中实现形式—结构一体化的工具。

在一造科技空间项目的设计中，双向渐进优化法成为概念设计阶段形式生成的重要工具。在预设的荷载和支撑条件下，双向渐进优化算法通过迭代衍生出最优的结构分布，之后这个分布体量被几何化的直纹曲面所拟合，成为建筑的核心交通空间，将力流传导、美学表现以及建筑功能融合成有机的整体（图6-23）。

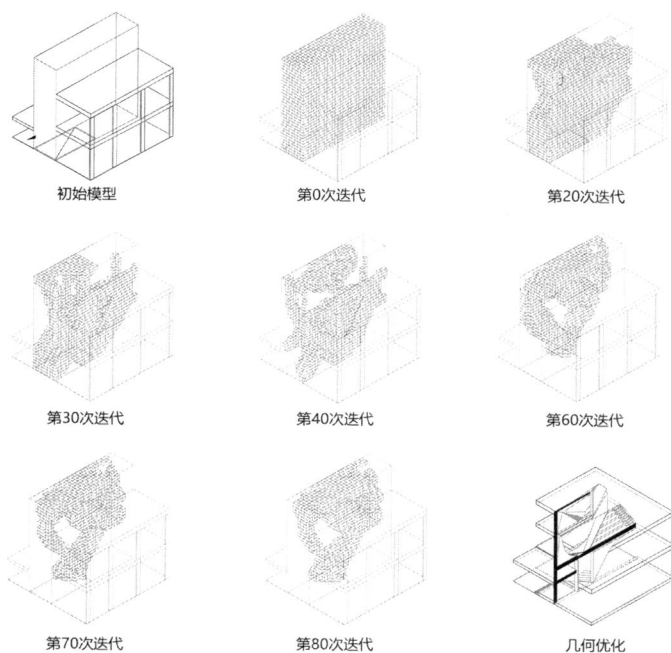

初始模型	第0次迭代	第20次迭代
第30次迭代	第40次迭代	第60次迭代
第70次迭代	第80次迭代	几何优化

图6-23 一造科技空间分析图

力密度法（Force Density Method，FDM）最初是为索网结构找形而提出的计算方法，如今已被广泛用于索网结构、膜结构和张力整体结构的生形设计中。在力密度法中，索网或膜结构被视为由许多离散杆件通过结点相连而成。在找形过程中，锁网边界往往被设定为约束点，其余均为自由点。设计师通过在算法中指定结构的力密度，建立并求解每个点的平衡方程，进而得到每个自由点的坐标——即结构外形（图6-24）。在设计实践中，力密度法能够通过改变力密度和外部荷载快速生成出特定的拓扑形式。位于巴特迪尔海姆（Bad Dürrheim）的索莱玛温泉酒店（the Solemar Therme）的木网壳屋面，便是由力密度法创造的高效结构形态。

力密度法
Force Density Method

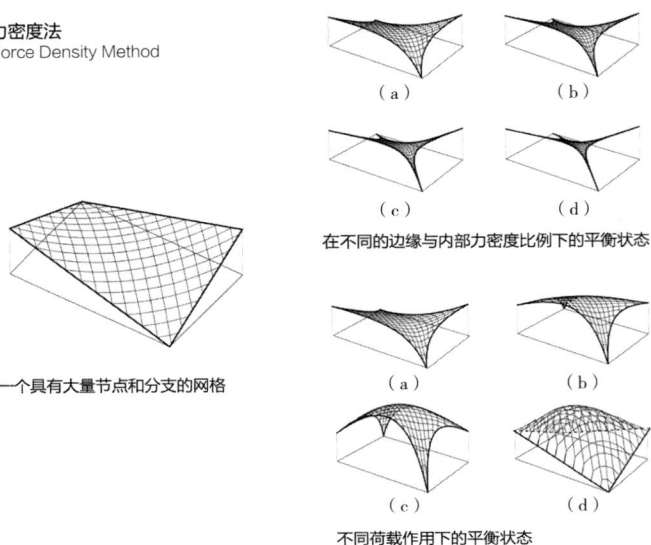

（a）　（b）

（c）　（d）

在不同的边缘与内部力密度比例下的平衡状态

一个具有大量节点和分支的网格

（a）　（b）

（c）　（d）

不同荷载作用下的平衡状态

图6-24　力密度法

菲利普·布洛克对力密度法进行了延伸——在他的推力网络分析（Thrust Network Analysis，TNA）找形方法中，寻找垂直平衡的过程即采用了力密度法来解析点的高度坐标。但不同的是，推力网格分析法并不直接控制力密度，而是通过调整结构在水平向的形态图解所对应的力多段线的缩放比例（scale factor），间接影响力密度的分布。

6.2.4　动态平衡法

动态平衡法将数字化结构性能生形过程中的动态性运用到了极致，动态平衡法是一种以动力学原理寻找动态平衡中稳态解的方法。力密度法能够利用精确平衡状态下的线性方程组来解决离散网络结构问题，动态平衡法则是建立在迭代与收敛法则之上，以动态方式逐渐趋近稳态平衡。动态平衡法的计算求解过程完全以形态的运动来呈现，这种直观动态的图解方式成为动态平衡法的主要特征和优势。最典型的就是粒子—弹簧方法，代表软件是Kangaroo。在丹尼尔·派克开发的Kangaroo插件中，动态平衡找形方法可以以动态化和互动性的图解形式帮助建筑师对复杂的力学环境进行数字模拟，创造稳定的结构形态（图6-25）。

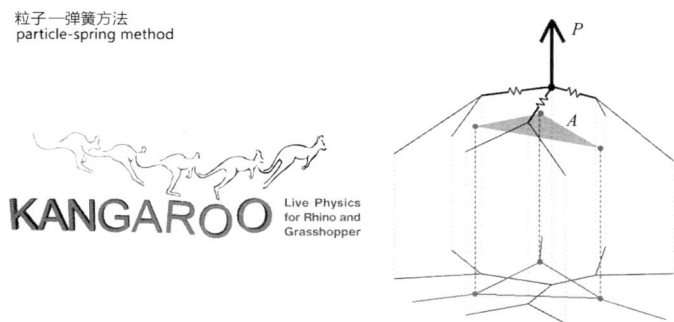

图 6-25　粒子—弹簧方法

　　除了粒子—弹簧方法，动态平衡法还包括动态松弛法（Dynamic Relaxation，DR）。动态松弛法建立在牛顿第二定律（Newton's second law of motion）的基础上，能够追踪结构在外加荷载作用下随时间产生的运动状态。动态松弛法首先将结构体系离散为节点（nodes）和连接节点的杆件（bar），进而通过施加外来荷载使结构体系产生不平衡力，从而引起运动。在运动过程中，动态松弛算法会逐点、逐步追踪结构的运动量和残余力，直到结构由于阻尼而趋于静止，达到稳态平衡。

第7章 数字化环境性能模拟与优化

7.1 环境性能可视化

7.1.1 古代朴素能量流动研究

人类和栖居的城市及自然环境的所有元素都处在一个开放的能量系统中（open system）。每个元素时时刻刻都在通过边界层与外界（surroundings）的物质能量交流并改变着自己的状态，这种无时无刻不存在着的能量交换，建构起了一个开放的系统。

然而，对于人类来说，这个过程是不可见的，我们只有通过特殊的方法——可视化的图解，才可能认识和理解其特别的作用。环境性能的可视化图解可以呈现出建筑在开放能量系统中的新陈代谢，如何吸收和释放能量来满足空间的日常需求。这种对物质和能量交换的抽象认知方法将会为我们建立起一种新的建筑本体论内容。

近代以前，"能量"尚未被定义。它被视为一种难以描述的非物质，只是在某些特定场合具有可感知性。正如"孤独如云"诗中所描述的，"云"受到某些明显的变化的影响，是各种气候因素综合作用的结果，可以被理解但难以被预测。

因此，该时期的建筑是人们在长期生活生产活动中总结规律的艺术表现。如"没有建筑师的建筑"展览中，展示了与当地风土人情、宗教习俗密切相关的建筑形制。这种朴素的自然环境与建筑形式、被动系统之间的对应关系，通过代际间口口相传，逐渐形成一种建筑的知识体系。类似的经验先导型建筑设计实例有罗马万神庙、陕北窑洞、古罗马浴场，以及中东地区的招风斗、捕风塔等。

能量在建筑内部空间的流动中会不断消散、渗透，形成了不同热量的功能空间。古罗马浴场就是基于这种热力学概念进行设计和使用的建筑案例。在可视化图解中，我们可以清晰地了解到古罗马浴场中这种能量流动与功能排布的关联（图7-1）。在浴场中，整个热力学能量流动主要体现在功能房间的排布所呈现的温度差异上：根据不同的热量分配沐浴顺序。

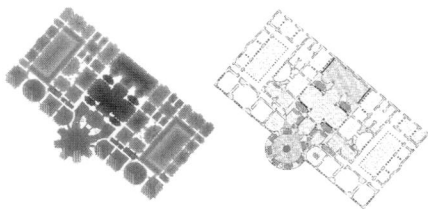

图7-1 古罗马卡拉卡浴场热力学平面（左）与湿度平面（右）

最初，对环境中能量流动的研究仅限于物理学的范畴。1865 年，鲁道夫·克劳修斯（Rudolf Clausius）提出了热力学第二定律。热力学第二定律是基于一个孤立的系统定义的，因为这个孤立系统中熵的微增量大于零，所以这个定律又可以称为"熵增定律"。熵在浅义层面表示一个系统的混乱度，熵的值越大，系统表现得越无序。熵在热力学中往往体现为做功和温度的比值。对于热力学第二定律中的孤立系统来说，熵的增加会使这个系统逐渐趋于平衡状态。

然而在一个开放的系统中，生命体会不断地与外界进行物质和能量的交换，这便构成了 1969 年伊里亚·普里戈金（Ilya Prigogine）提出的耗散结构理论（dissipative structure）——开放体系通过熵的减少形成了远离平衡状态的结构（图 7-2）。

映射到建筑范畴，能量流通过热量的形式在建筑中传导并存积，而建筑如要作为一个开放的耗散结构，则需要合理地进行有效能匹配（exergy matching）来保持稳态。

建筑中的能量流动思想首先衍生于建筑师对不同构造方式和材质属性的研究。1919 年挪威建筑师安德里斯·巴格（Andreas Fredrik Bugge）做了一系列的关于墙体热力学性能的实验，称之为"温暖而便宜"（Warm and Cheap）（图 7-3）。他对 27 个外观一样却具有不同墙面构造和材料组成的建筑进行了热工测验和数据分析。在完全相同的气候条件下，巴格德通过一段时间的实验观察得到它们的热量消散、湿度变化等数据。之后，这些实验得

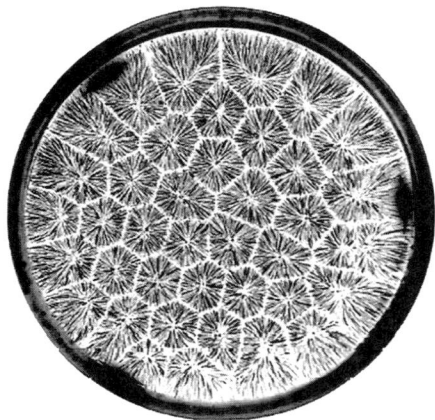

图 7-2　Rayleigh-Benard 对流耗散结构图

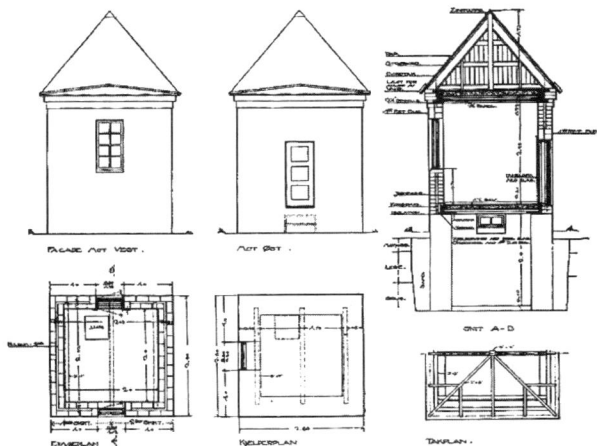

图 7-3　Warm and Cheap 实验

出的基本建构原理，在 20 世纪保温技术的发展的影响下，逐渐把建筑引向了与外围环境能量的完全隔离。

7.1.3　现代主义时期的能量流动研究

1903 年威利斯·开利（Willie Carrier）发明了空调，建筑设备与机械突飞猛进的发展使建筑与环境的脱离关系被加速。20 世纪初形成的与机械美学相关联的各种艺术流派，逐渐将建筑导向一个孤立的系统。当时的人们倾向于使用主动设备维持室内舒适度。1930 年保罗·舍尔巴特（Paul Scheerbart）《玻璃建筑》中写道"玻璃将我们带入新的时代，砖石文化带给我们的除了伤害，一无是处"。1960 年雷纳·班汉姆（Reyner Banham）《第一机械时代的理论和设计》：现代主义追求形式与功能，主张通过批判式的技术发展及未来主义式的范式革新，完全摒弃传统的文化路径及其建筑范式。1960 年代，雷纳·班纳姆《家不是一个房屋》（A Home is Not A House）中提出：把机械式空调系统引入室内空间和整个建筑系统，最终发展出的建筑很可能只是一个标准的生存单元。

7.1.4　生物气候图的出现

生物气候图的出现建立了人们对于建成环境和人体新陈代谢之间关系的更为本质的认知，让建筑中的能量流动发展到了更广泛的学科之中。在保温隔热的现代建筑能量议程之外，一些建筑师开始对于气候、人体及更为广阔环境的能量流动进行探索。较为典型的有，奥戈雅兄弟的生物气候图和威廉·布拉汉姆（William W. Braham）根据霍华德·奥德姆（Howard Odum）能量图解单元绘制的能量流动图解等（图 7-4）。

至此，能量认识论可以通过环境的三个基本要素：光照、辐射、风的可视化来描述建筑与自然的能源利用状况。太阳日照与室内照明的光照可视化图解可以用来描述光的能量传递过程；辐射热的可视化图解描述建筑中热工的传递过程；以及空气流动的可视化图解来描述的基于风环境的能量认知过程。

在现代主义思潮之初，建筑师对环境操作的经验与知识范畴表现为手下简单的示意性草图。这些定量的分析图解建立起了建筑师对抽象环境要素的初步认识，但对环境性

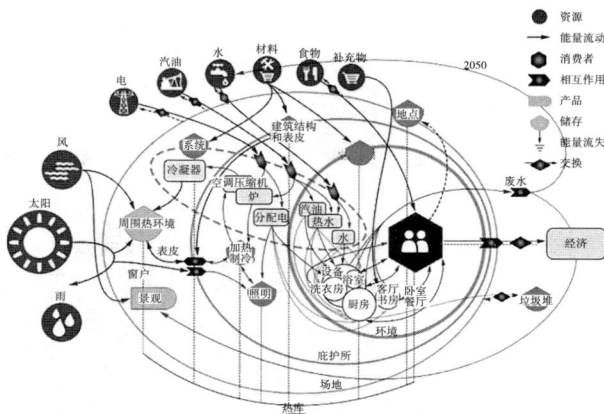

图 7-4　威廉·布拉汉姆根据霍华德·奥德姆能量图解单元绘制的能量流动图解

能的精准描述与评价还相对空白。从 20 世纪 70 年代起，环境性能图解开始帮助建筑师去理解，特定气候下他们所设计的建筑如何影响自身的能量使用和周围的微环境，从而自主评估和验证设计概念的可行性。不过在此阶段，环境性能图解依旧仅仅是一种分析图解，并没有完全整合于设计过程中。在建筑形式、被动系统与主动系统的三元关系中，建筑形式逐渐回归到了适应环境文脉和降低建筑能耗的首要出发点（图 7-5）。

建筑的形式直接影响着其能源利用潜力。合理的建筑形式可以显著降低建筑的能耗，提高居住舒适度。建筑的布局对冬季热量损失和夏季热量吸收有直接影响。在相同的建筑面积下，表面积较小的建筑向环境散发的热量更少；有效的遮阳设计可以减少过量的太阳辐射，降低建筑的冷却负荷；此外，朝向、植被、颜色等因素也会影响建筑的热环境。

斯蒂芬·贝林（Stefan Behling）曾以两幅三角图解讨论了被动系统、主动系统以及建筑形式在可持续建成环境中所扮演的历时性层级关系，并指向形式在未来的首要性（图 7-6）。伊纳克·阿巴洛斯在此基础上更新和丰富了这组图解在时间维度上的合理性，追溯了过去仅仅由建筑形式和被动系统构成的策略系统，将"现在—未来"重新定义为"过去—现代—现在"。

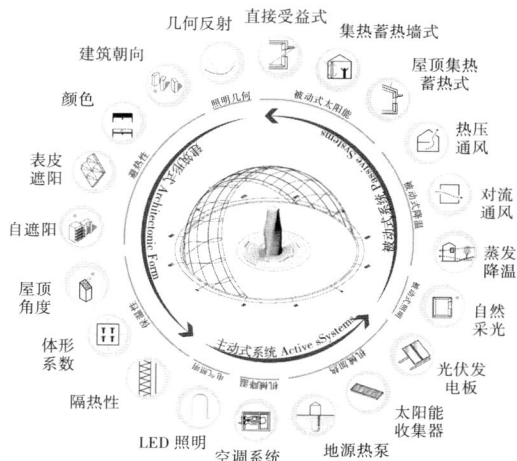

图 7-5　被动系统、主动系统与建筑形式之间的三元关系

图 7-6　斯蒂芬·贝林的三角图解

7.2　数字化环境性能分析

7.2.1　环境性能图解概述

建筑领域趋向于借助计算机辅助工具去精确描述建筑微环境性能，并衍生出一系列用于方案评估反馈的环境性能模拟媒介。图像输出和可视化技术实现了数据与图解之间的双向转化（图 7-7）。

环境性能图解将束缚建筑师思维的墙体、屋顶、窗户等有形物质从视线中淡化。在建筑的物质形式背后，能量的运作模式通过环境性能图解得以"发声"，就犹如维多利亚时代人们通过 X 射线穿透人类肉体看向内部本质。作为建筑学中的"X 射线"，环境性能图解描述了"空间存在"在生态运转层面的合理性，使得能量成了一种解读空间的全新形式语言。

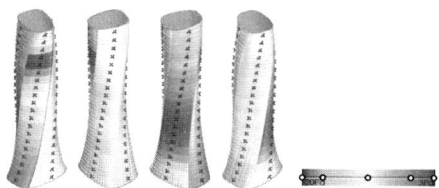

图 7-7　可视化技术实现数据与图解的双向转化

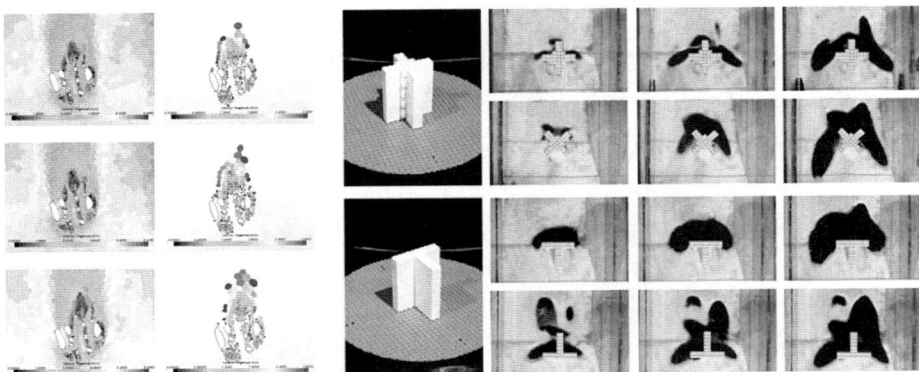

图 7-8 物理风洞冲刷实验与 CFD 风环境性能分析对比

在环境性能模拟中，图像输出和可视化技术是模拟软件介入设计的基础，并且在数字化工具的支撑下，实现了数据与图解之间的双向转化。通过叠加分析图解，建筑师能够通过相对直观的方式对设计方案进行比较，从而将模拟结果整合到设计流程之中。例如，计算流体力学（CFD）作为能源性能计算器，能够有效地通过图解的方法让自然通风评估参与到设计的最初阶段中 [1]。图 7-8 中为物理风洞冲刷实验与 CFD 模拟生成的风环境性能伪色图对比。

7.2.2 计算机语言的图形化界面

传统实践模式下，建筑设计流程包含三个阶段：概念设计、方案设计和细节深化（图 7-9）。每一个阶段都由分析（analysis）、合成（synthesis）以及评估（appraisal）三个方面构成。

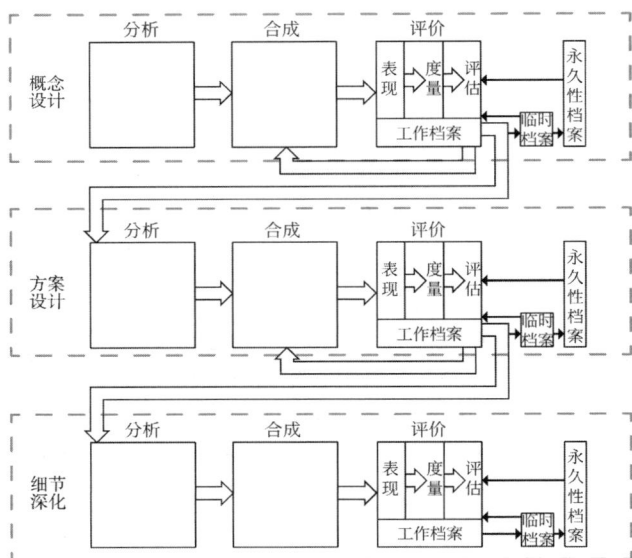

图 7-9 建筑设计流程的三个阶段

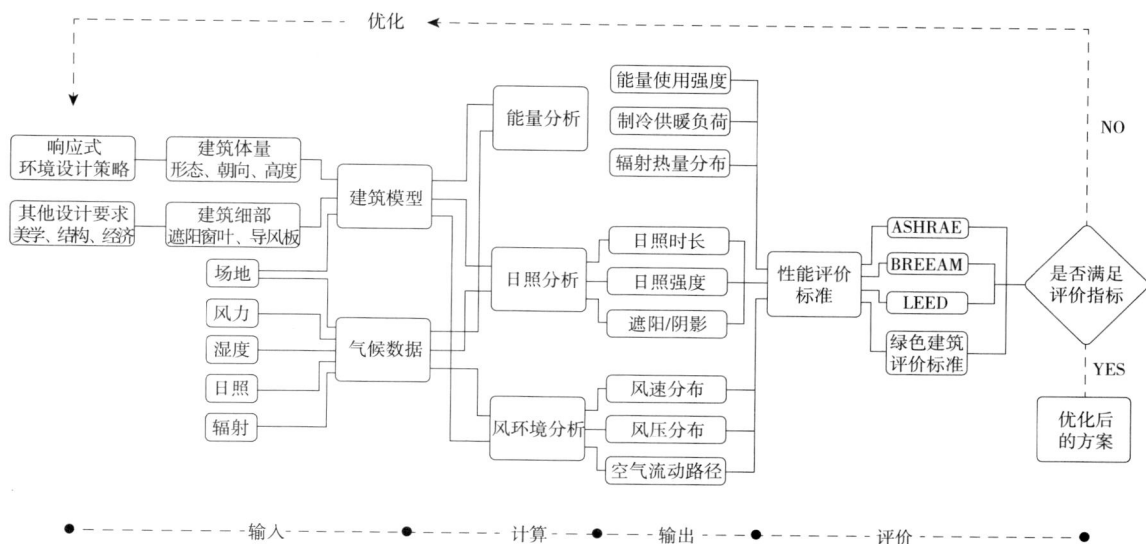

图 7-10　典型环境性能模拟流程

典型环境性能模拟流程可以分为输入、计算、输出、评价四个部分（图 7-10）。

（1）输入：指的是用户对模拟参数的输入，包括建筑模型和气候数据两大部分。在模拟中，设计师可以通过不断改变输入参数来测试设计中不同的可能性。其中，参数化软件实现了建筑模型的迭代更新，允许建筑师动态地改变定义建筑的控制参数，从而快速生成不同的几何形态进行模拟。而气候数据的变更则用于研究不同季节、不同时间段下建筑的性能表现。

（2）计算：是针对特定的分析类型（能量分析、日照分析、风环境分析）预设模拟环境，并在相应的模拟引擎作用下对置入的模型进行性能测试。模拟计算既可以是瞬时模拟（point in time），即针对特定时刻进行模拟以用于研究峰值时期的环境性能数据，也可以是时段模拟，即选取较长的某个时间段，以小时、天或月为单位进行一系列分析，形成整体评估结果。

（3）输出：是指当模拟过程运行至一定循环或迭代曲线趋于稳定和收敛时对模拟结果的呈现。这些模拟结果多以伪色图（false colors）的形式进行输出，从而图解化地表达辐射、日照、气流等性能结果。在比较不同设计方案的性能差异时，用户往往需要自定义地去修改这一区间，从而各个性能区间保持一致对设计进行合理的判断。

（4）评价：用于对输出图解的分析，以提出进一步的优化策略。其中"评价"的标准可以是对能量、光照、

图 7-11　常用的性能模拟工具分类

气流、舒适度提出的具体参考指标；也可以是设计师在设计初期阶段提出的创新性设计意图。建筑师依据这些评价标准去判断设计概念的性能表现并做出相应的优化反馈，使环境性能分析的输出结果直观地、可视化地反映在设计之中。

总体来说，在设计初期阶段，性能模拟的目的并不在于获取精确的环境性能信息，而是对设计在自然力驱动下发生行为变化的趋势进行观察和操作。

目前，常用的建筑环境性能模拟工具包括：Ecotect、Vasari、Airpak、Green Building Studio 等，各工具有不同的擅长领域（图 7-11）。此外，美国学者开发了一套性能评估工具包，能同时处理能源、照明、热舒适、维护、室内空气质量等方面问题[1]。

另外，对于大尺度的街区和城市，由于街区、城市微气候和建筑密度及组合多样性的影响，其能耗评估对应方法与建筑有差别。以 Energy Plus 为代表的成熟的建筑能耗模拟引擎被广泛应用到城市能源平台中。由 LBNL 研发的城市能耗模拟平台 City BES、MIT 研发的城市建筑能源模型 UBEM 和城市建模设计工具 UMI 平台，都是以 Energy Plus 作为底层模拟引擎[2]。其中，UBEM 工具针对不同的尺度和目标……有数据驱动（逆向模拟，经验模型）vs 物理模型（正向模拟热物理过程）两类解析途径[3]。其自下而上的方法需适应设计推进过程的反复迭代性，为此需要寻找适宜的简化方法，代表的有 LT 方法、BBEE 工具方法等。在 LT 方法的基础上与 Matlab 图像处理技术相结合开发的 LT Urban 程序，是一种用于城市区域能效建筑规划的有力工具[4][5]。

7.2.3　气候数据

气候图解通过收集大量的环境数据，并将其转换为可被利用的参数输入到环境性能模拟工具中，进而生成图表式的计算结果，建立起场地特有的地域环境信息。基于场地气候数据展示的阳光角度、温湿变化、辐射量等分析图解，建筑师可以将环境因素纳入设计思考之中，使空间形式在满足场地基本环境需求的同时，优化建筑周围的微气候性能。

气候数据通常分为年度气候文件（Annual Weather Files）和峰值文件（Peak Condition Files）两种类型，建筑师往往可根据设计的不同需求选用不同的数据类型。现有数据的统计类型共有两种：参考年、典型年，涵盖范围一般包含地方气候中的每小时温度、太阳辐射（全球和直接辐射）、湿度、风向与风速、云层覆盖率等。

在开放的建筑系统中，能量的耗散不仅包括了热力学范畴中对能量流动的理解，同样涵盖了人体卫生、经济耗费、施工养护、运行管理、维护修缮等多方面内容。这时，评估标准体系的建立成为有效控制建筑能量复杂耗散过程的工具：通过环境性能模拟工具与评估体系的结合，将建筑环境性能的模拟结果输出为分析性图解，从而将建筑中的能量流动反馈到设计中以进行优化调整。

7.2.4　评价标准

对于不同侧重点的建筑有不同性能分析方式，首先，是能量分析。在建筑中，日照辐射会带来大量的热能，提升室内温度，但同时过量的热扩散也会造成人体的不舒适，从而引起制冷荷载的增加。通过使用环境性能模拟软件对建筑中的日照能量进行计算模拟，设计师可以重新建立日照得热和过剩热量之间的平衡策略，有效地推迟或是减缓加热和冷却的机械调控需求。

环境性能模拟软件主要通过伪色图和图表方式对辐射热量分布、室内制冷荷载及能量使用强度（Energy Use Intensity，EUI）做可视化图解分析（图 7-12）。在设计过程中，建筑师可以通过环境模拟软件对太阳在建筑南向立面的直接辐射进行计算，并在三维视图中用伪色图的方式表达相匹配的 RGB 图解信息——蓝色到黄色表示每小时热量值的梯度变化。之后，建筑师通过对体量形态的调整以达到建筑自遮阳的目的，并在软件中进行再次分析以和原有方案进行对比。

7.2.5　能量分析

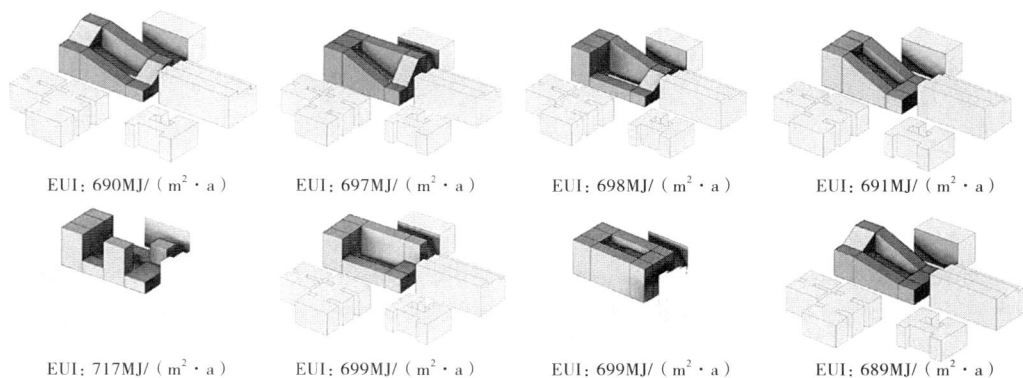

EUI：690MJ/（$m^2 \cdot a$）　　EUI：697MJ/（$m^2 \cdot a$）　　EUI：698MJ/（$m^2 \cdot a$）　　EUI：691MJ/（$m^2 \cdot a$）

EUI：717MJ/（$m^2 \cdot a$）　　EUI：699MJ/（$m^2 \cdot a$）　　EUI：699MJ/（$m^2 \cdot a$）　　EUI：689MJ/（$m^2 \cdot a$）

图 7-12　EUI 日照辐射伪色图

7.2.6　日照分析

环境性能模拟软件在日照分析图解计算方面采用了多种数字化方法，其中包括了"天空图法""日照等时线""返回光线法"及"逆日影法"等，从而取代了传统的棒影法和日影法等手工作图求解方法。软件中计算生成的日照图解以多种形式表达空间的采光情况，通常最为常用的是照度等级（Illumination Levels）、采光系数（Daylight Factor，DF）以及有效日照时间等（图 7-13、图 7-14）。

图 7-13　通过定义平面高度、窗户尺度以及玻璃的透光率等参数，生成日照伪色图

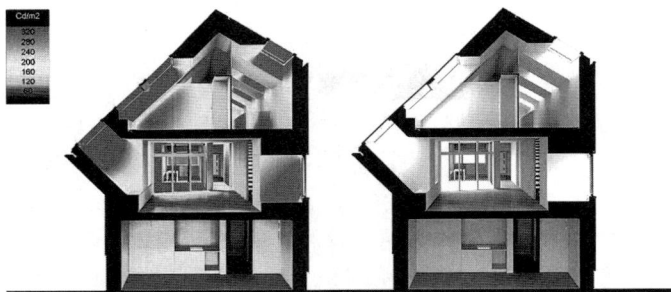

图 7-14　空间照度可视化伪色图以及日照环境下的渲染图

由于日照模拟受天空条件的影响会产生很大改变，所以在大多数案例中，软件会结合气候数据自动帮助使用者选取合适的天空条件。建筑师在设计前期阶段利用性能软件进行模拟时，往往会提升模型中太阳日照的最小照度值，以平衡方案实施后家具的置入对光照的遮挡。日照模拟的输出分析几乎都以伪色图的方式呈现，其中基于不同的数据模式伪色图会呈现出不同的信息。

7.2.7　风环境分析

风是复杂的、不可见的空气流体现象。建筑及城市中的风环境影响着热岛效应、行人舒适度、污染物排放、建筑自然通风和室内温度等多个方面。建筑尺寸、形状、朝向上的微小变动都可能极大地改变空气的运动模式。风环境背后复杂的物理原理使得建筑师很难仅凭借个人的知识和经验去预测风在遇到建筑时的行为及所带来的风压和风速分布。环境风场、行人风场、建筑物风荷载、外墙热负荷、内部环境控制等环境性能只有通过风环境分析图解工具才能够被预测和评估。

其中，流迹线图解是风环境模拟的主要呈现方式之一（图 7-15）。流迹线图解可以将风遇到建筑时的运动状态，包括迎风面涡旋区、分离点、回流、再附着、建筑风影区等物理现象以简明的图示进行多维度表现，辅助建筑师从平面、立面、流形态等各个角度去全面解读建筑对周围气流形态的影响（图 7-16）。

图 7-15　运用 Flow Design 快速生成的伦敦中心区域流迹线图解

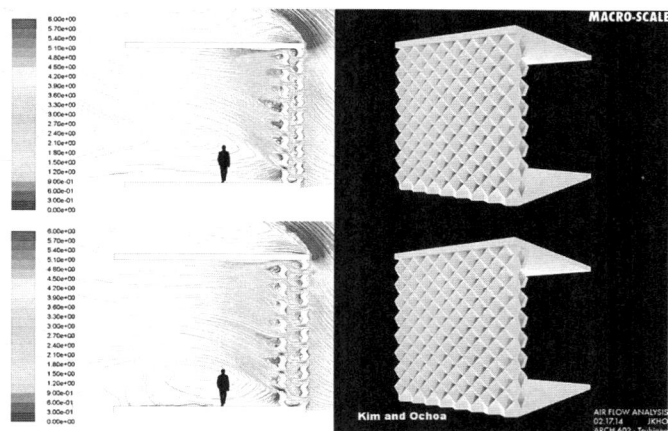

图 7-16　根据流迹线图解比较不同表皮形态对室内空气流动的影响

除了可视化的流迹线图解，风环境模拟计算生成的风速、风压数据也多以伪色图的形式进行表达。建筑师可以依据相应的性能指标，对伪色图解进行后处理，从而评价或比较方案在风环境性能上的优劣。

7.2.8 环境性能设计案例：香港某超高层建筑方案设计

在香港某超高层建筑的方案设计中，高层建筑室外风环境较为极端，因此，建筑内部空间需要与之隔离。但是，隔离不仅会给建筑结构带来大量的水平载荷，还无法提供动态非均质的室内环境。

面对这些问题，方案重建了内部和外部之间的联系。为了将自然通风重新引入香港未来的高层建筑生活，方案对风力（空气行为）与建筑形式之间的关系进行研究。方案没有将高层建筑的核心主要用于竖向交通，而是提出了一个带有一系列开口的垂直风洞，以将室内空间与自然风条件连接起来（图7-17）。

通过对建筑室内空气行为的一系列实验和模拟，方案重新评估了建筑形式对自然通风潜力的影响，将空气动力影响下的建筑形式转化为改造内外环境关系的主动因素，以此探讨在高密度的香港地区，高层自然通风建筑形式与功能统一的可能性（图7-18）。

图7-17　高层建筑风环境与建筑形式之间关系的实验模型

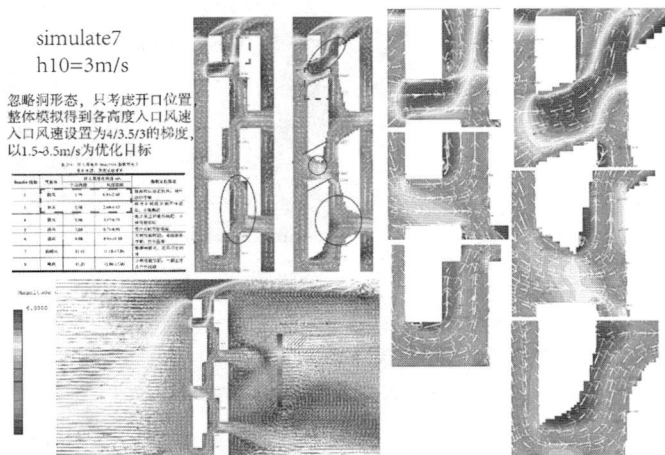

图7-18　高层建筑风环境与形式之间的关系

风塔之城方案是结合城市微气候优化进行的立体风塔设计，其目的是创造高性能城市微环境。通过性能驱动，方案进行了风塔之城细部的数字化生成设计。风塔之城内部腔体与外界联通，其内气流能够自由流动。通过模型数据建立性能模拟、几何形式与机器人建构间的关系，以便于形态的建造实践。最终，获得通过定量控制空气竖向流动、改善局部微气候的风塔之城。

7.2.9 环境性能设计案例：风塔之城

7.3 数字化环境性能生形方法

7.3.1 生形流程

基于环境性能图解的生形流程（图7-19）通常包括四个部分——设计表达、模拟测试、性能评估以及设计优化，最后得到最优解。

具体来说，首先，建筑师将初步概念转化为简单的设计草案，并依据模拟方法建立虚拟或实体的建筑模型（设计表达）；在模拟工具的作用下对概念草案的环境性能进行模拟，生成可视化分析图解（模拟测试）；然后，基于特定的性能指标对测试结果进行价值判断（性能评估），最终，根据决策反馈机制作出形态变化策略，提取环境性能图解中的数据，在算法逻辑的几何操作下，优化建筑形态或生成建筑表皮。

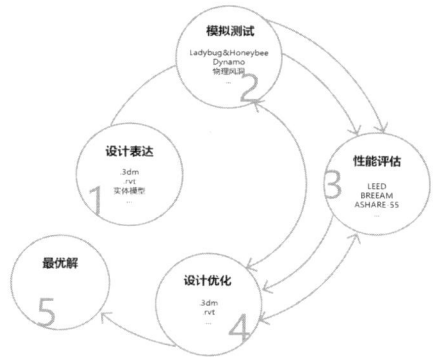

图 7-19　环境性能图解生形流程

7.3.2 生形方法

基于环境性能的形式生成主要依赖于两种设计方法：一是运用现存的模拟工具直接从性能模拟结果中生成原始形式；二是针对特定的性能需求，发展自定义的工具和技术，打开更广阔的设计空间。这些方法在本质上都旨在实现模拟工具与设计平台之间直接的数据转化。

在 Rhino、Revit、Grasshopper 等参数化平台下已经涌现出了一批较为先进的插件。Honeybee、Ladybug 插件能够搭建起性能模拟软件（EnergyPlus，Radiance，Daysim，OpenStudio）与参数化建模软件（Rhino，Grasshopper）之间的桥梁，将环境性能模拟介入建筑设计中去。这些插件或自身兼具模拟能力，能够在设计环境下依据内置的算法公式进行快速的性能模拟；或建立起了模拟工具与设计工具之间的桥梁，实现模型数据和模拟数据的实时联动（图7-20）。

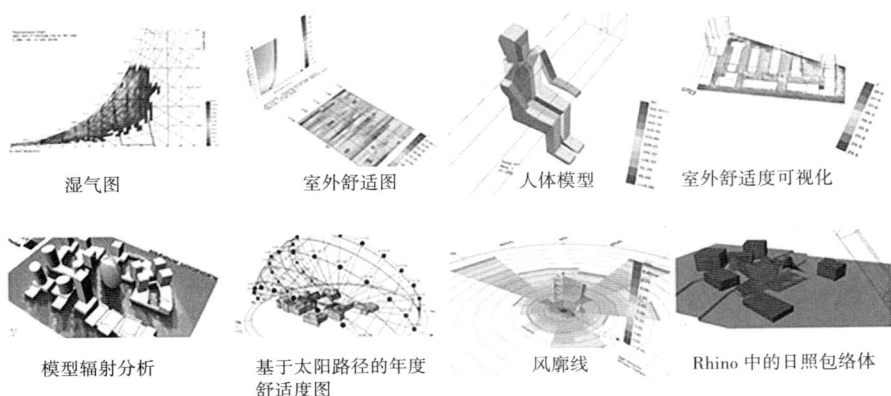

湿气图	室外舒适图	人体模型	室外舒适度可视化
模型辐射分析	基于太阳路径的年度舒适度图	风廓线	Rhino 中的日照包络体

图 7-20 基于 Ladybug 的分析生形示意图

7.3.3 生形意义

环境性能图解使得建筑师能够最大限度地利用外在环境去生成适应自然系统的响应式建筑形态或动态表皮。在此，建筑形式成为控制外部自然环境和内部建筑空间的交互界面。这些形式的来源并非偶然和主观的，而是基于环境数据理性的参数化控制。

7.3.4 渐变映射生形

映射渐变图解生形是通过提取图解背后的数据信息来指导生形。如图 7-21 所示案例，提取伪色分析图的 RGB 信息，RGB 在 0~255 区间内的取值对应着相应的环境性能数据，在对建筑进行网格化处理后，我们便可以将环境性能参数投射到模型表面并通过定义性能准则与建筑形式之间的关系生成建筑形态。

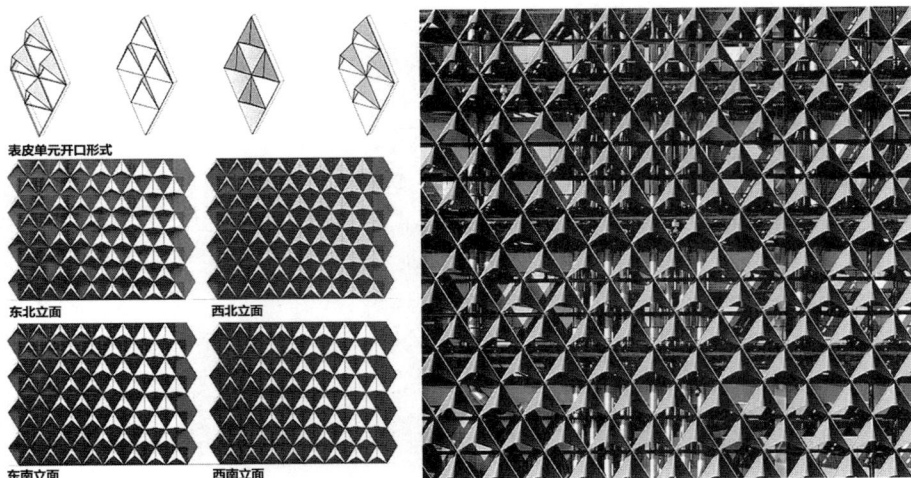

图 7-21 澳大利亚健康与医疗研究中心立面遮阳表皮单元构件形式、模拟图解以及建成实景

性能与形式之间的关系是多向的，某一形式可能导致通风、采光等多个性能参数的变化。例如，建筑表皮开洞的大小就涉及通风、采光、视线、噪声等多个环境性能要素；而针对日照辐射这一环境要素，建筑遮阳构件的长短、进退、疏密、倾斜角度、旋转角度等多个几何参数都能产生一定影响。

迭代优化算法生形通常应用于多个环境性能与建筑设计参数的研究，通过建立图解背后的遗传算法，即参数之间相互组织和约束的方式，动态地筛选出优化的建筑形态（图 7-22）。

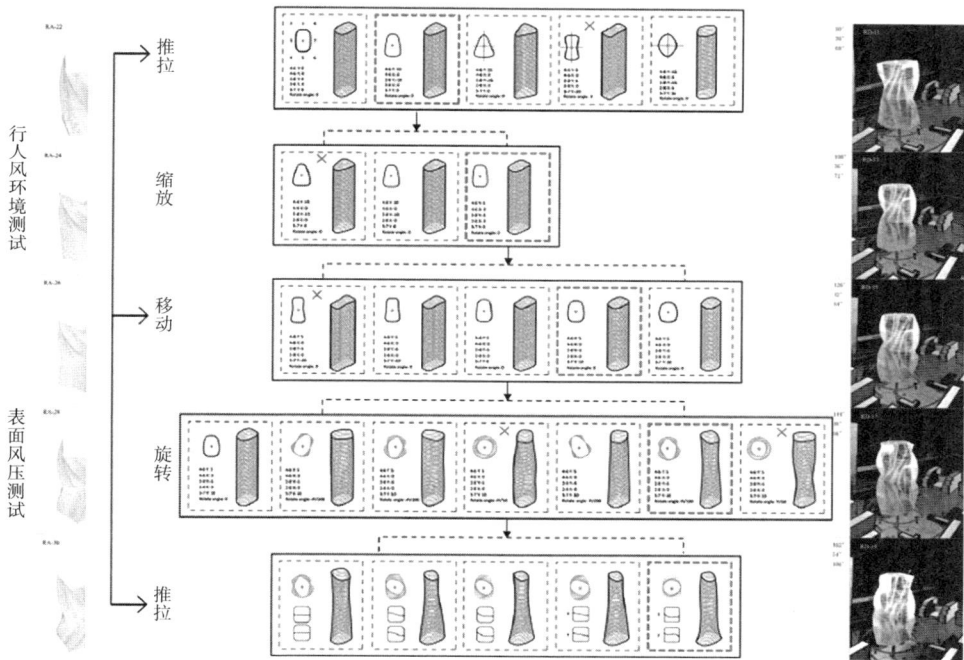

图 7-22　迭代优化生形流程示意

其中最广为认知的一种算法是遗传算法。遗传算法基于对自然界生物进化过程中的优胜劣汰机制的模仿，发展出一种随机的全局搜索和优化方法。具有常规形态的建筑原型，将在环境性能模拟计算后，根据预设的性能目标，发生一定范围内的动态形变。这些动态形变将保留概念设计的原型，但可以改变它的几何参数，从而优化特定的性能准则。最终生成的可能形态域一端为初始形态，另一端为计算后的最优解。

在 2021 年同济大学数字未来暑期工作营——"设计中的环境智能 /Environment AI in Design"工作组探索了数据驱动的生成设计方法和性能优化相结合的城市生成工作流。研究基于 Pix2Pix 提取大量城市肌理特征获取城市容积率以及城市路网的分布情况，通过参数化设计软件识图生成城市 3D 模型，采用 NSGA-1I 遗传算法控制设计参数的取值，并以城市模型的冬至日平均日照时间、城市建筑密度以及城市交通空间密度作为优化目标进行迭代优化计算[6]（图 7-23），形成了数据驱动的城市空间智能生成设计工作流。

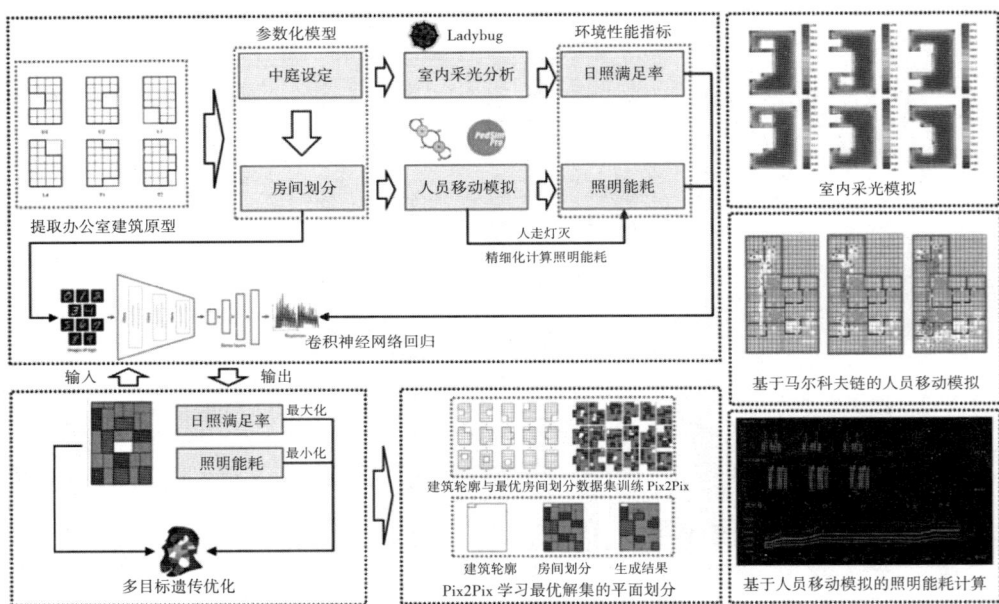

图 7-23　基于 Pix2Pix 的城市肌理提取与日照优化的城市空间智能生成设计工作流

7.3.6　数字模拟与物理模拟交互生形

传感、人机交互、三维识别、增强现实等数字技术的发展推动了先锋研究者开发各种定制型实验平台去探究物理现象的真实性。不同于当下人们习以为常的工作站、鼠标和屏幕，这些实验平台以物理模型为操作对象，借助数字工具实现设计表达中数字模拟与物理模拟的无缝融合，为建筑设计初期阶段提供交互式工作环境。日照、空气流动等环境性能都可以在物理模拟的基础上进行，帮助建筑师去真实地阅读、触摸和感知建筑的环境性能，完成初始生形。

同济大学数字设计研究中心的研究者自主完成了基于智能互动平台的风洞，以较低的成本搭建起了操作简单、成本可控、流场稳定、测量精度满足建筑初期设计需求的物理风洞，以便进行建筑风环境模拟、数据测量以及性能反馈。

风洞整体结构保持原有迷你风洞的五段式结构，即"风扇段—收缩段—试验段—扩散段—稳定段"。风洞由风洞本体和测量系统两部分组成。低成本的数字传感器能够实时测得风力数据，并将数据通过 Arduino 板传至参数化建模软件中。参数化建模软件中的数据可视化算法使得设计师能够直接观察到风洞中风环境物理数据的变化，从而支撑设计决策。

风洞实验的动态模型能够基于"扭曲"形式（图 7-24a），延伸出"退台""体量贯通""镂空"等多种不同形式（图 7-24b~d）。

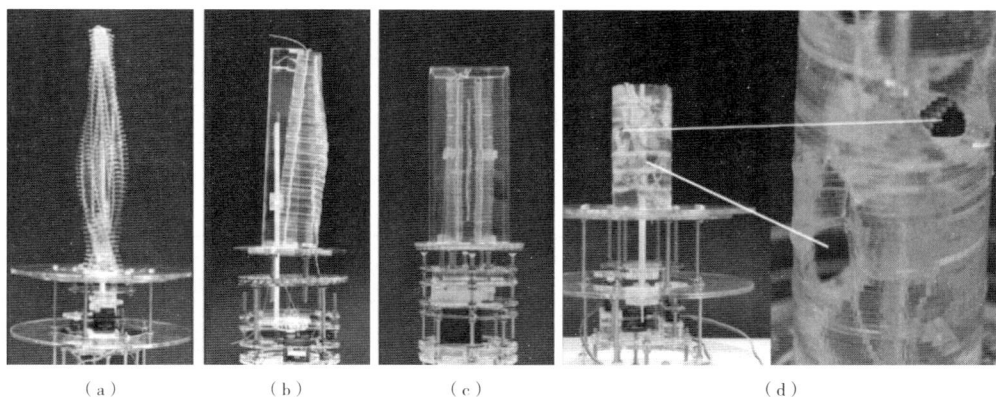

（a）　　　　　　（b）　　　　　　（c）　　　　　　　（d）

图 7-24　用于风洞实验的动态模型

通过物理模拟和数字模拟，研究者们搭建起真实的风环境模拟平台，在这种平台上基于实时的模拟结果对模型进行更改和操作，搭建起渐进式性能反馈工作流程。至此，团队已经建立了风环境可视化模拟与设计的互动反馈机制，形成了一套完整的风洞实验操作与风环境数据分析方法。

建筑形态设计不再只是空间的感觉和美学的追求。从环境的基础研究到原型的生成，经过环境数据筛选和处理，经过风洞模拟和可视化，在评估标准下生成建筑物的最终形态。

第8章 数字化行为性能模拟与优化

8.1 环境行为学历史与发展

环境行为学，源于行为科学与建筑学的融合。它着眼于物质环境系统与人之间的相互依存关系，在关注环境对个人的内在心理过程所产生的影响之外，还研究集群行为、社会价值、文化观念等与环境有关的广泛问题，是一个内涵宽广、多学科交叉的研究领域。

8.1.1 前数字时代的行为科学历史与发展

回溯环境行为研究的历史，我们会发现建筑师对行为的关注，很大程度上受到了管理学家的影响与启发（图8-1）。

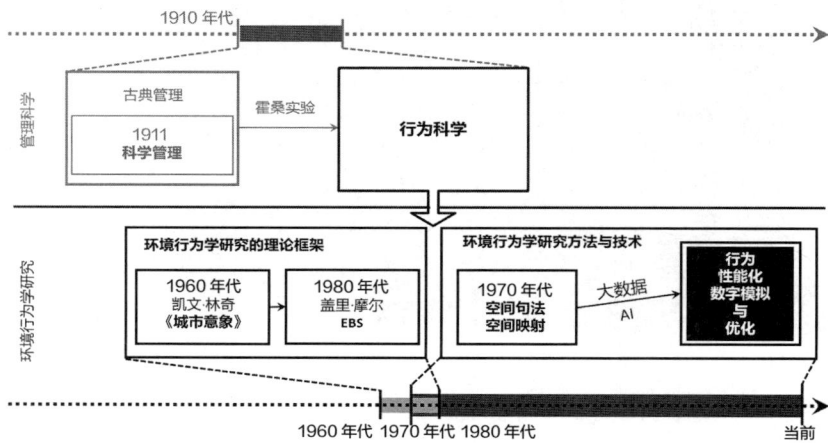

图 8-1 环境行为学的发展脉络

弗雷德里克·温斯洛·泰勒（Frederick Winslow Taylor）是美国古典管理学家，科学管理的创始人，被誉为科学管理之父。科学管理原理的核心思想是通过生产效率最大化追求共同财富最大化，认为人的行为仅仅是出于经济动机。科学管理提供了降本增效的方法学，而著名的福特生产流水线就将这种理论应用到了实际生产中（图8-2）。在这种背景下，资本家充分利用泰勒的科学管理理论加紧对工人的剥削，无产阶级绝对贫困化的速度加剧，工人阶级的反抗也越来越激烈。

为了缓解劳资矛盾，资产阶级管理学家深入寻找解决

图 8-2 福特生产流水线

矛盾的办法。在美国国家科学委员会资助下，由哈佛大学心理学教授乔治·梅奥（George Elton Mayo）主持的研究小组进行了著名的霍桑实验（图 8-3）。

照明实验
实验组vs对照组，实验组不断增加光照强度

福利实验
选出6名女工进行装配工作，实验过程中不断增加福利

图 8-3 霍桑实验

　　位于芝加哥郊外的霍桑工厂是一个电话交换机制造厂，尽管有较完善的医疗制度和养老金制度，但工人们仍愤愤不平、生产成绩很不理想。为找出原因，研究小组在 1924—1927 年进行了一系列实验研究。实验的内容包括探究照明、福利措施等对实验者生产效率的影响。

　　通过实验，梅奥等人最后得出结论：工人不仅仅是机械的延伸，不是只受经济利益驱动的"经济人"，管理研究的重点应从物转向人。梅奥等人的开创性研究使大量西方学者转向人际关系—行为研究，并最终在 20 世纪 50 年代形成了行为科学，为后来建筑领域的环境行为研究奠定了基础。随着行为科学在社会各领域产生举足轻重的影响，自 1960 年代开始，越来越多的建筑学者开始将其引入建筑领域，开创了环境行为研究领域。

8.1.2 前数字时代的环境心理学历史与发展

环境行为学亦称作环境心理学，因侧重研究人的外显行为而应用性更强。自 20 世纪 40 年代布埃贡·布伦斯维克（Egon Brunswik）和库尔特·勒温（Kurt Lewin）提出了环境心理学这一术语，并强调了其在对环境感知中个体主观能动性的重要作用，其理论框架就在不断发展和成熟。

其中最具有代表性的是 20 世纪 60 年代凯文·林奇（Kevin Lynch）的《城市意象》。他发现人们考虑城市的物理布局，大多基于建筑物的用途、选址和可见程度等易于被语言描述的属性。相比于微妙的建筑形态、设计元素或景观特征，前者更容易被记忆。为此凯文·林奇在书中提出了城市意象五要素，即路径、边界、区域、节点和标志，对环境行为学乃至城市设计领域产生了深远的影响（图 8-4）。

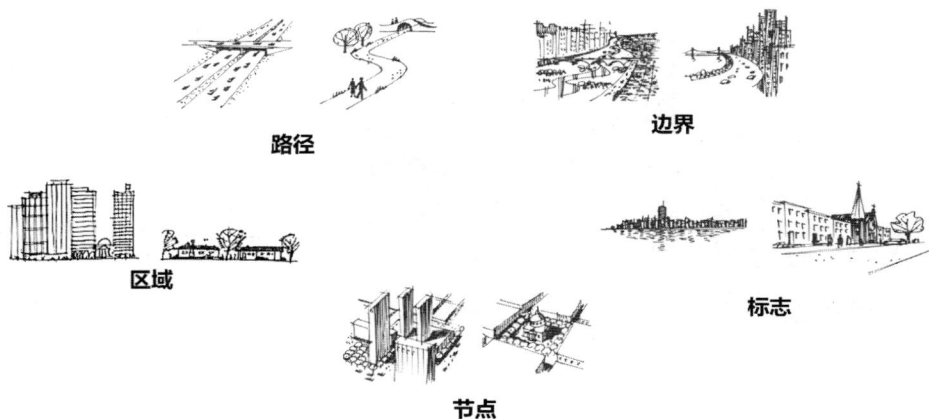

路径

边界

区域

标志

节点

图 8-4　城市意象五要素

1980 年代末，盖里·摩尔（Gary Moore）在他的论文中以北美地区的研究为参照，总结整理了环境行为学从研究到实践的历史发展过程，同时提出了一系列需要深入思考的问题。他通过一组图表来反映环境、行为与社会学科在建筑与城市规划领域的研究范畴，即"环境—行为—社会"（Environment-Behavior-Society，EBS）理论。之后在悉尼大学任教期间，摩尔根据时代发展的需求和技术手段的革新，再次更新并扩展了 EBS 的理论框架（图 8-5）。

自《城市意向》之后，以行为方式为出发点的环境分析方法和建筑评估体系就相继出现在大众的视野。其中具有代表性的是空间句法（Space Syntax）（图 8-6）。

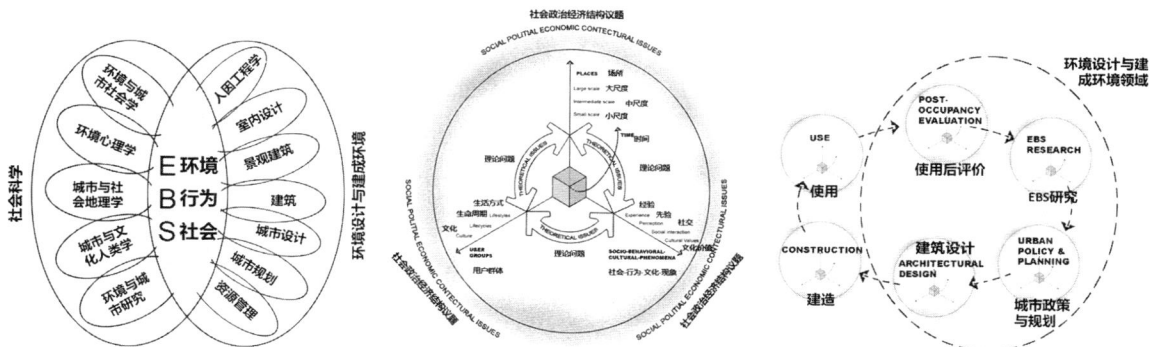

图 8-5 盖里·摩尔的 EBS 理论

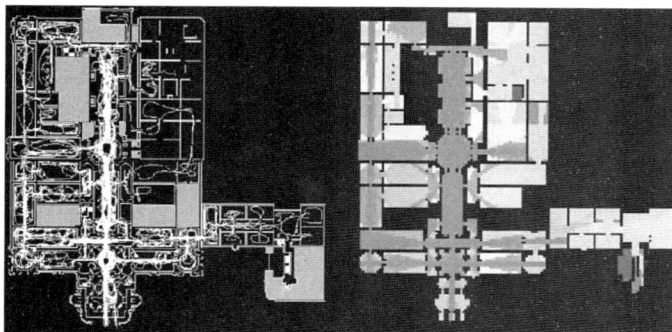

图 8-6 泰特美术馆空间句法分析

1970 年代，比尔·希列尔（Bill Hillier）结合拓扑学和图论相关知识，创立了该理论[1]。简单来说，空间句法是一种通过对包括建筑、聚落、城市甚至景观在内的人居空间结构的量化描述、来研究空间组织与人类感知关系的理论和方法。

同样在 1970 年代，由威廉·伊特尔森（William H. Ittelson）提出的行为注记法（Behavior Mapping）（图 8-7），从人的空间位置出发，把握行为的客观属性，从"行为到空间"的角度，为建筑环境的设计与研究提供了行之有效的方法途径。威廉·伊特尔森曾将该方法归纳为 5 个要素：

（1）观察实验区域的平面图；

（2）通过计数、观察、图示记录以及文字描述等方式对人的行为进行准确定义；

（3）严格控制观察和记录过程中的时间间隔；

（4）严格遵守观察实验中事先制定的步骤，摒弃主观因素；

（5）制定一套适用于标记、计数和人员编号的图标

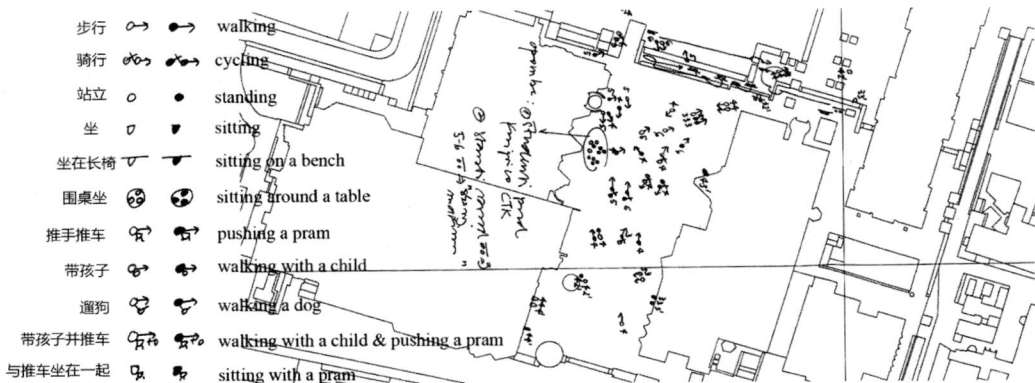

步行	↶↷	→	walking
骑行	⤳⤳	→	cycling
站立	□	●	standing
坐	▱	▪	sitting
坐在长椅	⊔	⊓	sitting on a bench
围桌坐	◉	◉	sitting around a table
推手推车	⚐	⚐	pushing a pram
带孩子	⚲⚲	⚲⚲	walking with a child
遛狗	⚐⚲	⚐⚲	walking a dog
带孩子并推车	⚐⚲	⚐⚲	walking with a child & pushing a pram
与推车坐在一起	⚐	⚐	sitting with a pram

图 8-7　行为注记图

系统，使得每次信息的记录花费最少的时间。

　　尽管以表格形式记录数据已经足够完成一些因素的定量研究，但对于设计调查而言，要想显示场地内部的差异，唯一的办法就是将观察对象的活动行为记录到相应的具体空间位置上。因此，行为注记地图成为调研中不可缺少的工具。

8.2　空间句法与行为数据科学

8.2.1　空间句法的量化分析

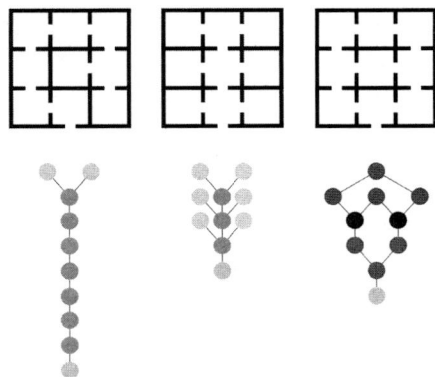

图 8-8　构形的直观描述——关系图解

　　在上一节中提到，希列尔所创立的空间句法是对空间结构进行量化解析的方法，他将这种空间结构称为"构形"（Configuration）。

　　希列尔将构形定义为"一组相互独立的关系系统，且其中每一关系都决定于其他所有的关系"[2]。改变系统中一个元素的构形，就会改变很多其他元素的构形，继而使整个系统的构形发生变化。希列尔指出，对构形的表述是建筑学理论的前提和基础，也是空间句法的重要贡献和在操作层面的核心内容。

　　图 8-8 中，3 个简化的建筑平面形状相同，但内部隔墙和开门略有不同。用圆圈（节点）代表房间，短线代表房间之间的连接关系，建筑平面就可转化为 3 种关系图解（Justified Graph），从左至右依次为：链形结构、树形结构、环形结构。

　　图 8-9 是用格子表示的仿西方古典建筑的立面构形，格子填充色的深浅代表集成度的分布，深色格子代表较高的集成度。可以看出集成度最高之处位于中央上部，并沿着中柱延伸至底平面。右图则是把这个立面识别为几个基本几何

形的组合，然后分别计算每部分的集成度，并由此填充深浅颜色。在这里，又可发现其集成度分布呈水平状态。

在关系图解的基础之上，空间句法发展了一系列基于拓扑计算的形态变量，来定量地描述构形，其中最基本的变量有五个，即连接值、控制值、深度值、集成度、可理解度。

希列尔指出，这种由分析所揭示的中央集中的垂直结构和线形的水平结构，可能是跨文化的各种古典建筑立面中所创造的最普遍的形式主题。

如果将平面图形用规则的细小格网来近似表示，其中的每个小格子代表一个节点，格子间的相邻关系表示连接，由此便可计算出各种变量。若将规则格网稍加变化，阻隔某些格子之间的联系，还可发现几何构形的一些普遍规律，希列尔将这一过程称为障碍操作实验（图8-10）。

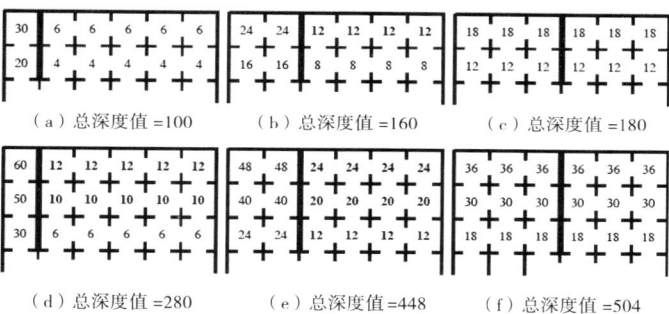

图 8-9　仿西方古典建筑立面构形分析

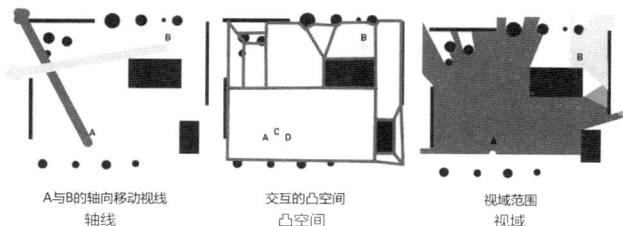

（a）总深度值 =100　　（b）总深度值 =160　　（c）总深度值 =180

（d）总深度值 =280　　（e）总深度值 =448　　（f）总深度值 =504

图 8-10　障碍操作实验

网格深度值（depth）指的是网格某一点到其他所有点的距离总和。从图 8-10 中各网格深度值，可以发现阻隔条放在中间比放在边缘会导致更大的总深度值、分隔条越长总深度值越大等规律。这些规律对室内空间安排和开放空间配置等实际设计问题，有一定的启发和指导意义。

以上将平面图形划分为大小相等的格网来分析，完全是理想状态，是为了方便揭示构形的一些客观规律。而要将复杂的城市和建筑空间等分割为小尺度空间，有三种构形基本方法：轴线、凸空间和视域（图 8-11）。

A与B的轴向移动视线
轴线

交互的凸空间
凸空间

视域范围
视域

图 8-11　三种构形基本方法 [3]

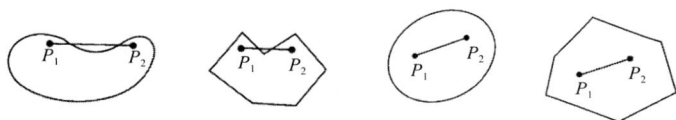

图 8-12 凸集的判定方法

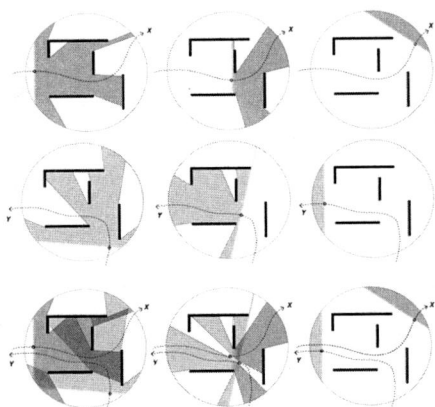

图 8-13 视域分析方法

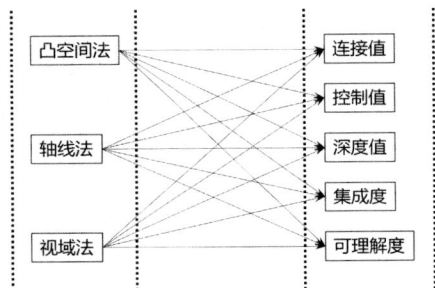

图 8-14 三种构形分析方法、五个可分析的变量

凸空间来自于数学中的凸集的概念。在欧氏空间中，凸集满足条件：对于集合内的每一对点，连接该对点的直线段上的每个点也在该集合内（图 8-12）。

同样对于一个空间，若连接空间中任意两点的直线皆处于其中，则该空间是凸状。因此，同一凸空间内所有人都能彼此互视，从而达到充分而稳定的了解和互动。所以凸空间表达了人们相对静止地使用和聚集状态，在建筑空间的关系图解中对应着节点。

视域，简单地说就是从空间中某点所能看到的区域（图 8-13）。用视域方法进行空间分割，需要首先在空间系统中选择一定数量的特征点，一般选取道路交叉口和转折点的中心作为特征点，因为这些地方在空间转换上具有战略性地位；接着求出每个点的视域，然后根据这些视域之间的交接关系，转化为关系图解，并进行变量分析计算。

至此我们已经了解，空间句法内容有三种构形分析方法和五个分析变量（图 8-14）。

空间句法经过二十余年的发展，已经成为在世界范围内有重要影响的建筑研究学派，其发展对计算机的依赖程度也越来越高。

8.2.2 数据导向的行为分析

2010 年，北卡罗来纳大学设计学院的尼尔达·科斯克（Nilda Cosco）使用行为注记法研究分析幼儿园内孩子们的学前体育活动行为[4]。在保证行为设定与可视性的基础上，科斯克将行为注记法作为一种直接观察行为的手段，在微观的建成环境尺度上，尽可能详细地搜集儿童的行为活动数据及周围的环境情况，并研究二者的关联度。希望以此提出一些影响建筑与环境设计的策略，创造更有利于儿童的户外环境（图 8-15）。

行为注记法具备统计学的严谨性特征。尽管人工观测无法遍及全体使用者，但是观察过程中通过控制观察频率的方法，满足了抽样调查中的随机性要求。同时，行为注记法在实验开始前对行为的种类进行了划分，使得所有的

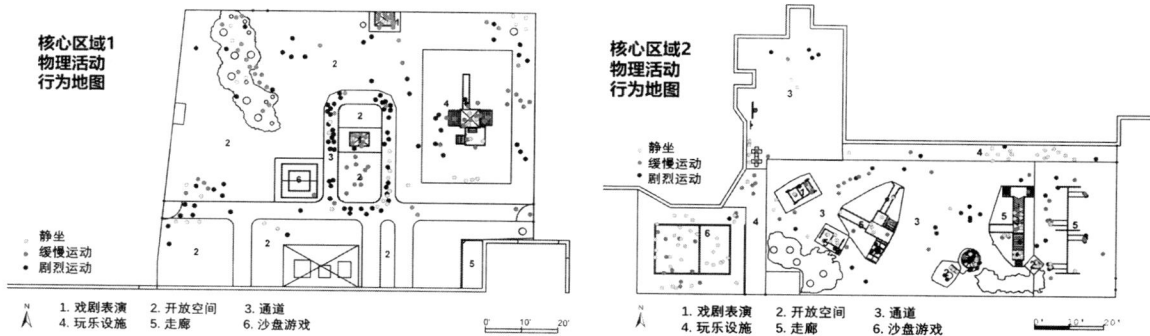

图 8-15　基于行为注记法的幼儿园儿童行为呈现

行为可能性都被记录，这样的分类思想也避免了观察者主观因素的介入。

在更早的 2005 年，爱丁堡大学的一项研究还尝试将行为注记与地理信息系统 GIS 的使用相结合，进行城市开放空间行为模式的研究[5]（图 8-16）。

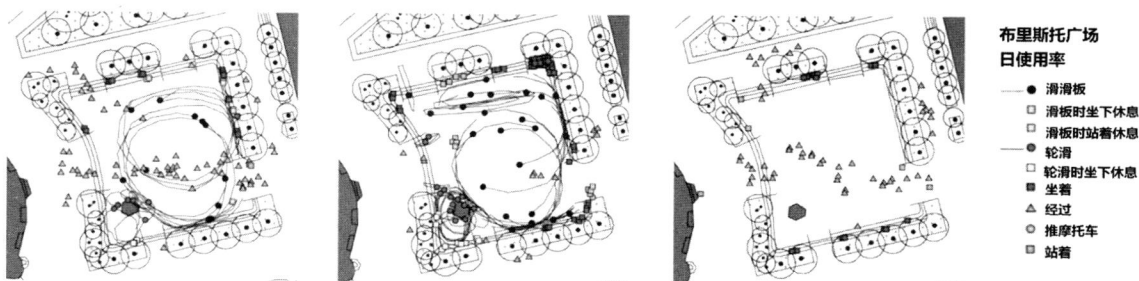

图 8-16　行为注记与 GIS 数据集合的行为分析

除了使用 GIS，这项研究还建立了行为数据库，将记录在纸质媒介上的行为数据转变为了数字信息（图 8-17）。尽管数据采集由人工完成、样本量和研究范围均较小，但其体现出的数字化和数据分析思想为基于大数据的行为性能化研究埋下了伏笔。

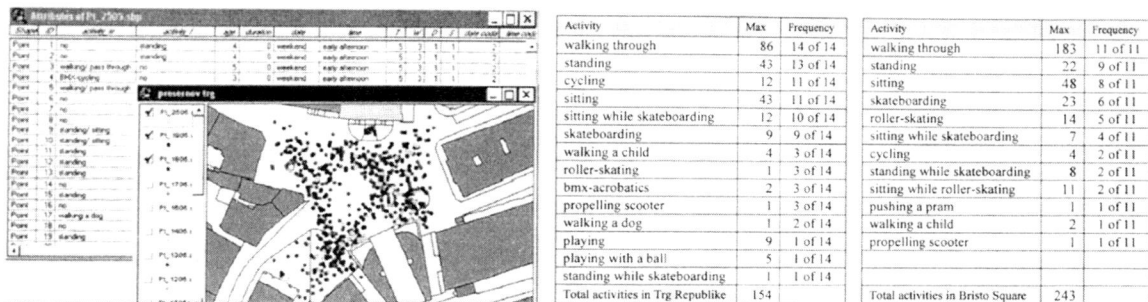

Activity	Max	Frequency
walking through	86	14 of 14
standing	43	13 of 14
cycling	12	11 of 14
sitting	43	11 of 14
sitting while skateboarding	12	10 of 14
skateboarding	9	9 of 14
walking a child	4	3 of 14
roller-skating	1	3 of 14
bmx-acrobatics	2	3 of 14
propelling scooter	1	3 of 14
walking a dog	1	2 of 14
playing	9	1 of 14
playing with a ball	5	1 of 14
standing while skateboarding	1	1 of 14
Total activities in Trg Republice	154	

Activity	Max	Frequency
walking through	183	11 of 11
standing	22	9 of 11
sitting	48	8 of 11
skateboarding	23	6 of 11
roller-skating	14	5 of 11
sitting while skateboarding	7	4 of 11
cycling	4	2 of 11
standing while skateboarding	8	2 of 11
sitting while roller-skating	11	2 of 11
pushing a pram	1	1 of 11
walking a child	2	1 of 11
propelling scooter	1	1 of 11
Total activities in Bristo Square	243	

图 8-17　行为数据的数字化

在众多的空间行为中，人流是一种显现度高且便于量化的集群行为，同时流线设计也是建筑设计的重要内容。因此，对人流的研究是建筑环境行为量化研究的重要切入点。

近年来，室内定位系统（Indoor Positioning System, IPS）和大数据技术得到了长足发展，使得对人类行为轨迹的全方位、长时间的记录成为可能，为环境行为学的研究提供了新的数据来源。行为轨迹中应用的室内定位技术主要有 Wi-Fi 定位技术、超宽带（UWB）定位技术、射频识别技术（RFID）等（图 8-18）。

Wi-Fi 是目前最为常见的无线网络接入技术，其定位的主要依据是接收信号强度（Received Signal Strength，RSS）。具体来说，监听信号的接入点（Access Point，AP）将频繁收集从各个电子设备发射的请求及其内部包含的数据信息（信号强度等），在这个过程中，Wi-Fi 信号随着传播距离的增加而衰减，根据衰减公式可以计算移动设备和接入点之间的距离；通过设置多个接入点并运用相应的定位测算方法，可以计算出电子设备在空间中的位置。通过连续追踪，设备的轨迹路线就显现出来（图 8-19）。加拿大萨斯喀彻温大学（University of Saskatchewan）规划学院的一项研究将校园作为实验地点，30 天内通过 Wi-Fi 定位技术收集了 3600 万条位置数据并进行可视化分析[7]。

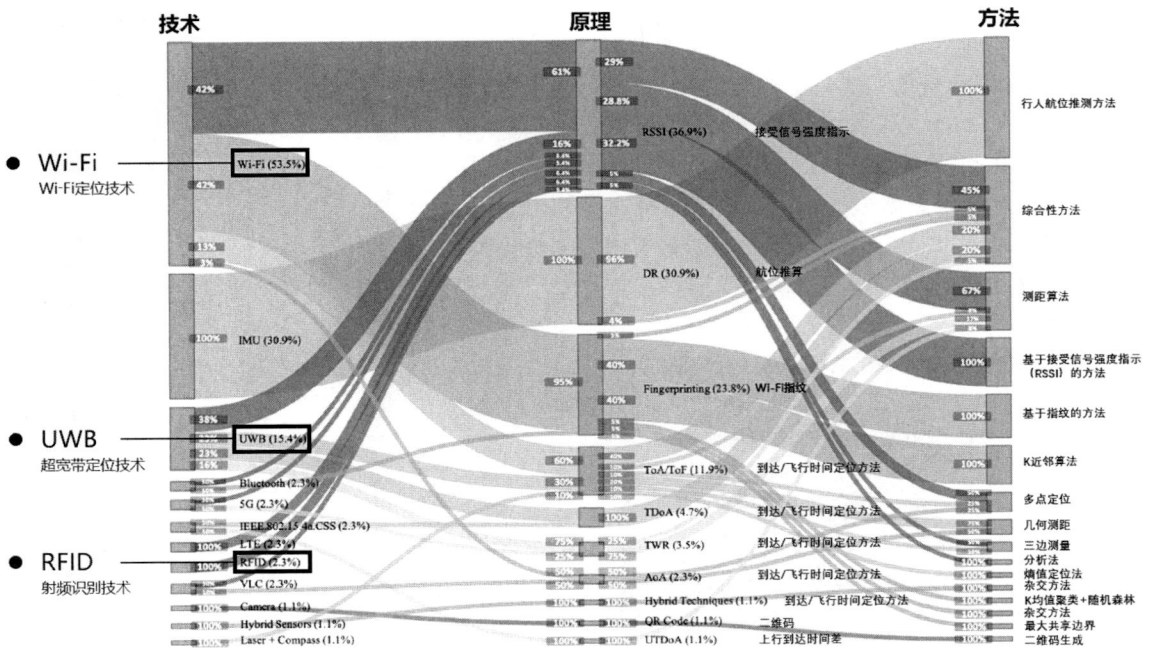

图 8-18　室内定位技术原理及其相应的分析方法[6]

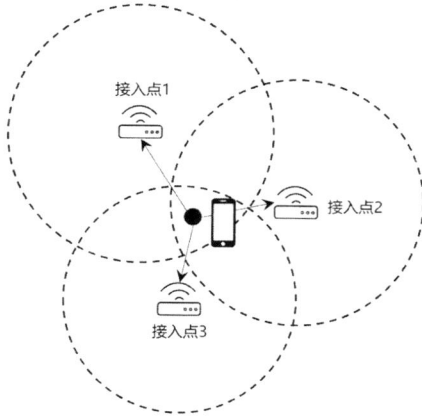

图 8-19 基于接收信号强度的 Wi-Fi 定位技术

射频识别（Radio Frequency Identification，RFID）是一种基于无线电信号识别系统的通信技术。最基本的RFID 系统包括一个询问器和多个应答器。其中，应答器佩戴在人的肩膀或者手臂上，它通过唯一的电子编号来作为自己的 ID 识别信息；询问器安置在空间中没有过多遮挡的地方，它以一定的频率发射无线电信号，来探知应答器的位置（图 8-20 ）。

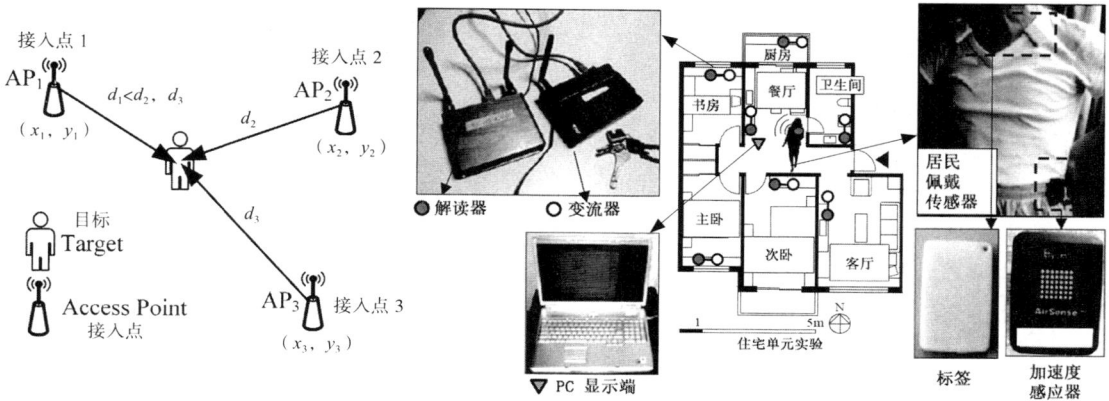

图 8-20　射频识别定位技术

京都大学学者屈小羽和冈山理科大学准教授松下大辅，借助 RFID 技术，统计了居民在客厅、厨房、卫生间和卧室等房间中的停留时长、时刻分布以及移动频率等行为数据，客观呈现了居住者的房间使用情况[8]（图 8-21 ）。

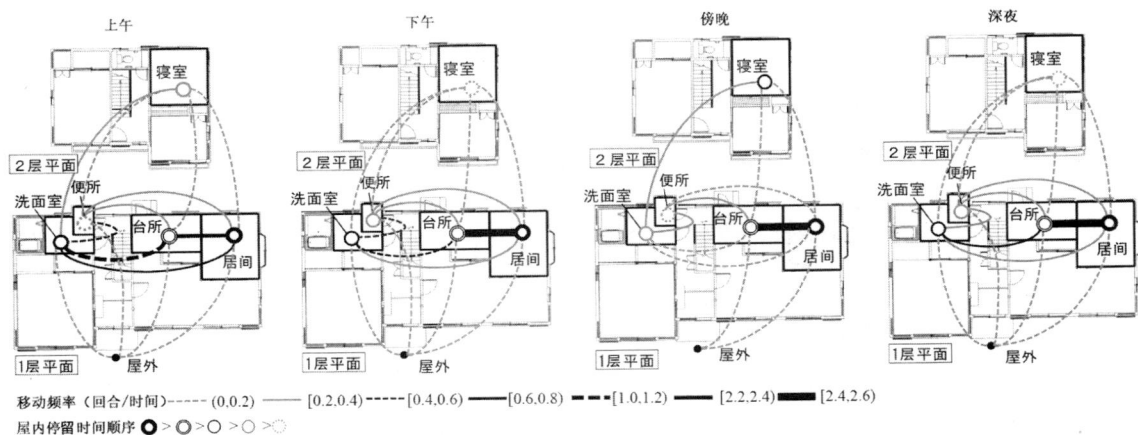

上午　　　　　　　　　下午　　　　　　　　傍晚　　　　　　　　深夜

移动频率（回合/时间）----- (0,0,2)　━━ [0.2,0.4)　------ [0.4,0.6)　━━ [0.6,0.8)　■■■■ [1.0,1.2)　━━━ [2.2,2.4)　■■■■ [2.4,2.6)
屋内停留时间顺序 ◉ > ◎ > ○ > ○ > ○ > ⌾

图 8-21　基于 RFID 技术的房间之间的移动频率与停留时长变化情况

　　超宽带 UWB（Ultra-Wideband）定位技术使用了带宽超过 500MHz 或相对带宽超过 20% 的信号。UWB 信号稳定，功耗更低，测距的精准度更高，理论上可达厘米甚至毫米级。UWB 定位系统一般由固定在空间中的基站（Anchor）以及附着在目标上的定位信标（Tag）构成（图 8-22）。被追踪对象通过携带一个信号发射装置（Tag）与已知位置的基站进行通信。

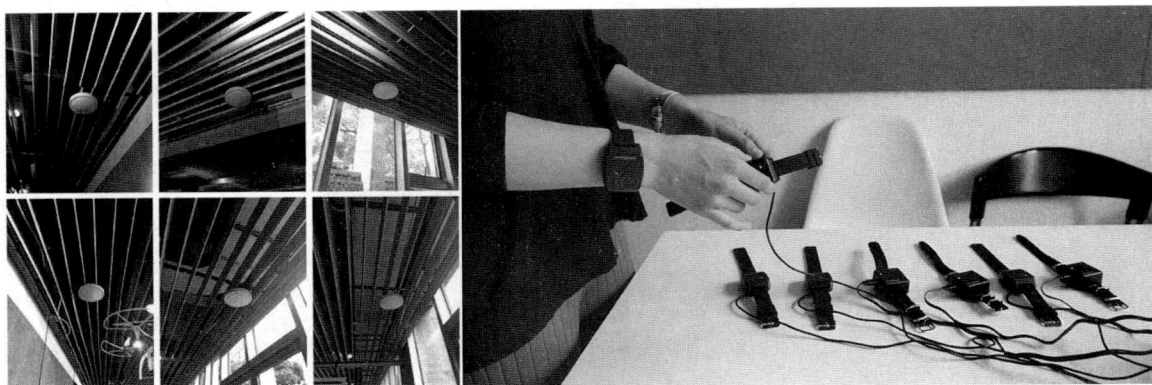

图 8-22　UWB 定位技术的基站和定位信标

　　同济大学建筑智能设计与建造团队曾基于 UWB 室内定位技术进行过行为数据分析以及可视化研究，分析展览空间内人们对各项展品及空间的兴趣[9]（图 8-23）。

126

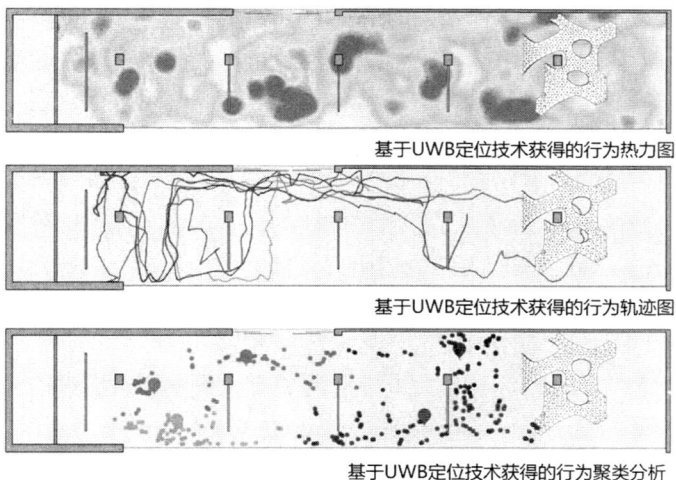

基于UWB定位技术获得的行为热力图

基于UWB定位技术获得的行为轨迹图

基于UWB定位技术获得的行为聚类分析

图 8-23　基于 UWB 室内定位技术的行为数据分析与可视化

8.3　数字化行为性能优化

8.3.1　数字化行为性能理论

在环境行为学的理论体系下，数字时代的建筑师将设计时所需要考虑的行为要素进行合理量化并转化为性能参数，通过相应的逻辑算法生成建筑形式。随着大数据和人工智能技术的发展，行为性能化研究在环境行为学中异军突起，不断推动着设计范式的转变。这种以数据思维为基础的环境行为研究方法就称为行为性能化（图 8-24）。行为性能化作为性能化建构研究的三大分支之一，既是自下而上进行性能化建构的起始点，又是建筑设计各阶段需要着重考虑的内容。

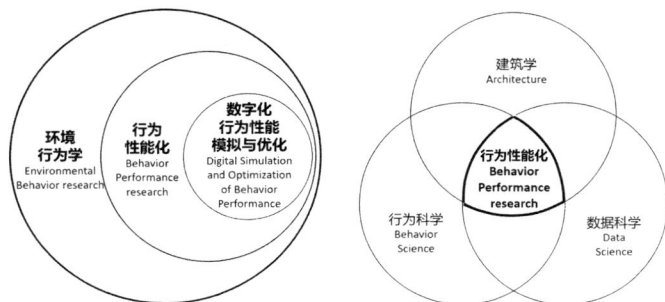

图 8-24　行为性能化研究定位

研究环境行为，首先要通过行为感知技术获取行为数据并对它们进行基本的分析。如前一节所述，行为感知技术经历了从数字技术尚未普及的年代的空间句法、行为注记法，到如今的数字化数据采集和可视化分析技术的发展历程。借助行为感知技术提取的对象行为特征，通过算法将其赋予计算机中的虚拟对象后，便可以模拟现实空间中实体对象的行为状态。以此为依据，建筑师可以优化空间布局，从而实现基于行为性能化的建筑生形和材料研究。

而数字化行为性能模拟与优化，是目前环境行为学的前沿研究方法，是行为性能化的核心内容。在思想和方法上，数字化行为性能的研究充分参考了复杂适应系统理论，使用基于智能体的模型（Agent-Based Modeling，ABM）对城市行为的复杂系统进行建模。

复杂适应系统理论的提出反映了人类对于系统运动认识的不断发展（图 8-25）。牛顿力学和微积分是 16 世纪以来人类认识自然的有力工具，为人类揭示自然规律发挥了重大的作用。到了 20 世纪初，相对论、量子力学相继提出，对过去牛顿力学以及整个经典科学展开了挑战。

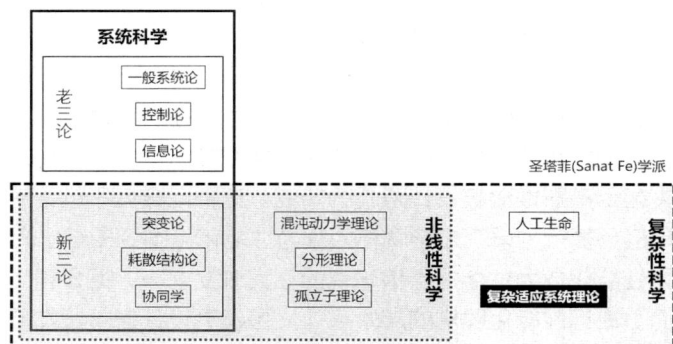

图 8-25 系统科学—非线性科学—复杂性科学

自 20 世纪中叶以来，系统科学、非线性科学和复杂性科学的框架逐渐建立。人类对各领域的认知不断提升。所有这些理论都以复杂系统为共同的研究对象，从不同的角度揭示了自然、人类和社会等各个领域中相互联系与发展的规律。

"系统论、控制论和信息论"通常被称为现代系统论的"老三论"，它们共同构成了对系统的整体性、系统行为的不确定性及其调控方式的描述。而"突变论、耗散结构理论和协同学"代表了系统科学的最新发展，因此，它们又被称为系统科学的"新三论"。

当系统科学以系统观、整体观使得人们重新审视周围的一切时，与其并行的一系列理论也正冲击着经典科学。这些理论包括混沌动力学理论、分形理论和孤立子理论。

由于它们均强调非线性、非确定性等特征，又被概括为非线性科学。而新三论在理论和方法上都与上述理论方法有着千丝万缕的联系，因此习惯上也被归为广义的非线性科学。

20 世纪 80 年代中期，以美国圣塔菲（Sanat Fe）学派为首提出的复杂性科学是现代哲学和科学的新一轮萌动。圣塔菲学派坚信一个普照自然和人类的新科学——复杂性科学，将能够充分解释当今世界的种种复杂性问题。

其中复杂适应系统（Complex Adaptive System，CAS）理论，便是如今使用的行为仿真技术的源头。它由遗传算法的提出者——约翰·霍兰（John H. Holland）于 1994 年正式提出的，基本思想可以这样来概括：系统中的成员是有具有适应能力的主体；主体具有适应性，主体在这种持续不断地交互作用的过程中，不断地"学习"或"积累经验"，并根据学到的经验改变自身的结构和行为方式。

这种由下而上的、由微观主体的"进化"引发宏观系统性能和结构上的突变的现象就称为"涌现"。涌现是复杂系统理论的中心概念。目前，关于涌现现象并没有公认的数学定义。由于涌现具有不可预测性，导致了复杂系统的宏观行为在数学上的不可计算性，因而对系统的建模和行为仿真成为研究复杂系统宏观行为的唯一手段。

于是，在 20 世纪 70 年代出现了一种基于智能体的模型，它通过模拟自主性个体之间相互影响的过程，来生成整体的宏观行为效果的算法。随着算力的快速增长，ABM 成为一种实用工具。

基于智能体的模型，又称多智能体系统，是一种对复杂系统进行建模的方法，它综合了复杂系统、涌现、博弈论、计算社会学等思想，采用蒙特卡洛方法（Monte Carlo Method）产生随机性。其重点是系统的组成部分之间的相互作用。

多智能体模型是一个微观模型，由于其基于分散的信息和决策，能重现复杂系统中的涌现行为和自组织，即通过模拟多个智能体的同时行动和相互作用以再现和预测复杂现象。群体智能的算法使系统的宏观秩序不断重新整合，涌现周而复始，摆脱了仿真的单一目标趋向性。

8.3.2　基于智能体系统的建模理论

对于建筑设计和环境性能优化过程，基于智能体系统的人群模拟主要研究自主意识的智能体（独立个体或共同群体，例如组织、团队）和虚拟环境的交互作用，即人如何感知周围的环境信息并作出反应，并通过图像展示评估智能体在系统整体中的作用。

ABM 通常有三个要素：智能体、环境（包括其他智能体）、相互作用。而其中智能体根据自身的状态和规则，可分为四种形式，即单反射性智能体（Simple reflex agents）、基于模型的反射性智能体（Model-based reflex agents）、基于目标的智能体（Goal-based agents）、基于效用的智能体（Utility-based agents）。

使用 ABM 为一个复杂系统建模，一般需要以下四个步骤：

（1）根据性能指标定义关键问题；

（2）定义每个智能体的可能状态；

（3）定义每个智能体可能与周围的智能体发生的交互行为；

（4）从简洁性、正确性和鲁棒性（Robustness）方面验证和评估该模型。

以复杂适应系统和涌现原理为基点，多智能体系统会随时间变化而进行自下而上地逐步迭代，并且过程中会呈现出动态变化和自我组织的特性。多智能体系统具有自治性、反应性、主动性、社会性。

随着计算力增强，在多智能体系统基础上发展出来的集群智能算法逐渐发挥出优势，如蚁群算法（Ant Colony System，ACS）、微粒群优化算法（Particle Swarm Optimization，PSO）等。这些算法通过丰富每个智能体内部的决策机制，来强化和细化模拟的过程。

现在许多软件或平台都提供了基于智能体的人群建模工具，如 Processing、Softimage、Massive 等，其中实现模拟的最简单方式是 Processing。然而，要对行为和交互的集体模式进行再现和预测，并且协助建筑设计过程，目前还没有非常合适的设计工具。

对于环境性能模拟优化的具体实践，当前还没有统一的平台和工作流。各学术团队一般会根据具体的实践项目提出理论并开发针对性的软件框架。例如帕特里克·舒马赫团队在 2020 年为建筑设计过程提出了一种基于进化算法的社会功能优化方法，其模拟智能体的生命过程的主要优化目标是社交互动频率。

舒马赫认为建筑主要是与社会功能相关的。建筑独特的社会作用不再只是提供一个有形的庇护所，而是为社会生活提供一个交流沟通的框架。所有的设计都是交流的设计，每个空间都可被视为是一种交流。在后工业时代，社会关系和交流沟通方式发生了根本性的变化——从等级制到网络化。于是，建筑空间的意义在于空间内可能发生的事件或社会互动类型，社会秩序取决于空间秩序（图 8-26）。

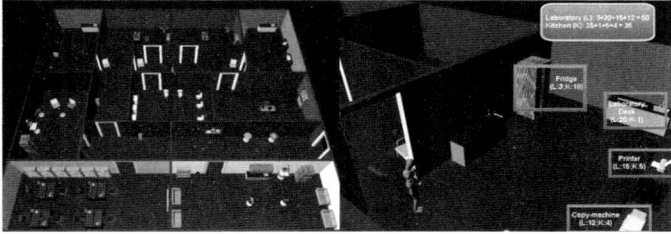

图 8-26　强调环境丰富性和交互性的 ABM 模拟分析

要实现生命过程的模拟，首先需要可视化。借助生命过程群组模拟工具，设计师得以了解不同空间的社会可及性。接着是根据模拟结果进行评估：类似结构模拟模型，通过生成和测试过程，设计师可以使用生命过程模拟工具在组织和表达方面优化设计空间，并反复测试。通过不断迭代，空间生成规则根据模拟结果不断调整，在设计模型中实现建筑的社会意义的体现和探索（图 8-27）。因此，基于智能体系统的模拟与优化工作集中在三个部分：

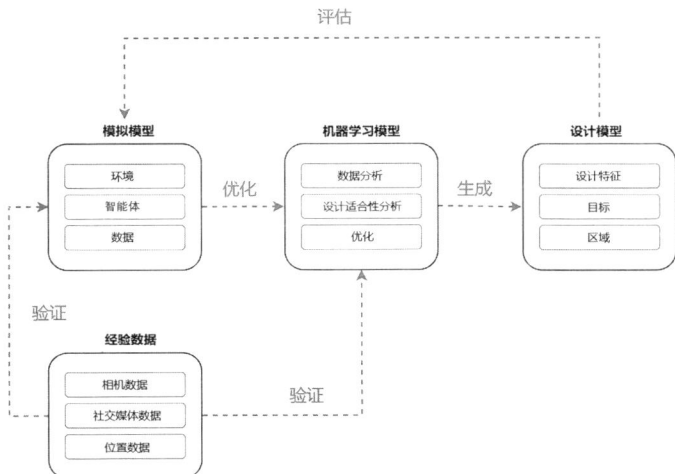

图 8-27　基于智能体系统的模拟与优化流程

（1）模拟，基于智能体的生命过程建模。

（2）模型的实证验证，这需要收集和分析真实世界的数据来校准模型。

（3）生成性设计，即在前两部分的基础上开发生成性设计工具。

而对于仿真模拟环节，其方法包括三个主要部分：环境建模、智能体建模和数据分析。在智能体建模中，主要关注行为类型、智能体类型和内部状态以及 AI 决策框架。首先是基于不同场景的定制动作类型，用于智能体行为建模的基本动作库。其次是智能体类型和内部状态。所有这些参数将根据事件和时间衰减，并将影响智能体的决策。AI 决策框架则是让智能体的决策足够复杂和真实。一个好的智能体模型，除了图形、动画和基本功能，还需要开发智能行为级别的工作，目的是让智能体尽可能像真实的人类一样与其环境进行交互，创造出行为逼真、拥有具体"身份"和"性格"的人群。随着游戏人工智能的发展，越来越多的研究者开始关注这种可能性。一项富有成效的技术转变正在进行中，并将在未来大幅提升建筑学的学科水平。

在建筑环境中，许多不同的互动同时发生，仅仅通过观察静止的模型和想象场景很难预测人群的沟通模式。通过分析不同的社会互动模式的相关参数，如智能体模型对话次数、占有率等，设计师可以测试不同空间的不同社会模式。这不仅在建筑组织空间上有优化作用，而且在建筑空间表达上也有用。

为了将社会互动整合到人群模拟中，舒马赫团队基于 Unity 引擎的软件框架内开发了独创的 AI 决策系统。每个智能体模型都包含一个 AI"大脑"，它一方面持有一组不同的动作，另一方面根据内部状态和对环境的评估以及其他智能体模型的行为持有一组内部状态。因此整个过程是动态和自主的。

例如 2011 年 AA DRL 的一个项目 IArch，通过使用 Processing 进行基于智能体的人群模拟（图 8-28）。项目将公共活动分为三种主要类型：无吸引点事件，如公共广场；单一吸引点事件，如公开的独奏表演；多极吸引点事件，如参观画廊。除了物理属性，智能体物件还具有耐心、兴趣等社会属性。面对不同类型的事件以及基于不同的参数和属性，人群会有不同的行为反应，进而生成不同的行为模式图。

这种类型的模拟基本上将人抽象为一个点，该点将具有位置、速度、方向等基本信息。它更适合于快速分析人

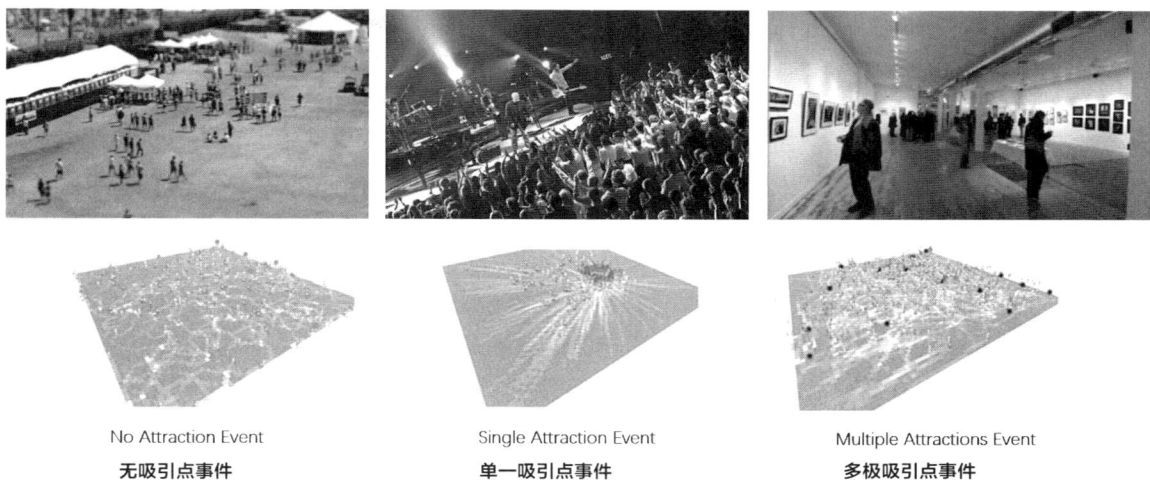

No Attraction Event
无吸引点事件

Single Attraction Event
单一吸引点事件

Multiple Attractions Event
多极吸引点事件

图 8-28　项目 IArch 中定义的三种公共活动

群行为模式或可视化空间中的人群轨迹。在平面上模拟复杂行为方面往往会丧失对许多因素的考量，因此可以将模拟方法引入三维空间中。

　　在 2012 年的早期阶段，AA DRL 又尝试使用 Miarmy 和 Softimage 在虚拟人和虚拟环境之间建立联系[10]。他们引入了家具系统作为一种环境线索来触发人们的不同行为，从而使不同的事件发生变异。该研究从非常简单的交互规则开始：通过高度属性赋予家具不同的含义，从而实现对人的引导（图 8-29）。

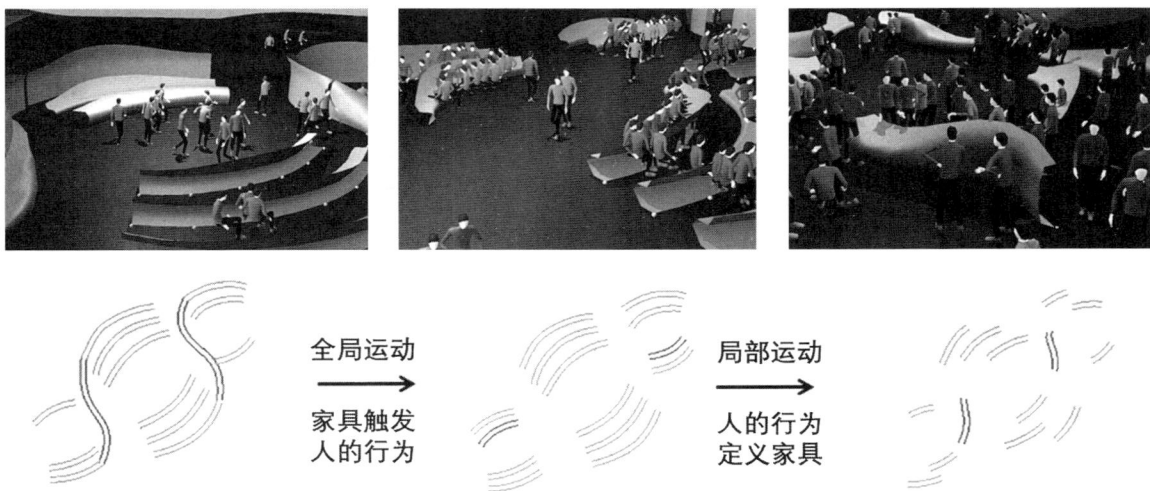

全局运动 →
家具触发
人的行为

局部运动 →
人的行为
定义家具

图 8-29　环境中各种家具或装置的变化引发了适应性的活动和行为

研究项目构建了一个时装周的场景，包含三种情况：开幕式、表演和派对，分别对应单一吸引点、多极吸引点和无吸引点事件。通过最小的装置变动，系统可以在三个场景之间切换。例如，作为开幕式时，两个弧形分隔墙作为触发元素，为两类智能体提供环境线索，并引导它们从不同的入口进入。当两组弧形分隔墙移动，并且随着照明条件的变化，智能体似乎"明白"该空间正在向另一个场景转变，表演就自然开始了。由于空间的功能被认为是社会交流的动态模式，所以上述的3个场景对应的是流线模式。同样的物理空间，因为流线的差异，可以看到人们对空间的反应方式不同（图8-30）。

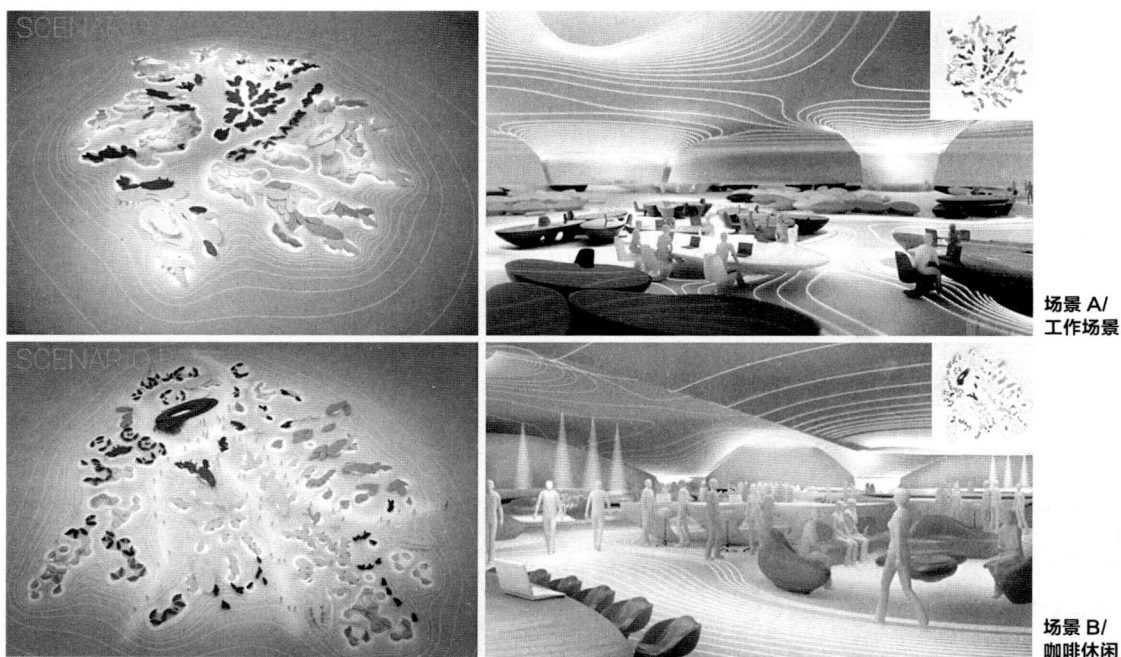

场景 A/
工作场景

场景 B/
咖啡休闲

图 8-30　同一空间中不同场景的行为

第 **4** 篇

建筑数字建造
技术方法

第9章 建筑数控加工技术

9.1 建筑数控加工技术概述

9.1.1 建筑数控加工的内涵

法国艺术家维尔马尔（Villemard）在1910年绘制的插图，描绘了他想象中的2000年建筑工地的场景（图9-1）。维尔马尔预测，在21世纪的建筑工地，建筑师和设计师通过电线或无线电把指令发送给施工机器人，进行繁重、枯燥而危险的建筑施工。罗宾·埃文斯（Robin Evans）在他的著作《从绘图到建造》（*Translation from Drawing to Building and Other Essays*）中提到，建筑师在工作中始终面对着一个难以回避的问题——设计图纸与建造结果之间的隔阂，并且这个隔阂的存在必将作为一种源动力催生出建筑学的重大发展。

建筑数控加工是建筑行业中一种先进的生产方式，它将传统的建筑制造与现代的计算机技术相结合，为建筑生产带来了前所未有的机遇与挑战。建筑数控加工技术不仅能够提高建筑制造的精度和效率，还能够实现复杂的建筑结构，拓宽了建筑设计的可能性[1]。

在数控加工中，设计师通过计算机进行设计，并生成相应的数控程序，然后通过数控设备将设计转化为实物。这一流程大大提高了建筑生产的精度，同时也减少了人工操作的干扰[2]。传统的建筑制造方式往往需要大量的人工操作和调整，而数控加工则通过精确的计算和精细的设备操作，将这一问题有效解决。

近年来，建筑师们从仅仅关注概念发展到更加关注"从虚拟设计到实体建造"的完整过程。在数字时代的今

图9-1 1910年法国艺术家维尔马尔绘制的2000年建筑工地的场景

天，计算机的作用从辅助设计逐渐转向辅助建造领域，其应用已无法从当代建筑设计的流程中移除，数字技术已经能够实现一切实体性、物质性现象与"代码"（code）之间进行编码、压缩、传输、转换的可能。随着BIM（Building Information Modelling，建筑信息模型）系统工作协同平台在我国设计领域的逐步推广，以及Revit、Catia、DP等协同软件平台的广泛应用，"设计""设计管理""构件建造"以及"施工管理"整合并且平台化运作有了可能[3]。

数字化建造技术的演进可以追溯到20世纪初的第二次工业革命。伴随着批量化生产和快速物流模式的大幅度进步，人类社会对于信息技术的认知和开发也出现了萌芽。高效率的信息化需求孕育了制表机的发明，并且这项技术在第二次世界大战中通过对二进制数学算法的运用逐渐演变成为早期的计算机。第二次世界大战平息后，数字与信息技术被快速推广与发展。1952年，麻省理工学院的实验室将计算机与铣床连接在一起，制造了历史上第一台数控设备（图9-2）。

20世纪末，随着数控设备的迅速发展，3D打印机、数控机床（CNC）、激光切割机等新技术设备不断在建筑设计行业投入使用。这种具备精确信息传输技术的设备可以完成对形态高度复杂的几何构件加工，激发出建筑材料更多的表现力和可能性[4]。

随着数控加工技术的逐渐推广，国外的很多建筑师及建筑院校都在进行相应的建筑实践。1994年，时任哥伦比亚大学建筑学院院长的伯纳德·屈米成立了"无纸建筑工作室"（Paperless Design Studio），其主要研究项目便是数控加工技术。在屈米的领导下，无纸建筑工作室抛弃了传统的"笛卡尔网格"设计方法，直接利用计算机强大的建模功能进行建筑形态研究，探索设计过程的无纸化。格雷格·林恩作为彼得·埃森曼的学生，其20世纪90年代中期在哥伦比亚大学的早期数字化教学实践实际上影响了一代美国建筑学生。有趣的是，肯尼思·弗兰姆普敦同时也在该校历史与理论方向任职，但当时他的传统建构思想虽然影响世界，却无法与格雷格·林恩的计算机数字化设计教学融合。虽然后来格雷格·林恩远赴西海岸的UCLA任教，但历史还是

9.1.2　建筑数控加工的发展历程

图9-2　历史上第一台数控设备

证明了弗兰姆普敦的传统建构思想最终被延展到数字化时代。

1998 年，尼尔·格申斐尔德（Neil Gershenfeld）在麻省理工学院开设了一门名为"How to make（almost）anything"的课程，向学生介绍制造领域的数字革命与先进的工业级制造设备，使学生能够按照需求定制产品。后来，尼尔·格申斐尔德发起了新型开放创造实验室 Fab Lab，一个几乎可以制造任何产品和工具的小型工厂，目前在全球拥有数百家认证机构。

在建筑界，弗兰克·盖里、格雷戈·林恩等数字建筑先锋，对数字设计与建造技术在建筑创作与生产中的重要性进行了深入探索。盖里事务所自 1989 年起便开始采用 CAD、CAM 等流程，这在开发迪士尼音乐厅的建筑系统时得到了充分的应用与测试（图 9-3）。

在新的数控加工技术支持下，格雷戈·林恩打破机器时代"大批量生产"所带来的"标准化"状况，开始探索通过"批量定制"（custom fabrication）将"复杂性"概念转化为建筑生产的新模式，在统一性与唯一性、共性化与个性化之间寻找平衡点[5]。

随着尼尔·林奇数字建构（digital tectonic）理论的提出，数字与建造由最初的二元对立逐渐走到了一起。在无纸建筑工作室所取得的成就的激励下，一些青年建筑师很快成熟起来，被称为数字建筑师（digital architects）活跃于当今建筑界，如丽莎·岩本（Lisa Iwamoto）、本纳赫·弗兰肯（Bernhard Franken）、FOA 建筑事务所（Foreign Office Architects）、纽约 CAP 设计小组（Contemporary Architecture Practice）以及 dECOi 设计小组等。与盖里一样，他们借鉴汽车、飞机、造船等制造领域的技术成果来进行数控设计建造研究，并逐渐形成一种新的建筑潮流影响世界。与盖里

图 9-3 迪士尼音乐厅三维模型（左）与建成效果（右）

不同的是，他们从设计开始就利用电脑进行三维建模，没有传统的草图绘制过程，电脑的建模能力成为建筑师探索建筑形态的源动力之一，实现了建筑从设计到建造全过程的数控化。

工业机器人在建筑领域的应用将建筑学与机械工程、计算机科学、材料学等多学科领域相融合，无疑是建筑数控加工的一次伟大变革。不同于如 CNC、3D 打印、激光切割等数控建造工具，工业机器人的特点在于其多功能性（versatility）或者说"通用的"（generic），通过更换工业机器人末端效应器（手爪、工具等）便可执行类型迥异的作业任务，不仅带来了数字建造技术的飞跃，同时也正在启发新的数字设计方法论[6]。借助机器人参数化编程工具，建筑师可以直接从设计模型中对机器人的建造过程进行模拟与控制，将设计和建造过程重新整合为一个整体（图 9-4）。

ETH 的 ITA 研究所的新型自由形式木屋顶结构"序列屋顶"（the sequential roof）（图 9-5）由桁架式机器人平台预制生产，是机器人生产模式的早期示范案例（图 9-6）。空间木构装配（Spatial Timber Assemblies）项目由 487 根木梁和 2207 个螺钉相互连接，分为 6 个模块，其中最大的一个模块宽 3.6m、长 8.1m、高 2.8m，包括 3 个平面组件——两面墙体和一个天花板。这些模块和部件都是在数字化工厂中预制完成的。这些项目展现了机器人制造工作流程能够将不同阶段的建造程序一体化，使得算法生成的结构能够在现场持续稳定地被制造出来，也体现了从概念设计到方案落地的数字化建造流程在未来建筑产业的发展潜力。

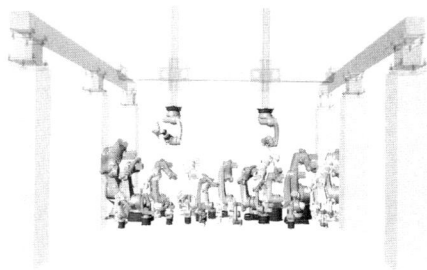

图 9-4　机器人参数化模拟

图 9-5　ETH 的 ITA 研究所的木屋顶结构"序列屋顶"

图 9-6　"序列屋顶"的机器人组装

9.1.3 建筑数控加工的工作流程

在建筑学理论界，建构与数字化曾经是两个水火不容的理论体系，建构学者认为，数字化对建筑设计的影响是与以手工艺传统为依托的诗性建构相悖的，而数字化设计早期也因为其夸张的表现和不可建造性给人以非物质化的印象。但随着数字化技术的进步，计算机辅助设计及建造的建筑作品如雨后春笋般涌现，原先只存在于幻想中的形象从纸面上跳出，成为一个个标志性的建筑实体。参数化技术的出现进一步确立了数字化与建构学是可以相辅相成的一对"搭档"。参数化是对传统建筑设计思路和过程的一种优化和整理，不仅不会破坏原有的设计环节，还可以把建筑师从繁琐的重复劳动中解放出来，更专注于创造性的设计。而且参数化可以同时为标准化建筑设计批量加工和非标准化建筑设计应用提供平台，这一适应性使得参数化建构理论的应用范畴进一步扩大。

建筑设计模块化的构建研究对研究设计方法有指导性作用。我们用不同的分类方式研究建筑设计模块化成型方法，数控加工手段成为此研究的主要考虑因素。我们按照数控加工技术的需要，把设计流程分为两大类：一是从建筑的"实体"出发，将"实体"分解成"构件"，进而成型整个形体—即所谓"化整为零"。这种建构成型的方式是通过"切分"来实现的，"切分"的对象可以是"表皮"，也可以是"结构"。对结构体的切分，主要是为了便于对"结构单元构件"进行加工、运输与安装。譬如，通过对钢结构"构件"的定义与加工，可以实现整个建筑的组装。并且通过对单元结构体的"构件放样"与"钢板放样"，实现了对单元体的精准数控加工。当然，这种思维也可以运用在低成本构件上。AADRL 十周年展亭正是通过切片构件的组装完成的（图 9-7）。

图 9-7　AADRL 十周年展亭

二是从建构的"基本单元体"出发，组织出建筑的整体结构或整体表皮——即所谓"化零为整"。这类设计一般都有最基本的建构单元体，建构的成型方式通常为"叠加"，"叠加"的对象为表皮或结构（有时表皮就是结构），单元体的形式可分为均质单元体和非均质单元体。在这样的分类方式下所发展出的建筑设计思想可以更切实际地指导参数化建筑设计，使设计更接近当下数控加工需求。例如，Your Sukkah 项目通过圆管的堆砌获得室内外界限模糊的空间效果（图9-8）。

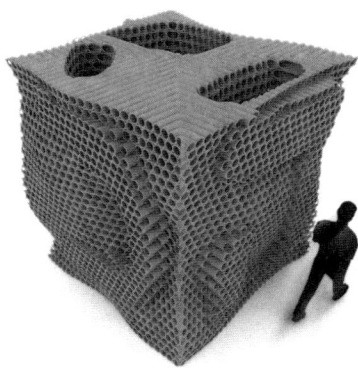

图 9-8　Your Sukkah 项目

建筑数控加工的工作流程通常包括以下几个步骤：设计、编程、设备准备、加工和后期处理。

（1）设计：首先，设计师利用计算机辅助设计（CAD）工具进行设计，创造出所需的建筑元素模型。

（2）编程：然后，设计师或工程师使用计算机辅助制造（CAM）软件，将 CAD 设计转换成数控设备可以理解的语言，即 G 代码。

（3）设备准备：在设备准备阶段，工程师会在数控设备上设置相应的工具和材料，然后加载 G 代码。

（4）加工：数控设备根据 G 代码的指令，进行切割、雕刻等操作，以制造出设计好的建筑元素。

（5）后期处理：最后，对制造出的建筑元素进行清理、检查和安装等后期处理。

图 9-9　巴塞罗那的圣家堂

巴塞罗那的圣家堂（Sagrada Familia）建筑的部分细节使用了数控加工技术，例如复杂的雕刻和柱子的制作（图9-9）。在这座气势磅礴的教堂中，设计师使用数控加工技术创造出非常复杂的设计元素。例如，柱子上细腻的花纹和图案。数控设备能够精确地根据设计师的 CAD 模型进行加工，创造出生动、细腻的艺术品。

墨尔本的皇家儿童医院（Royal Children's Hospital）立面设计充满了创新（图9-10）。设计师利用数控切割技术在建筑立面的金属板上创造出复杂的图案。这些图案形状各异，有的曲线柔美，有的线条明快，给人带来视觉上的享受。这种精确、复杂的图案切割几乎无法通过手工实现，数控设备却能够轻松应对。

图 9-10　墨尔本的皇家儿童医院立面

BIG 建筑事务所设计的英国蛇形画廊项目在数控建造与组装技术上进行了进一步的探索（图9-11）。由于每个部分都需要精确的尺寸，设计师使用数控加工技术制造出每一个部件，然后再进行组装。这种方式保证了组装过程的精确度和效率，从而保证了整体设计的完整性和美观

图 9-11　BIG 建筑事务所设计的英国蛇形画廊

性。这些案例都充分体现了数控加工在建筑领域的应用价值。无论是在提高效率、质量，还是在扩大设计的可能性上，数控加工都展现出了其强大的优势。

9.2 建筑数控加工技术与方法

如今已在建筑业广泛应用的数控加工设备可以分为二维和三维两大类。其中常见的二维加工设备包括：

（1）激光切割机（laser cutter），可以通过对薄片材料（如木板、有机玻璃板等）进行镂空切割，雕刻完成建筑构件的剖切面及立面的制作。

（2）等离子电弧切割机（plasma-arc cnc cutting），是利用高温等离子电弧的热量使工件切口处的金属局部熔化（和蒸发），并借高速等离子的动量排除熔融金属以形成切口的加工工具。

（3）水切割机，又称水刀切割，是一种利用高压水流切割的机器，在电脑的控制下能任意雕琢工件，而且受材料质地影响很小，甚至可以切开 38cm 厚的钛金属。

（4）数控冲床（CNC punch machine），主要针对板材，能过模具，能做出落料、冲孔、成型、拉深、修整、精冲、整形、铆接及挤压件等。

常见的三维设备包括：

（1）三维激光扫描仪（three-dimensional laser scanner），是通过激光测距原理（包括脉冲激光和相位激光）瞬时测得空间三维坐标值的测量仪器，利用三维激光扫描技术获取的空间点云数据可快速建立结构复杂、不规则的场景的三维可视化模型，省时省力。

（2）数控弯管机（CNC bending machine），可以对结构构件进行弯折，操作简单，移动方便，是常用的弧形弯曲构件的加工工具。

（3）数控机床，在建筑中多用于模型与模板的制作，能够对金属、工程塑料等材料进行加工，三轴机床主要用于平面轮廓切割，五轴机床则可以直接加工三维立体构件。

（4）机械臂（robot arm）是一种代替人手在三维或二维空间中的某一点进行操作的数控技术，能够进行精确的定位及替代具有一定危险的加工作业。

（5）3D 打印机（3D printer），其工作原理与传统打印机极为相似，可以对粉状塑料进行分层凝固成型，最终实现三维立体成型。

随着建筑师越来越多地使用复杂的几何形状进行设计，对已成型的三维物体进行切片的方法一次又一次地被证明是一种有效的数字建造技术。该建造方式不是直接生产复杂表面本身，而是将复杂形体拆解为一系列断面的组合，同时断面可以是各个方向的，最终目的是通过放样连接完成形体建造。这种建造方式是对飞机和船舶制造工艺的借鉴，通过多个方向上的一系列拟合形体外轮廓线的断面曲线作为结构构件，支撑起整个建筑。这种方法也可以用在表皮与饰面的建造，以及建筑构筑物或展品的设计制造中。切片结构可以采用数控 CNC 或激光切割金属进行加工，有效地简化了复杂曲面和结构的生产过程。格雷戈·林恩是最早尝试数字切片结构的建筑师之一。1995年在纽约艺术家空间的展会中，林恩采用简单的平面材料建造了由动态过程衍生出的复杂设计，从塑料板上切下的平行截面覆上三角形的聚酯薄膜面板，形成连续的曲线体量（图 9-12 ）。

由 SHoP Architects 设 计 和 建 造 的 "沙丘"（Dunescape）是一个景观装置（图 9-13），由一系列平行堆叠的规格木材建造而成，通过边缘轮廓隐含的视觉连续性来拟合曲面形式。在设计过程中，首先按照给定木材的厚度确定切分间距，对数字模型进行剖切

9.2.1 切片建造

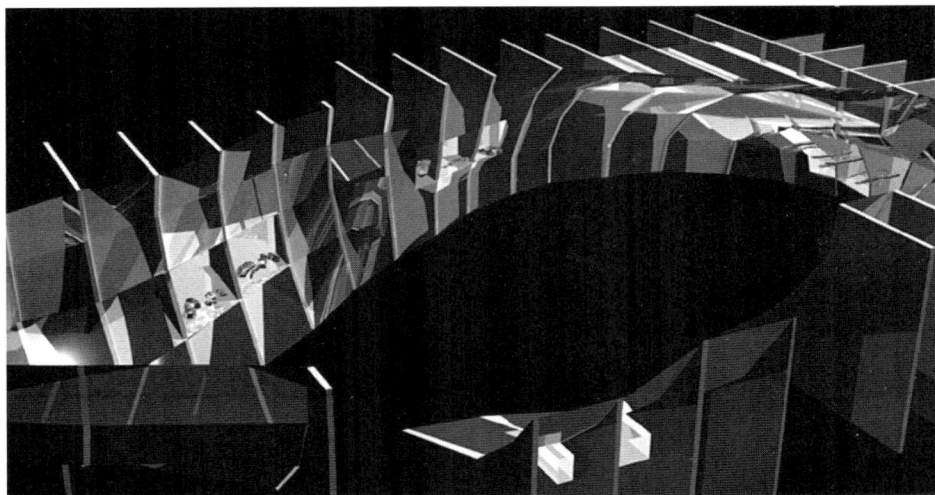

图 9-12　林恩采用简单的平面材料建造了由动态过程衍生出的复杂设计

图 9-13　Dunescape 景观装置

（图 9-14）。然后将数字信息输出为一对一的模板图纸，可以直接用来指导每根木构件的布置和定位。该项目阐述了数字建造工具和切片工艺的高效性和适用性，尤其是在实现高度精确的建筑部件的快速生产方面，通过小规模的实验和探索，展现了未来在更多大尺度项目上的正式实施该方法的可能性。

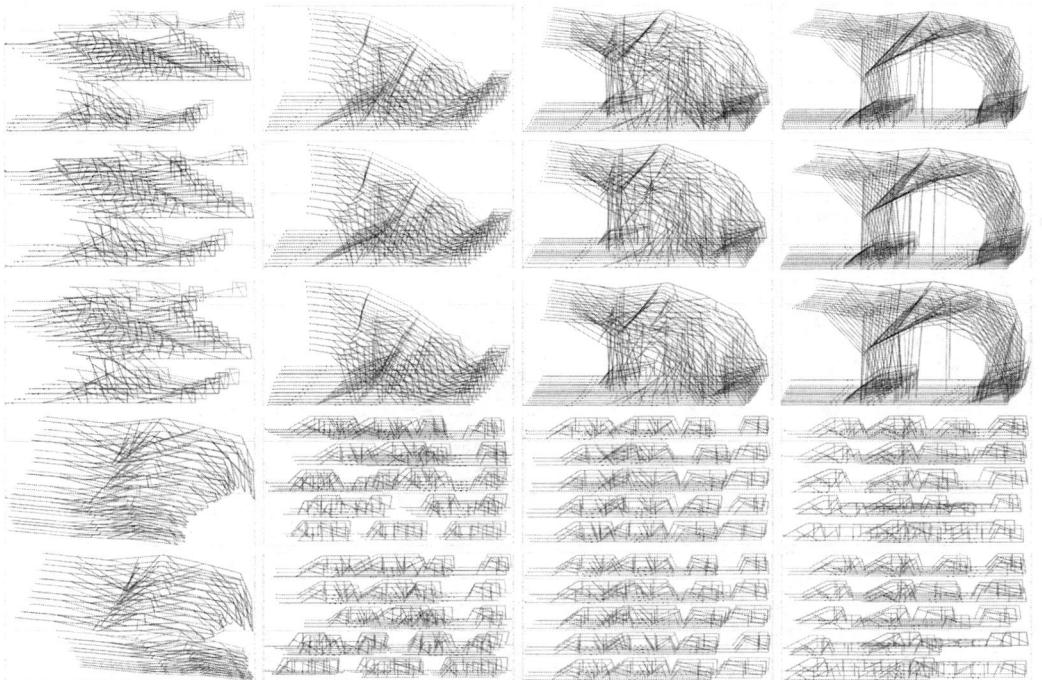

图 9-14　Dunescape 切片模型

曲面细分或镶嵌是一种用一系列部件拼接成连续的平面或表面的建造方式。从古罗马和拜占庭帝国的马赛克，到哥特式大教堂的彩色玻璃窗，世界各地都可以看到镶嵌。之后随着数学与几何学的发展，这种使用较小表面单元不留任何空隙地组成较大曲面的密铺过程，逐渐演化成了较为系统的镶嵌方法。

在数字建模中，网格（mesh）通过细分得到的多边形单元来拟合平滑表面。因此，细分网格的建模逻辑本身就是一种镶嵌曲面。在基于几何性能的参数曲面细分中，Catmull-Clark 算法（图 9-15）提供了一种最基本的方式，并影响了几乎所有计算机三维图形的显示机制，以控制图形的渲染表现过程及不同曲面属性的转化。

对不规则曲面或渐变表皮的离散化也是数字建造实践的一种重要方式。例如，2009 年创盟国际建筑事务所的绸墙项目采用空心混凝土砌块体为建造单元，通过砌块角度的参数化控制力图表达具有丝绸质感的立面效果（图 9-16）。

结构细分也是建造拱壳等空间结构的重要方式，通过参数化设计方法在结构表面上排列不同形态的结构单元，以应对建筑的结构性能需求，并利用数字建造技术进行单元的批量定制化加工，从而实现结构性能化建构。

折叠是一种将平面材料转变为三维结构的技术方式。平面材料被折叠后可以获得刚度，用于结构支撑，因此折板技术常被用于大跨度结构中，如巴黎奥利机场的飞机库（图 9-17）。在建筑中，折叠结构可以用于创造具有灵活

9.2.2 曲面细分

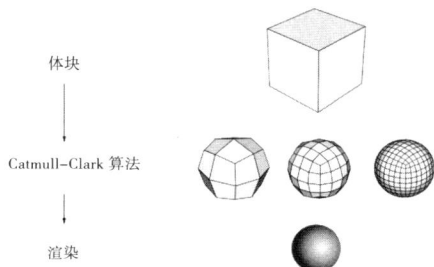

图 9-15　Catmull-Clark 算法细分建模

图 9-16　绸墙

9.2.3 折叠

图 9-17　巴黎奥利机场的飞机库

性、可变性和可适应性的建筑形态，以适应不同的使用需求和环境条件。数字模拟、机器人弯折等数字建造技术的出现为折叠结构带来了新的可能性，曲线折板等复杂折叠结构可以被精确模拟与建造。需要注意的是，折叠结构在建筑中的应用需要考虑到结构的稳定性、材料的耐久性、运动的可靠性和维护的复杂性等问题，因此需要进行详细的设计和测试。此外，折叠结构的制造和维护成本也可能较高，需要进行经济评估和可行性分析。

9.2.4 轮廓加工

数控铣削等数字建造技术使用来自数字模型的工具路径，通过一系列轮廓线加工逐步将材料雕刻成目标形态，是数字加工的核心方式之一。二维轮廓铣削主要针对木板材的外形加工，根据设计在平面板材上铣出所需工件的外轮廓或内部开口。三维体量铣削是通过从毛坯中去除多余材料逐层实现所需曲面或体量造型的过程。一般分为两步，首先利用大直径平头铣刀进行粗铣，去除大量毛坯，然后用小直径铣刀或球头铣刀进行曲面半精铣和精铣。

三维轮廓加工也常用于雕刻建筑构件中的复杂节点和细部。例如，2014年数字未来夏令营"反转檐椽"项目（图9-18）采用五轴CNC进行榫卯节点的数字化加工，对传统木构建筑文化进行重新演绎。

数控加工技术的发展将推动我国建筑产业的升级与发展、提升我国建筑建造的水平。同时，数控加工技术的学科属性使我们认识到"建筑学""机械制造"以及"数字化技术"等多学科的融合与技术创新极富潜力的发展前景。首先，数字建造工具的参与激发出了更多关于结构体系与材料性能的可能，对新型结构体系与新型建筑材料的研发和使用将势必成为数字建造发展的一个重点。其次，

图9-18 2014年数字未来夏令营"反转檐椽"项目

数控加工技术无疑为完成从设计流程、设计体系、设计数据、设计思想上提出的实施创意、转换信息、创造对接提供了有利的条件。深化 BIM 协同设计管理平台建设、强化建造构件生产与设计概念衔接的环节、规范设计建造的行业管理流程，能够丰富我国建筑形态设计与建造能力，为缩短施工周期、提高施工精准度、降低造价探索新的发展路径。最后，数控加工技术应用于建筑领域无疑是一次革命性的转变，它将深化并拓展建筑学本体发展的内容，并对提升我国未来城市建筑开发水平与国际竞争力产生深远影响。

9.2.5 三维打印

建筑 3D 打印，是指利用 3D 打印技术直接制造建筑构件或整个建筑的过程。它是数字化制造技术在建筑领域的应用，可以快速、精确地实现建筑物的制造和建造。与传统建筑相比，不仅具有更高的材料和建造效率，还具有低碳、绿色、环保的特点。当前，建筑 3D 打印技术还存在一些挑战，如打印设备的规模和速度限制、材料选择和性能问题、打印精度和表面光滑度等问题，需要进一步研究和发展。但可以预见的是，随着技术的不断进步和应用的不断拓展，建筑 3D 打印将在未来发挥越来越重要的作用，带来更多的创新和变革。

美国南加州大学（University of Southern California）与美国宇宙航天局合作研发的轮廓工艺（Contour Crafting）技术，将 3D 打印技术应用于建筑行业，运用高密度、高性能混凝土进行大尺度层积建造，在世界范围内带来了深远影响。2010 年，意大利恩里克·蒂尼（Enrico Dini）教授发明了 D-Shape 打印设备（图 9-19），可以以细骨料和胶凝料为打印材料，在喷射的黏合物上喷洒沙子，通过一层层的黏合物和沙的结合，形成高强度的空间形态，可用建筑材料打印出高 4m 的建筑物。

图 9-19　D-Shape 三维打印

第 10 章　建筑机器人技术

10.1　建筑机器人简介

10.1.1　建筑机器人的内涵

建筑机器人包括"广义"和"狭义"两层含义。广义的建筑机器人囊括了建筑物全生命周期（包括勘测、营建、运营、维护、清拆、保护等）相关的所有机器人设备。狭义的建筑机器人特指与建筑施工作业密切相关的机器人设备，通常是一个在建筑预制或施工工艺中执行某个具体的建造任务（如砌筑、切割、焊接等）的装备系统。

根据建筑机器人在建筑全生命周期内的使用环节和用途，机器人又可以分为前期调研机器人、建造机器人、运营维护建筑机器人、破拆机器人。本节从建筑学的角度出发，主要关注于建筑建造机器人。

10.1.2　建筑机器人的优势与特征

在建筑工程领域中现场施工的复杂度远远高于工厂结构化生产的环境，因此建筑机器人所需要面临的问题比工业机器人复杂得多。建筑机器人本身相较于工业机器人有更多独特的技术特点：

首先，建筑机器人需要具备较大的承载能力与作业空间。在建筑施工过程中，智能建造机器人需要操作幕墙玻璃、混凝土砌块等建筑构件，因此对机器人承载能力提出了更高的要求。

其次，在非结构化环境的工作中，智能建造机器人需具有较高的智能性以及广泛的适应性。在施工现场，智能建造机器人不仅需要复杂的导航能力，还需具备在不同环境下的工作能力、避障能力。

再次，智能建造机器人面临更加严峻的安全性挑战。在大型建造项目，尤其是高层建筑建造中，智能建造机器人任何可能的碰撞、磨损、偏移都可能造成灾难性的后果，因此需要更加完备的实时监测与预警系统。

最后，建造机器人与制造业机器人的不同还在于二者在机器人编程方面有较大的差异。工业机器人流水线通常采用现场编程的方式，一次编程完成后机器人便可进行重复作业，这种模式显然不适用于复杂多变的建筑建造过程。智能建造机器人编程以离线编程为基础，需要与高度智能化的现场建立实时连接以及实时反馈，以适应复杂的现场施工环境。

利用建筑机器人替代传统建筑行业里面的人工，具有诸多优势，包括以下几个方面：

（1）提高工作效率：建筑机器人能够执行各种重复性和繁重的任务，如搬运重物、挖掘、清理和焊接等。

（2）增强安全性：建筑机器人可以在危险或高风险环境中执行任务，减少人工操作员的风险。例如，在高楼外墙的清洁和维修工作中，建筑机器人可以代替人类操作员，降低意外发生的可能性。

（3）提高质量和精度：建筑机器人在执行任务时能够提供更高的精度和一致性。它们能够准确测量、切割和组装建筑材料，确保产品的质量和尺寸符合要求。

（4）适应性和灵活性：建筑机器人可以根据不同的任务和需求进行编程和配置，具有较高的适应性和灵活性。

（5）降低人力成本：使用建筑机器人可以减少对人力资源的依赖，从而降低人力成本。

（6）数据收集和分析：一些建筑机器人配备了传感器和摄像头，可以收集建筑现场的数据。这些数据可以用于分析和优化建筑流程、改进设计和施工过程，并提供决策支持。

（7）协作和协调能力：建筑机器人可以与其他机器人和自动化系统进行协作和协调，实现更高级的任务和工作流程。

总的来说，建筑机器人的优势在于可以提高工作效率、增强安全性、提高质量和精度，可以适应不同任务和环境、降低人力成本，具备数据收集和分析能力以及协作和协调能力。这些特征使得建筑机器人在现代建筑行业中具有广阔的应用前景。

在制造业领域，新一轮技术革命的核心是信息物理系统，即物理与信息领域的高度交叉与整合。随着微型传感器（Sensor）、处理器（Processing Unit）、执行器（Actuator）等系统被嵌入设备、工件和材料中，以工业机器人为代表的制造业工具开始获得识别、监测、感知以及学习能力，逐渐实现智能感知、系统运行与组织能力的全面升级。互联网、人工智能、机器学习与机器制造的链接大大提高了工业制造过程的智能化水平，为生产技术的第四次飞跃开启了大门。

10.1.3　建筑机器人发展现状与趋势

近年来，越来越多的数字建造团队专注于数字化设计和机器人技术开发，推动传统建筑行业的产业化升级。Greyshed 设计研究实验室、Machineous、RoboFold等建筑机器人企业，通过为建筑业提供急需的软件、硬件工具，不断缩小理论模拟和实际生产之间的差距。

建筑机器人建造技术的发展离不开建筑机器人的快速推广与更新。这种具备精确信息传输技术的设备可以加工形态高度复杂的几何构件，完全超越了传统机械制造的能力与精确度。2014 年 11 月，德国库卡（KUKA）机器人公司在中国国际工业博览会上首次发布了他们的第一款自由度轻型灵敏机器人 LBR iiwa。另外，随着精密制造硬件的进一步发展，人们逐渐把目光投向建造过程的人机协作。人机协作机器人在给人带来方便的同时，也能完成更复杂、更精确的任务。目前，各大硬件制造商纷纷推出新型的人机协作机器人应用于生产制造当中：瑞典通用电气布朗·博韦里（Area Brown Boveri，ABB）在 2014年 3 月推出了首款人机协作的 14 轴双臂机器人 Yumi，丹麦优傲机器人公司（Universal Robots）也推出了UR 系列协作机器人，图 10-1 展示了目前市面上常见的协作机器人。

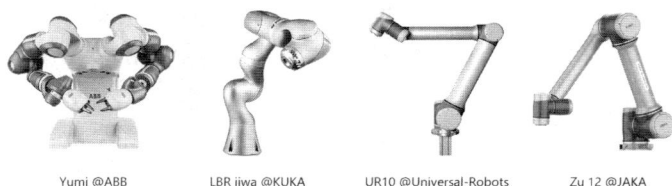

| Yumi @ABB | LBR iiwa @KUKA | UR10 @Universal-Robots | Zu 12 @JAKA |

图 10-1　常见的协作机器人供应商及其标志性产品

从技术上讲，建筑机器人发展呈现四大趋势：第一，人机协作。随着对人类建造意图的理解、人机交互技术的进步，机器人从与人保持距离作业向与人自然交互并协同作业方面发展。第二，自主化。随着执行与控制、自主学习和智能发育等技术的进步，智能建造机器人从预编程、示教再现控制、直接控制、遥控等被操纵作业模式向自主学习、自主作业方向发展。第三，信息化。随着传感与识别系统、人工智能等技术的进步，机器人从被单向控制向自己存储、自己应用数据方向发展，正逐步发展为像计算机、手机一样的信息终端。第四，网络化。随着多机器人协同、控制、通信等技术的进步，机器人从独立个体向互联网、协同合作的方向发展。机器人的技术发展为其在建筑领域奠定基础，通过在施工环境建立信息互联，实现实时调整工作、更换工具、切换任务，响应不同工作环境变化，从而实现智能化的建筑柔性建造机制。

建筑机器人主要的发展方向体现出功能、性能、艺术、科学四个价值导向。

（1）从功能价值导向来说，建筑机器人以"机器换人"为目标，开发适宜的机器人建造设备与工艺来取代传统工人高重复性工作项目。建筑机器人的研究发展，不仅可以提高劳动效率、避免资源浪费，还对解决建筑业高度依赖人力资源的落后现况、推动建筑业转型智能建造具有极其重要的意义，能有效提升国家智能建造业竞争力。

（2）从性能价值导向来说，在建筑设计建造流程中，利用智能建造机器人可以实现传统工艺难以实现的创新工艺技术，并将建筑设计一体化的流程与新工艺整合到建筑形态与结构设计之中，为工程与建筑领域带来新的展望。

（3）从艺术价值导向来说，在建筑学领域，建筑师通过机器人开发独特的计算性设计建造能力，将材料性能、结构性能及建造工艺相整合，制造了一系列具有前瞻性和高度艺术性的建筑作品。

（4）从科学价值导向来说，在建筑工程领域，建筑机器人的研究还关注极端的非结构环境。沙漠、月面等极端复杂恶劣环境正在为系统研发智能感知、生形设计以及自主无人建造提供典型研究场景。探索极端环境建筑智能设计与自主无人建造，为建筑机器人领域提出科学问题、发现科学理论、建立内在机制与揭示发育规律等提供了重要机遇。

10.2 建筑机器人共性技术

10.2.1 建筑机器人工作原理

建筑机器人的工作原理可以根据具体的任务和功能而有所不同，一般的工作流程包括：

（1）传感器感知和环境识别：建筑机器人通常配备多种传感器，如激光扫描仪、摄像头、超声波传感器等，用于感知和获取周围环境的数据。这些传感器可以帮助机器人识别障碍物、测量距离和尺寸，并获取与任务相关的信息。

（2）数据处理和决策：建筑机器人将传感器获取的数据输入到内部的计算系统中进行处理和分析。通过使用算法和模型，机器人能够对收集到的数据进行解释和理解，并基于预先设定的规则和条件作出相应的决策。

（3）动作执行和控制：根据决策结果，建筑机器人会相应地执行动作。它们可能搭载各种执行机构和工具，如机械臂、挖掘铲、焊接枪等，用于完成具体的任务。机器人的控制系统会发送指令和信号来控制执行机构的运动和操作，完成相应的工作。

（4）协作和通信：一些建筑机器人可以通过网络和其他机器人、自动化系统或人类操作员进行协作和通信。它们可以共享信息、协调动作，或者接收远程指令和控制，以实现更复杂的任务和工作流程。

（5）数据记录和分析：建筑机器人还可以记录和存储执行任务过程中的数据，包括任务完成时间、工作质量、传感器数据等。这些数据可以用于后续的分析、优化和决策，帮助改进建筑流程和提高机器人的性能。

10.2.2 建筑机器人装备共性技术

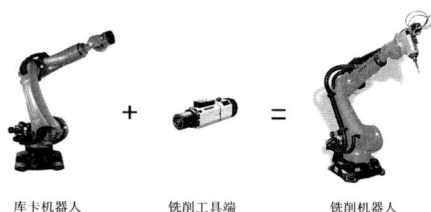

库卡机器人　　　铣削工具端　　　铣削机器人

图 10-2　铣削机器人构成原理图

建造机器人装备技术主要分为三个部分，分别是感应器、处理器和效应器。感应器是机器人接收外界信息的媒介。处理器是指可以对接收到的信息进行处理的设备，可以是很小的单片机，可以是工业自动化中常用的可编程逻辑控制器（Programmable Logic Controller，PLC）。执行器是机器人系统的执行终端，决定了具体建造工艺，机器人本体和工艺工具端都属于效应器。如图 10-2 所示，库卡机器人装配了铣削工具端，即成为铣削机器人。

工业机器人拥有成熟的控制系统，用来控制机器人在工作空间中的运动位置、姿态和轨迹等。定制开发机器人、机器人工具端的控制器依据其功能不同而不同，常用的控制器包括 Arduino 等单片机，主要用于简单系统的控制。PLC 则常用于工业环境中的机器人系统控制。

机器人本体作为执行机构，为建造提供空间运动与精确定位能力，而不同的工具端赋予了机器人不同的功能。工具端与机器人经过系统集成，即产生了铣削机器人、焊接机器人等不同功能的机器人。常见的工业机器人工具端执行器还包括抓手、钻头、锯、铣刀、焊枪、吸盘等。机器人平台对工具端的开放性给建造带来了无穷无尽的可能。建筑师可以依据特定需求定制不同的工具，从而对传统建造工艺进行革新，图 10-3 展示了典型的建筑机器人加工场景及其配备的不同的工具端。

切割工具　　　　　　　缠绕工具　　　　　　　打印工具

铣削工具　　　　　　　弯折工具　　　　　　　砌筑工具

图 10-3　配备不同建造工具端的工业机器人

在建造中，传感器可以用于多源、多尺度的建造信息的感知——针对设备、工件、环境三方面内容，进行全方位、多层次的实时感知与监测。针对不同的感知目标，传感器的类型多种多样，常用传感器类型包括视觉传感器、触觉传感器、惯性传感器、激光传感器等（表 10-1）。

为了突破机器人臂展空间的局限，机器人移动技术通过为机器人配备移动机构，大大提高机器人的活动范围，扩展机器人工作空间。在预制建造环境中，轨道式机器人——即以地面轨道、桁架等不同类型的导轨为引导的

传感器类型、原理、感应信息与应用场景　　　　　　　　　　　表 10-1

传感器类型	原理	感应信息	应用
触觉传感器（Tactile Sensor）	电容式；压电式；压阻式；光学式	接触力、面积、位置	人机协作（HRC）；物体抓取；质量监控
视觉传感器（Visual Sensor）	CCD 或 CMOS 成像	图像	人机协作（HRC）；导航；机械臂控制；装配；机器人编程
激光传感器（Laser Sensor）	飞行时间（Time of Flight，ToF）；三角测量；光学干涉	距离、位移	人机协作（HRC）；导航；机械臂控制
编码器（Encoder）	光电式；磁式；电感式；电容式	角位移	导航；机械臂控制
接近传感器（Proximity Sensor）	电容式；电感式；光电式	物体接近	人机协作（HRC）；物体抓取
惯性传感器（Inertial Sensor）	航位推算（DR）	加速度、角速度、方位角	导航；机械臂控制
扭矩传感器（Torque Sensor）	电感式；电阻应变	扭矩	人机协作（HRC）；物体抓取；机器人编程
声学传感器（Acoustic Sensor）	电容式	声音信号	人机协作（HRC）；焊接
磁性传感器（Magnetic Sensor）	霍尔效应	磁场强度	导航
超声波传感器（Ultrasonic Sensor）	飞行时间	距离	避障

机器人平台，可以有效增大机器人本体在特定方向上的移动范围。而在施工现场则需要无固定轨迹限制的机器人移动技术，轮式、履带式移动具备良好的现场移动和越障功能，机器人移动平台与机械臂等执行系统结合，可以在各类复杂环境下完成多样化的建造任务。

机器人硬件装备系统、机器人移动技术通过系统集成可以形成多样化的建筑机器人装备平台。例如，2016年，同济大学与上海一造科技有限公司采用桁架式机器人移动技术与吊挂式机器人联合研发了机器人预制建造平台，ETH 机器人建造实验室也采用了类似的配置。在现场移动建造机器人方面，MIT 媒体实验室（MIT Media Lab）开发的数字建筑平台 DCP 在大尺度移动装备端部安装了一台六轴机械臂，能够在现场进行大尺度的建筑结构建造[1]。机器人公司 FastBrick 开发的移动机器人 Hadrian X 则面向大尺度砌筑结构的现场自动化建造开发。ETH 研究团队开发的现场建造机器人 In-situ Fabricator[2]、同济大学开发的移动木构建造机器人是中型尺度机器人平台的典型代表。

10.2.3 建筑机器人控制共性技术

从系统与控制的角度来看，建筑机器人控制系统可以分解为传感器、控制器与执行机构。建造机器人与施工场地构成一个动态系统，为了满足建筑施工准确性的要求、实现机器人的精确加工和灵活建造，在设计机器人构架系统时需要掌握自动控制原理。其核心是传感器将系统的输出结果及环境状态反馈给控制器处理，从而指示执行器进行操作（图 10-4）。

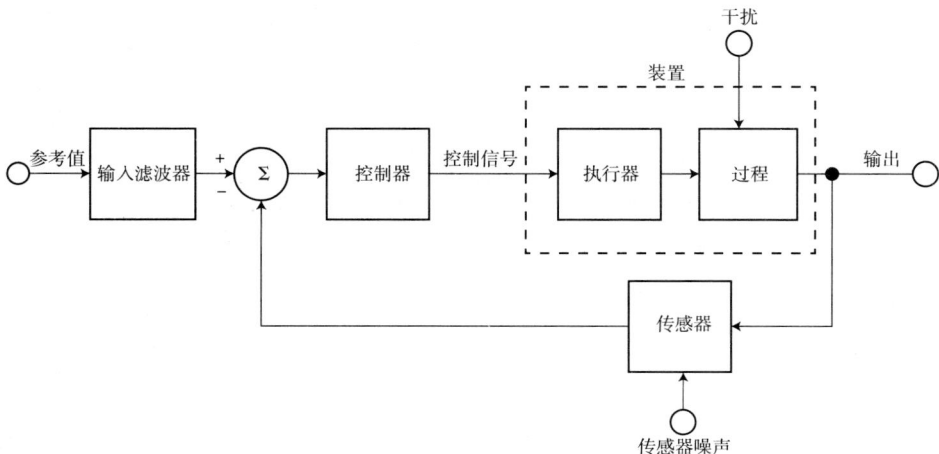

图 10-4　基本反馈系统的工作流程图

一般而言，智能建造机器人都是从特定工艺出发进行硬件集成，在开发时需要充分了解建造生产流程、工艺特点、上游设计需求等，与建筑、结构、测量等专业密切相关。基于这些信息，再进行功能定制、设备选型、机构设计和集成，使多样的设备连接成为一个复杂的网络、相互配合完成建造任务，这又与机械、电气等专业相关。

从开发者角度来看，设备的集成会从原型机开始，从实验过渡到实战，从研究转向生产实践。由设计和施工行业发掘和总结问题，进行初步实验。这要求设计师除了了解建造工具与建造过程、从工具创新的角度推动设计与建造的整合，还要具备开发"原型"建筑机器人的能力，同时推动跨学科的"产—学—研"综合研究路径，使研究成果能够切实地为施工建造提供便利与新的可能性。

在建筑建造中，机器人运动控制、模拟与工艺编程是机器人控制的基础内容。随着建筑机器人建造需求的增长，多种面向建筑师的开放型机器人编程软件开始进入建筑师的工具库，其中既有针对特定机器人品牌的编程工具，如面向 KUKA 机器人的 KUKA|prc 和为 ABB 机器人使用者定制的 Taco，也有支持多品牌机器人的编程平台，如 HAL 机器人架构（HAL Robotics Framework）。这些机器人编程工具大多集成在 Rhino、Grasshopper 平台上，能够与建筑师设计几乎无缝衔接。

此外，建筑建造中的许多建造任务是单一机器人难以胜任的，多机器人协同（Multi-robot Coordination）是处理复杂任务的有效途径。建筑机器人多机协同建造技术指的是多个机器人同时在同一建筑项目中工作，并通过高度协调的方式共同完成建造任务。这种技术依赖于复杂的算法和通信系统来确保机器人之间的精确同步和合作，从而有效地执行如搬运、组装、焊接或混凝土浇筑等多样化的建筑活动。通过实时的数据交换和协调，这些机器人能够动态地适应工作环境的变化，优化施工过程，提高建造速度和质量，同时降低人力需求和安全风险。建筑机器人多机协同建造技术是智能化建筑发展的前沿，它代表了建筑自动化和智能化的新阶段。

机器人协同建造技术也为集群建造概念提供了技术可能。图 10-5 所示的是 2011 年由 ETH 研究团队开发的实验建造项目"飞行组装建筑"（Flight Assembled Architecture）项目，这是第一个通过飞行机器人组装的建筑装置[3]。该装置使用了大量自主协同作业的无人机进行建造，用约 1500 个泡沫模块组装了一个 6m 高的塔式结构。

图 10-5 "飞行组装建筑"项目

10.3 建筑机器人建造工艺

建筑机器人建造工艺主要包括增材、减材、等材三类建造工艺，具体包括建筑机器人木构工艺、建筑机器人砖构工艺、建筑机器人混凝土工艺、建筑机器人塑料工艺、建筑机器人金属3D打印工艺、建筑机器人纤维工艺等内容。

10.3.1 建筑机器人增材建造工艺

建筑机器人增材建造工艺通常指建筑机器人3D打印工艺，根据所采用的材料的不同，不同工艺流程存在些许区别，但大体遵循以下几个步骤：

（1）设计：使用计算机辅助设计（CAD）软件创建或调整所需的建筑构件的3D模型。这个模型将用作打印过程的输入。

（2）切片：将3D模型分解为一系列薄层切片，形成3D打印机可理解的指令。

（3）打印：将切片指令输入到3D打印机器人，根据指令逐层堆积材料，有些工艺需要使用激光束或其他热源熔化或固化材料粉末，形成一层一层的打印结构。

（4）支撑结构移除：某些材料3D打印过程可能需要添加支撑结构来支持悬空的细节或防止变形。完成打印后，这些支撑结构需要被移除。

（5）表面处理：最终的建筑构件可能需要进行后处理操作，如去除残留粉末、抛光、喷涂等，以达到所需的表面质量和性能。

基于上述工艺流程，建筑机器人增材建造技术在塑料、混凝土、金属等领域得以快速发展，形成了丰富的机器人增强建造工艺。

1）建筑机器人塑料工艺

塑料作为一种成本相对低廉且可塑性极强的原材料，是最受欢迎的打印耗材。在建筑领域中，两种主流的机器人塑料打印工艺分别是机器人层积打印工艺和机器人空间打印工艺。

（1）机器人层积打印工艺的成型原理与工业三维打印机非常相近，高温熔融热塑性高分子材料由挤出头挤出，机器人带动工具端运动，熔融的线状物可以准确地勾勒出一条打印路径。在建造领域中，机器人的层积打印技术通常用于大尺度构件的打印作业。2017年上海同济大学建筑城规学院展出了全球首座机器人改性塑料

（Modified Plastic）打印步行桥，该桥就是由机器人层积打印工艺完成的。

（2）机器人空间打印工艺是近年来发展的一种新工艺，不同于层积打印工艺依靠截面切片的思路来处理打印路径，空间打印路径是一个三维空间的网格系统。因此，在打印结构设计上拥有更强的灵活性及创新性。2017年，英国伦敦大学巴特莱特建筑学院（UCL Bartlett School of Architecture）的设计计算实验室（Design Computation Lab，DCL）利用机器人空间打印技术制造了一把由复杂的空间曲线组成的三维"像素"椅子[4]（图10-6）。

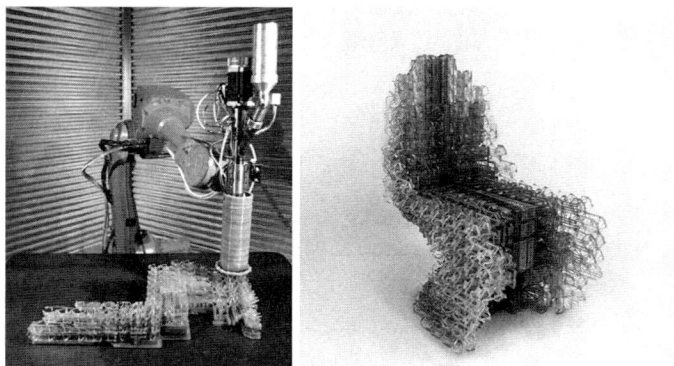

图 10-6　机器人空间打印的"像素"椅

2）建筑机器人混凝土工艺

建筑机器人混凝土建造的工艺主要分为两大类。

第一类是机器人混凝土打印，机器人的精确定位配合机器人混凝土打印的末端执行器来实现混凝土的三维打印成型。ETH 研究团队在 2.5 小时的时间内采用桁架机器人打印了 2.7m 高的 3D 打印混凝土，大大提高了复杂混凝土结构的建造效率。

同济大学与皇家墨尔本理工大学建筑学院联合开展的"机器人力学打印"项目应用了由上海一造科技有限公司开发的一种新型 3D 打印混凝土技术，以不均匀和不平行层积的方式打印，结合预应力钢筋拉结，实现了空间结构的混凝土打印[5]。图10-7展示了该项目构件的打印场景。

第二类是建筑机器人建造模板、模具成形工艺。在这一方面，Mars Pavilion 项目探索了机器人控制的柔性织物模板作为经济有效的混凝土生产方式的可能性。Mars Pavilion 是由一系列三叉分支单元组成，结构中没有两个

图 10-7　"机器人力学打印"项目中应用的不平行层积式打印方法

图 10-8　Mars Paviliion 项目

组件是相同的，但机器人操纵的织物套筒创建了一个可调节的模具，能够适应结构体中所有的构件形态变化[6]（图 10-8）。

　　智能动态铸造（Smart Dynamic Casting）是苏黎世联邦理工学院研究团队将传统的滑模铸造技术与机器人建造技术相结合开发的混凝土建造方式[7]。传统滑模工艺中液压千斤顶由 6 轴机器人代替，从而允许结构通过机器人控制的滑模轨迹动态成形（图 10-9）。

图 10-9　"智能动态铸造"项目中应用的滑模工艺

3）建筑机器人金属 3D 打印工艺

金属 3D 打印，也称为金属增材制造（Metal Additive Manufacturing）或金属 3D 打印技术，是一种通过逐层添加金属材料来制造金属零件或构件的先进制造技术。它与传统的金属加工方法（如铸造、铣削、车削等）不同，后者通常是通过去除材料来形成最终的零件形状。

金属 3D 打印利用计算机辅助设计和计算机辅助制造技术，将设计的数字模型切割成薄层切片。然后，通过逐层堆积金属材料，使用激光束、电子束或其他热源来熔化或固化金属粉末，使其与前一层或基底层粘合，逐渐构建出最终的金属零件。

对于建筑建造而言，机器人金属 3D 打印最大优势体现在机器人的空间运动能力带来的大尺度复杂结构建造，是普通的金属 3D 打印机无法实现的。同济大学团队在 2018 数字未来活动中通过机器人金属焊接式打印实现了跨度约 11m 的步行拱桥（图 10-10）。

图 10-10　由同济大学团队完成的金属焊接式打印桥

4）建筑机器人砖构工艺

砖作为人类最古老的建筑材料之一，它的建构文化属性在当代建筑实践中依然受到很多建筑师的青睐。在数字设计工具与建筑机器人技术发展当下，砖的砌筑方法已经不再局限在传统丁顺式的组装框架下，旋转、渐变、错缝等更多非线性的砌体形式逐渐走进人们视线。同时，结构有限元技术和性能模拟技术的日益成熟也可以实现更具有逻辑的砌筑流程。通过使用机器人砖构技术，可以凭借其自身优势，显著减少对人力、物力及时间的消耗。同时，和传统人工砌筑相比，机器人可以连续高效工作的属性为砌筑时所需要的大量重复的取砖、抹灰、砌筑等动作提供了良好的支撑。通过编程，砌体的参数化模型可以转变为建筑机器人可识别的代码，从而精确地完成所需的复杂砖构形态。

2013年，哈佛大学设计研究生院（GSD）对陶土砖的机器人大规模定制方法进行了研究（图10-11）。一台机器人线切割工具被整合在传统的砌体生产流水线上，无需颠覆性地改动现有流水线，便可连续批量化地生产出形态各异的直纹曲面非标准砌块，实现了新颖的装饰效果和成本效益。

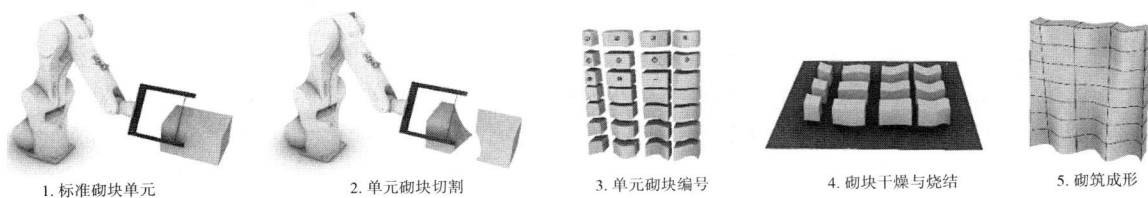

1. 标准砌块单元   2. 单元砌块切割   3. 单元砌块编号   4. 砌块干燥与烧结   5. 砌筑成形

图 10-11　陶土砖的机器人大规模定制工艺流程

位于乌镇"互联网之光"博览中心园区主展馆东侧的水亭（图10-12），是数字化设计和机器人砖构一体化的一次实践。为了保证砌筑的准确性和时间成本，所有的砖墙由机器人进行批量定制生产，现场预制完成后所有墙体可以直接进行吊装，在短短的一周内便成功完成了自由渐变的整体形式。在2020年完成的江苏园博园的城市展园丽笙精选酒店项目中（图10-13），项目用远小于常规砖墙砌筑砂浆层的超薄型4mm砌筑砂浆，使得每 m² 的砂浆使用量降低为常规墙体的1/3，并且墙体更加平整细腻。

图 10-12　水亭项目

图 10-13　南京丽笙精选酒店

木材作为一种天然可再生的绿色建材，在未来建筑产业化发展中具有极大的潜力。机器人建造技术在非标准木构件的成形加工、复杂节点定制生产，以及复杂结构的辅助搭建等领域拥有巨大潜力。当前，机器人木构工艺主要包括木材切割工艺、木材铣削工艺、木材辅助建造工艺、机器人木缝纫等。

（1）建造机器人木材切割工艺

锯切是木材切削加工中应用最广泛的一种加工方式。木工锯切工具种类繁多，既包括框锯等传统手工工具，电圆锯、曲线锯、链锯等电动工具，也有带锯机、台锯等机械工具。机器人锯切工艺，将传统锯切工艺与机器人的运动能力相结合，用来完成更加复杂、精确的锯切任务，把传统锯切工艺提升到新的维度（图10-14）。

机器人带锯切割是其中最具潜力的切割加工方式之一。带锯以环状锯条绷紧在两个锯轮上，沿一定方向做连续回转运动，以进行锯切的锯木机械（图10-15）。带锯机效率高而锯路小，广泛用于木材原木剖料、大料剖分、毛边裁切等。通过将带锯与机器人的系统集成，机器人可以实现带锯的切割平面的连续变化，从而切割出复杂的直纹曲面形式。

（2）建造机器人木材铣削工艺

铣削是一种典型的减材建造方法（Subtractive Fabrication），以高速旋转的铣刀为加工刀具对材料进行逐层切削加工。在铣削加工中，被加工木材称为工件，切下的切削层称为切屑，铣削就是从工件上去除切屑，获得所需要的形状、尺寸和光洁度的产品的过程。木材铣削主要包括两个基本运动：主运动和进给运动。主运动是通过铣刀旋转从工件上切除切屑的基本运动。进给运动是通过机器人或加工台面的运动使切屑连续被切除的运动。机器人铣削的进给运动主要通过机器人移动路径的编程来完成。

根据加工对象的不同可以将机器人木构成形铣削分为两种：二维轮廓铣削和三维体量铣削（图10-16）。机器人铣削过程不仅需要建立有关铣削运动、工件组成、刀具参数等基本概念，还需要对刀具切屑方向、回转方向、倾斜角度、刀具与工件稳定性等因素进行综合考虑，以满足加工精度和表面光洁度的需求。

随着现代木结构对产业化升级的迫切需求，传统机械化加工技术难以实现现代木构建造所需的生产力水平。建立在数字化设计与机器人建造技术基础上的木构工艺可以成为现代木结构产业升级的重要支撑。

10.3.2 建筑机器人减材建造工艺

（a）

（b）

（c）

图10-14 常用机器人锯切工具
（a）机器人圆锯；（b）机器人链锯；（c）机器人带锯

图10-15 机器人带锯切割工艺

图 10-16　机器人二维轮廓铣削（左）与三维体量铣削（右）

10.3.3　建筑机器人等材建造工艺

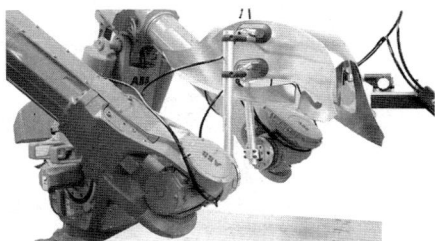
图 10-17　RoboFold 利用双机器人协同技术探索了金属板曲线折弯

图 10-18　机器人协同金属弯折建造

（1）建筑机器人金属弯折工艺

金属弯折工艺是利用金属的塑性变形实现工件加工。目前，金属折弯作业主要使用数控折弯机，可满足大多数工程应用的需要。折弯机器人已经发展为钣金折弯工序的重要设备，折弯机器人与数控折弯机建立实时通信，工业机器人配合真空吸盘式抓手，可准确对应多种规格的金属产品进行折弯作业（图 10-17）。

自动折弯机器人集成应用主要有两种形式：一是以折弯机为中心，机器人配置真空吸盘、磁力分张上料架、定位台、下料台、翻转架等形成的折弯单元系统；二是自动折弯机器人与激光设备或数控转台冲床、工业机器人行走轴、板料传输线、定位台、真空吸盘抓手形成的板材柔性加工线。

除了金属板材外，金属杆件弯折同样是建筑机器人建造研究的重要领域之一。在 2015 年上海数字未来工作营中，罗兰·斯努克斯使用机器人协同技术，建造完成了基于集群智能策略设计的金属杆件结构网络（图 10-18）。

（2）建筑机器人纤维工艺

建筑机器人碳纤维编织工艺是一种先进的制造技术，它利用机器人的精确控制能力来编织碳纤维材料，制造出结构性能优越的建筑构件。这种工艺通过机器人自动化操作，将碳纤维线束按照预定的图案和方向交织成形，形成具有高强度、轻质和高耐久性的复合材料结构。碳纤维的这种应用不仅增强了建筑材料的性能，还允许设计师创造出复杂且具有美学价值的形状和结构。此外，机器人碳纤维编织工艺能够提高生产效率、减少材料浪费，并支持可持续建筑发展，为现代建筑提供了新的设计和施工可能性。

建筑机器人碳纤维编织工艺的核心是将纤维材料按照预设顺序缠绕在模板上。斯图加特大学计算性设计与建造研究所（ICD）在纤维复合材料制造工艺的探索上走在时代前列。2012 年，斯图加特大学 ICD/ITKE 年度展亭第一次采用碳纤维编织工艺进行大尺度结构建筑。此后，ICD 先后对模块化编织技术、双机器人协同编织、机器人现场自适应编织等技术展开研究，并在多个研究项目中得以示范应用，取得了令人瞩目的研究成果（图 10-19、图 10-20）。

图 10-19　斯图加特大学 ICD/ITKE 2014—2015 年度展亭

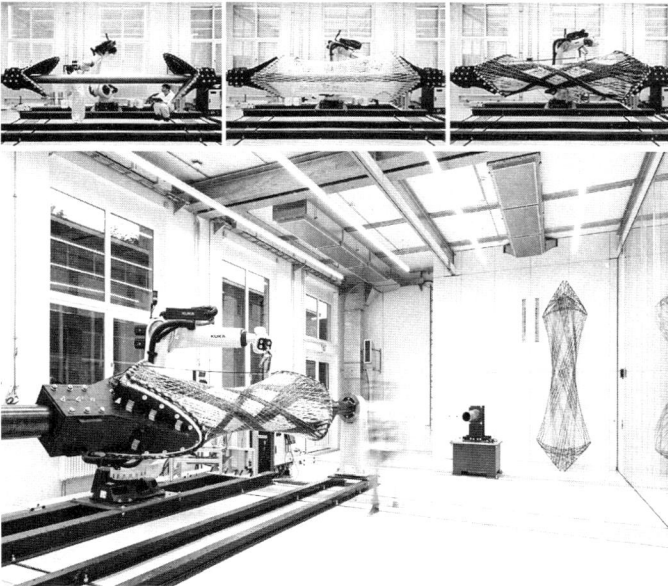

图 10-20　纤维复合物件的机器人编织过程

第 11 章　建筑全息建造技术

11.1　建筑全息建造技术概述

建筑全息建造技术是一项广泛涵盖虚拟现实、增强现实、混合现实、全息投影等多种技术的综合技术发展方向，主要应用于建筑建造领域。随着计算机技术的飞速发展，对物质实体进行"计算性模拟"（computing simulation）的概念逐渐在虚拟环境中得以实现，特别是在游戏领域取得了显著的进展[1]。这种数字化的模拟方法也开始被应用于改造现实世界，以实现更高层次的信息交互。虚拟现实和增强现实技术的发展源于这一共同的思想理念。

增强现实的奠基工作可追溯到 1968 年，由增强现实之父伊万·萨瑟兰（Ivan Sutherland）开发出了人类历史上的第一套虚拟现实系统，被称为"达摩克利斯之剑"（图 11-1）。该系统的显示设备被安置在用户头顶的天花板上，具有将简单线框图转换为逼真的三维图像的能力。1992 年，美国空军阿姆斯特朗研究实验室成功创建了第一个真正可操作的增强现实系统，被命名为"虚拟固定装置"（Virtual Fixtures）（图 11-2）。该系统为空军飞行员提供了远程操纵体验，用于进行高效的飞行训练。

这一领域的进展不仅是技术上的创新，更是对数字化手段如何改变我们与现实互动的深刻思考。通过建筑全息

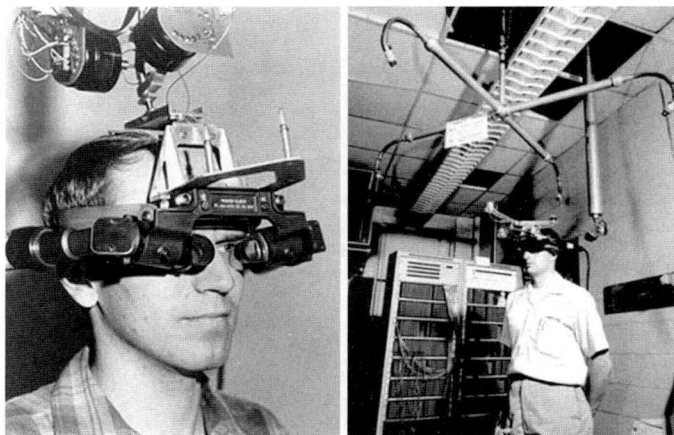

图 11-1　"达摩克利斯之剑"

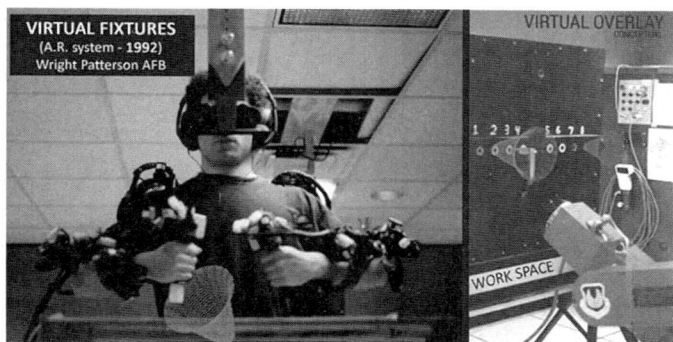

图 11-2　增强现实系统 Virtual Fixtures

建造技术，我们能够在虚拟世界中模拟出真实建筑的空间体验，不仅节省了时间和资源，同时也为设计和交流提供了更灵活的平台[2]。这一技术的应用潜力在于将计算机生成的信息与真实世界相融合，从而创造出更丰富、交互性更强的体验[3]。未来，随着科技不断演进，建筑全息建造技术有望在建筑领域发挥更为深远的作用，为我们的生活和工作带来全新的可能性。

建筑全息建造技术（Holographic Construction）是一种创新的建筑技术，它利用全息投影技术和虚拟现实技术，将现实世界和虚拟世界融合在一起，以实现建筑物的设计、建造和可视化。它不仅提供了前所未有的设计和建造工具，还为建筑行业带来了巨大的潜力和创新。

建筑全息建造技术的核心理念是通过全息投影技术在现实环境中建立建筑模型的三维投影。这种技术利用先进的激光、光学和计算机图像处理技术，将建筑模型以逼真的方式投影到现实环境中，使观察者可以直观地感受到建筑物的外观、尺寸、比例和细节[4]。这种实时的可视化能力使设计师能够更好地理解和传达他们的设计意图，同时也能够及时发现并解决潜在的设计问题。

通过建筑全息建造技术，建筑师可以将他们的设计概念转化为实际的三维模型，并即时查看其在真实环境中的效果。这种实时的可视化能力为设计过程带来了更高的效率和精确度，设计师可以立即观察到设计变化对建筑物外观和空间布局的影响，从而快速进行调整和优化。此外，建筑师还可以与客户共同参与建筑模型的实时编辑和评估，促进更好的设计沟通和决策。

建筑全息建造技术还可以创造出更加沉浸式和交互

11.1.1　建筑全息建造技术的内涵

式的设计体验。设计师和工程师可以通过虚拟现实技术进入一个虚拟的建筑场景，对建筑模型进行实时的编辑、调整和评估[5]。他们可以自由移动、观察和互动，感受到建筑物在真实环境中的存在感。这种协作方式打破了传统设计和建造中的时间和空间限制，提高了团队合作的效率和质量。

建筑全息建造技术对于建筑行业具有重要的意义和潜力。首先，它可以加速建筑项目的设计和建造过程。传统的建筑设计和施工需要花费大量的时间和资源来创建模型、制定方案和解决问题。而通过建筑全息建造技术，这些过程可以更快速地完成，从而缩短了项目的周期和成本。通过实时的可视化和沟通，设计师和工程师可以更好地协作和协调，减少延误和误解[6]。

其次，建筑全息建造技术提供了更好的设计可视化和沟通手段。传统的设计图纸和模型可能无法真实地呈现建筑的外观和感觉，而建筑全息建造技术通过真实的三维投影使设计更加直观和生动。设计师可以通过全息投影技术直接观察到设计的细节和比例，感受到空间的流动和光影的变化。这使得设计师能够更准确地表达自己的设计意图，同时也让客户更容易理解和接受设计方案。

再次，建筑全息建造技术为创新设计和建筑形式的实现提供了可能。通过全息投影技术，建筑师可以实现更加复杂、独特和创意的设计。他们可以探索新的建筑理念和表现方式，突破传统的设计限制[7]。建筑全息建造技术使得建筑师能够更自由地尝试新的设计理念和建筑形式，推动建筑行业向更加可持续、创新和美学的方向发展。AR技术通过在真实环境中叠加虚拟信息，使用户能够在实时场景中获得数字化的建筑模型和指导。在建筑数控加工中，增强现实技术可以为操作人员提供实时的加工指导和反馈，使其更准确地操作数控设备。通过 AR 技术，操作人员可以看到虚拟的工具路径、加工过程和操作指令，从而提高加工的精度和效率。

最后，建筑全息建造技术作为一种新兴的建筑技术，为建筑行业带来了巨大的潜力和创新[8]。它通过全息投影和虚拟现实技术的应用，提供了更好的设计可视化和沟通手段，加速了建筑项目的设计和建造过程，推动了建筑行业的发展和创新[9]。尽管目前还存在一些挑战，但随着技术的进一步发展和普及，建筑全息建造技术将在未来发挥越来越重要的作用，并为建筑行业带来更多的可能性和突破[10]。

建筑全息建造技术是一项集成了多种高新技术的建筑施工方法，包括全息投影、虚拟现实、增强现实信息建模等技术。它改变了传统的建筑设计与施工流程，实现了从设计、施工到管理的全过程数字化，提高了建筑质量和效率，减少了资源和能源的消耗。

全息技术起源于 20 世纪 40 年代，最初应用于信息存储和显示领域。直到 20 世纪 90 年代末，随着计算机技术和数字成像技术的发展，全息技术开始被应用于建筑领域，主要用于建筑设计的可视化展示。这一时期，全息技术在建筑行业中的应用还非常初步，主要限于建筑模型的展示和设计方案的演示。

随着计算机技术的飞速发展，特别是以扎哈·哈迪德为代表的先锋派建筑师利用数学公式和计算机辅助设计软件将流线型的几何形体运用到了建筑设计的场景中，引领了建筑设计界的参数化设计浪潮。大量新奇的设计方案涌现，这些设计方案难以用二维图纸清晰表达，也难以用传统营造方法搭建，进一步推动了机械臂智能建造和增强现实辅助建造等研究方向的产生。

机械臂通过多个关联轴的平移或转动来精确定位建造物体的位置与姿态，增强现实技术通过将虚拟信息精确叠加到真实世界中，来实现同样的功能。相比于机械臂，增强现实技术增强了人类不擅长的精准获取环境几何度量信息的能力，同时保留了人类擅长的自动避障、路径规划、协同合作等能力。这些能力得以实现的基础，是相机自身位置与姿态的确定，而这又恰恰是计算机视觉研究领域的重点内容。

计算机视觉研究领域取得的重大突破，使得相机画面的畸变参数能够被方便地标定，从而实现了基于二维图像计算出准确的长度度量信息的功能。就职于微软公司的张正友博士于 2000 年的一篇论文中详细讲述了该算法的原理与实现方法。在此后十几年的时间中，计算机视觉领域进入了蓬勃的发展期：AprilTags、AruCoMarker 等视觉定位基准码被研究出来，基于视觉的三维建图与定位技术逐渐成熟。

随着这些技术的不断进步，增强现实领域也在经历着革命性的变化。增强现实（AR）技术改变了我们对现实世界的感知。虚拟现实（VR）、增强现实和三维建模技术的兴起，建筑全息建造技术开始进入技术融合阶段。在这一时期，建筑师和工程师开始利用 VR 和 AR 技术对建筑项目进行模拟和预览，这不仅提高了设计效

11.1.2　建筑全息建造技术的发展历程

率，而且还帮助施工团队更好地理解设计意图和施工要求。进入 2010 年代以后，随着 BIM 技术的普及和发展，建筑全息建造技术开始进入成熟应用阶段。BIM 技术的应用使得建筑项目从设计到施工的每一个环节都实现了数字化管理，极大地提高了建筑项目的效率和质量。全息技术与 BIM 技术的结合，使得建筑全息建造不再局限于建筑设计的可视化，还能够实现施工过程的实时监控、施工方案的模拟演练以及施工资源的优化配置，大大提升了建筑施工的智能化水平。

詹姆斯·佳贝特（James Garbett）和他的团队在 2019 年利用数据库和网络通信技术，开发了一个面向设计工作流的多人增强现实（AR）系统（图 11-3）。该系统的核心在于使用共享大屏来展示多个二维码，这些二维码能够被多个增强现实设备识别。通过这种方式，多个用户可以在同一个增强现实环境中互动，并且他们能够在 AR 场景中添加虚拟注释[11]。

图 11-3　基于数据共享的多人增强现实交互设计

大卫·希尔科克（David Silcock）等人在 2020 年将增强现实技术应用到城市街区设计中（图 11-4）。他们使用了多目标识别的增强现实系统，确保在摄像机的视野范围内可有多个二维码被识别。通过预先定义好每个二维码，使用者能够实时观察到不同建筑物的组合效果。他们指出，这种方法可以很大程度上提高非专业人士在街区设计中的参与度[12]。

图 11-4　增强现实场景中的建筑物组合效果

乌维·维斯纳（Uwe Woessner）等人在 2021 年针对手术室设计开发了一款增强现实应用程序。手术室设计是一项复杂的规划任务，为了寻找最佳解决方案，来自众多专业的专家要共同参与规划过程。因此，他们提出了一种将 BIM、虚拟现实、增强现实和计算流体动力学模拟联系起来的技术方法，以供使用者进行交互测试和布局优化（图 11-5）。该方法已被应用于一家拥有 33 间手术室的医院设计中[13]。

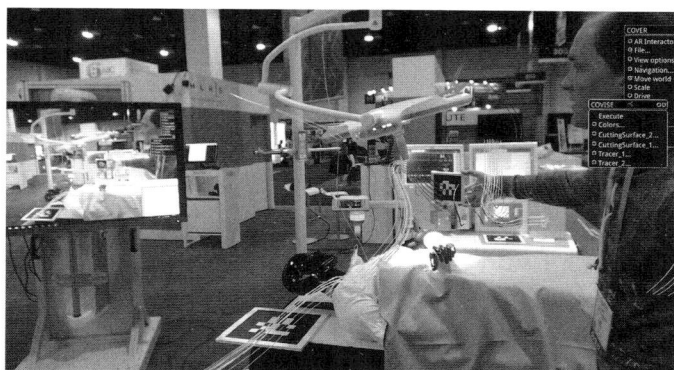

图 11-5 增强现实辅助手术室布局设计

从上述案例可以看出，建筑全息建造技术是建筑领域一项富有前景的创新技术，通过数字化手段改变了设计、建造和交流的方式。其在增强现实、虚拟现实和全息投影等方面的应用为建筑行业带来了前所未有的可能性，加速了设计和建造的过程，提高了效率和精确度。然而，技术挑战和应用难点仍需不断攻克，建筑全息建造技术的未来发展仍有待深入研究和推动。

11.2　建筑全息建造技术与方法

11.2.1　虚拟现实辅助建造技术

21 世纪以来，一系列虚拟现实引擎、头戴式虚拟现实设备的相继发布使虚拟现实技术不再局限于专业的研究机构，为虚拟现实技术在建筑领域的应用创造了条件。虚拟现实等技术通过计算机仿真来创建虚拟世界，并提供与现实世界交互的接口，为建筑产业带来了全新的表现方式。

虚拟现实（VR）、增强现实（AR）、混合现实（MR）等技术都是虚拟现实技术的分支或外延，技术相似但能力不尽相同。虚拟现实通过佩戴设备，利用电脑模拟三维虚拟世界，呈现给用户全封闭与沉浸式的虚拟环境，并加入听觉以及触觉等感官体验；增强现实将虚拟的物体、场景或系统信息叠加至真实的环境中，虚拟画面与真实环境可同时体验；增强现实将 VR 和 AR 的各个方面混合在一起，合并现实和虚拟世界而产生的三维实时互动式可视化环境。虚拟／增强现实在数字建造领域中的应用主要包括对于传统手工建造过程的引导作用，以及对机器人自动化建造过程的辅助与交互。

对建筑师和设计师而言，增强现实（AR）技术自设计阶段起便展现了其作为工具的巨大价值。它不仅能够验证多样的设计形式以获得客户及相关方的认可，还能帮助非设计专业人士理解建筑的布局功能，如空间比例、场地定位、景观视角以及材料与装饰的搭配。增强现实在此领域的应用极为出色，因为它使人们能够在实际施工前"预览"现场。

众多应用程序支持这种设计的可视化，其中包括建筑师萨哈尔·法理（Sahar Fikouhi）开发的 ARKi。ARKi 能将桌面模型和实际尺寸的三维模型融入现实环境，并且与 Revit 等其他软件兼容。这款应用是目前最为强大的 AR 设计工具之一，提供了能够锚定于真实空间中的三维模型动态动画。用户可以对建筑物进行缩放、绕某一点进行旋转，甚至在分层的轴测图中对其进行拆解。此外，ARKi 还提供了丰富的材料纹理、内置阴影及光线分析功能，相较于其他多数应用更适合公众使用，允许通过社交媒体或电子邮件分享模型。随着 AR 技术的不断进步，每个模型所能包含的数据也越来越丰富，这不仅增强了模型模拟现实世界的准确性，也使得模型本身更加实用。

在 2021 年，巴勃罗·班达佩雷斯（Pablo Banda-Pérez）团队通过沉浸式虚拟现实（RVI）创建了沉浸式虚拟环境（EVI），来评估建筑项目的数字建造方法。通过网络或局域网将模型发送到 Unity 2019 游戏引擎开发的应用程序中，以构建 EVI、分配材质以及碰撞网格。在该过程中，使用者可以在 EVI 中自由导航，体验空间变化，并通过交互式角色交换——包括控制算法参数的控制者和沉浸在虚拟空间中的用户，来加深对设计和建造过程的认识（图 11-6）。

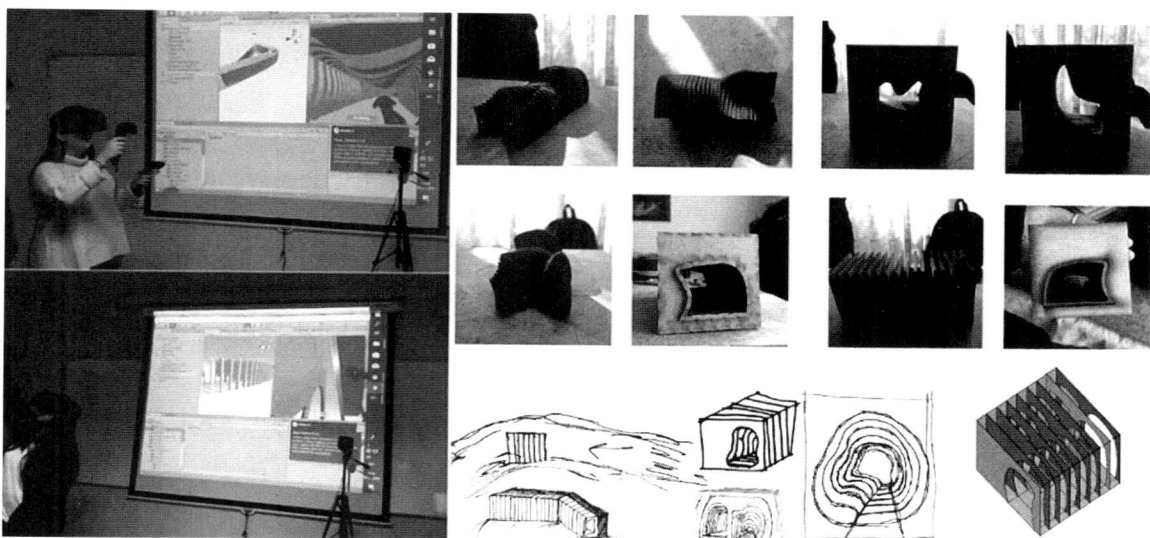

图 11-6 利用 EVI 体验建筑空间

随着数字化和参数化设计方法在建筑领域的普及，建筑师能够更便捷地创建复杂的空间结构。这些方法不仅优化了设计过程，也通过建筑信息系统等工具，改善了复杂构造的管理与沟通。然而，施工现场的装配和建造技术发展缓慢，常因设计与实施阶段的脱节而依赖传统建造方式，导致成本高昂、效率低下等问题。特别是复杂建筑信息的传递，如精确的空间坐标和非标准部件的装配流程，往往难以直观展现给施工者。增强现实（AR）技术，通过将虚拟信息投射到现实环境中，为这一难题提供了解决方案。它不仅能够将复杂的数字信息与实际施工现场直观关联，还能提高施工精度和效率、降低施工难度。近年来，随着 AR 技术和硬件的进步，其在建筑行业中的应用逐渐成为现实。增强现实辅助建造技术的技术核心主要包括以下几个方面：

（1）实时叠加与交互技术：这是增强现实技术的基础，它通过将计算机生成的图像、视频或者模型实时叠加到用户在现实世界中看到的场景上，可以实现虚拟信息与现实世界的无缝结合。在建筑施工中，这意味着可以将设计图纸或三维模型直观地展示在实际施工现场之上，施工人员可以直接在现场看到设计意图与实际位置的对应关系，极大地降低了解读图纸和理解复杂构造的难度。

（2）空间定位与跟踪技术：为了确保虚拟信息能准确地与现实世界的位置对应，空间定位技术显得尤为重要。这通常涉及多种技术的综合应用，包括 GPS、IMU

11.2.2　增强现实辅助建造技术

传感器、视觉识别算法等。在建筑施工场景中，这种技术可以帮助设备准确地识别用户的位置和视角，确保叠加的虚拟信息与实际施工现场的位置精确匹配。

（3）增强现实硬件设备：包括头戴显示设备、移动设备等，这些设备能够将虚拟信息以图像或三维模型的形式展现给用户。在建筑施工中，使用这些设备可以让施工人员在不离开施工现场的情况下，直观地看到设计模型与实际环境的叠加，提高了施工的精确度和效率。

（4）交互设计与用户体验：增强现实技术不仅是将虚拟信息简单地展现出来，更重要的是要提供良好的用户体验和交互设计。这包括简化的操作流程、直观的用户界面设计等，确保施工人员能够轻松地使用这项技术，而不是增加额外的负担。

（5）数据处理与集成能力：建筑施工涉及大量复杂的数据，包括设计图纸、结构计算、材料属性等。增强现实技术需要有强大的数据处理能力，能够处理和集成这些复杂的数据，并以易于理解的方式展现给用户。此外，还需要与其他建筑信息模型（BIM）工具和系统兼容，以便于数据的共享和用户的交流。

以伦敦大学学院的 RC9 项目为例，该项目着重于探索增强现实与建造结合的可能，利用可穿戴 AR 设备进行木材、塑性材料、砖石等多种材料与工艺的辅助建造。由巴特莱特建筑学院（UCL）2019 年 RC 9 项目 reBENT 采用经济耐用的 PVC 管为基础材料，通过增强现实（AR）技术辅助管材弯折与编织。

Hololens 中的数字模型直接为现场建造和个性化定制提供全息图指导（图 11-7、图 11-8）。弯曲成形的 PVC 管可以和钢筋编织在一起（图 11-9），共同用作玻璃纤维增强混凝土（GFRC）的模板，从而形成了一种经

图 11-7　增强现实辅助木构搭建

图 11-8　增强现实辅助壳体结构建造

图 11-9　增强现实辅助 PVC 弯折

济高效的复杂混凝土模板建造技术。其中增强现实技术与手工弯折工艺的结合创造了一种新的纤维增强混凝土结构的工艺与系统，为构建复杂形状的混凝土结构带来了更多可能。

2019 年塔林建筑双年展"蒸汽朋克"项目（图 11-10）由 Fologram 团队参与设计和建造。该项目结合木材的蒸汽弯曲工艺与交互式全息建造技术，将标准长度的硬木弯曲、扭曲和编织成复杂的装置。Fologram 用于展馆生产和组装的各个方面，首先用来指导木构件弯曲模板的制作，并将每个经过蒸汽加工的木构件弯折成所需的形状。木条主要通过预先加热以提高柔韧性，再在全息影像中显示的对应位置摆放木方形成模具，然后不断调整木条固定与弯曲的位置，直至木板的弯曲角度与全息影像重合。Fologram 也用来指导 414 个独特的钢支架的弯折，控制钢支架的弯折方向与角度，并最终在现场用来指导构件组装。全息模型为制造者提供了关于成形过程精度的清晰视觉反馈，并允许他们直观地调整材料或模板位置，直到每一块板组装形成的真实结构在可接受的公差范围内。

图 11-10 "蒸汽朋克"项目的增强现实辅助组装过程

11.2.3 混合现实辅助建造技术

在建筑领域，混合现实等技术提供了虚实结合、实时交互的建造可能，带来了一种将人类的反馈敏感性、机器的精准性和材料特性整合在一起的"增强工艺"。增强现实技术也为人与机器人的协作建造提供了新的可能性。德国斯图加特大学利用增强现实技术开发了一种针对木材预制生产中的人机协作建造方式，使建筑工人可以佩戴增强现实眼镜来规划机器人轨迹、调整生产顺序（图 11-11、图 11-12）。

该系统中，用户的输入数据和机器人的反馈数据都通过 ROS 进行交互（图 11-13）。通过数据联动，Rhino 中的机器人模型与 Unity 中的机器人模型的姿态实现了同步，进而将机器人模拟运行状态通过 HoloLens 呈现给使用者。用户直接通过 AR 界面选择、规划和执

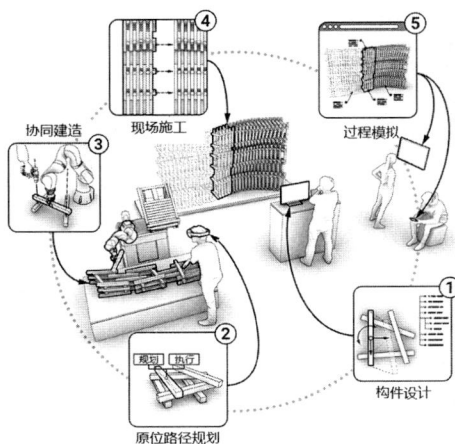

图 11-11 基于增强现实的人机协作工作流程

图 11-12 基于增强现实的人机协作木构建造

行机器人指令，并将诊断和反馈信息叠加到物理空间中（图 11-14）。

增强现实技术也可以用来将机器人建造信息叠加到现实环境中，例如研究人员利用"安全光环"来标识机器人工作区中危险 / 安全区域，使用 AR 技术将机器人"安全光环"与真实环境叠合（图 11-15、图 11-16），用来提高操作人员的安全意识，使人机交互过程更安全。

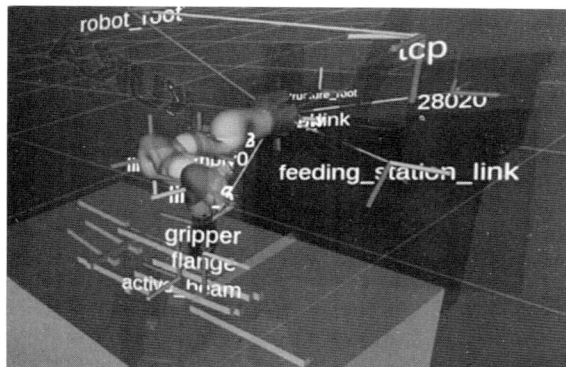

图 11-13 ROS 系统中的机器人路径规划

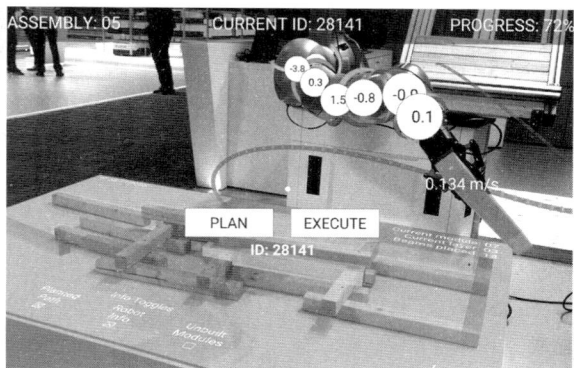

图 11-14 AR 用户界面

图 11-15 机器人工作空间和轨迹点的模拟与可视化

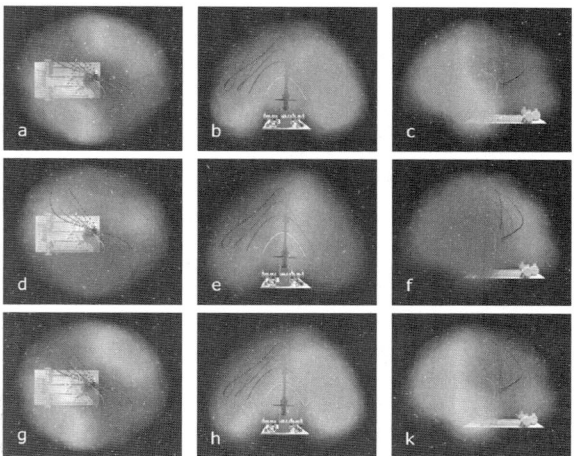

图 11-16 机器人"安全光环"与真实环境叠合

全息辅助建造为数字化建筑建造过程中复杂结构的装配提供了新方法，并为替代复杂传统手工艺提供了更先进的生产模式。然而，现有的全息辅助建造工作流程中仍然存在一些亟待解决的问题。这些问题促使了未来的发展和研究。

11.2.4 全息辅助建造的发展趋势

与所有定位技术相似，在此系统框架下，建造端主要承担着数据接收和处理的角色，全息辅助建造技术同样会面临误差的问题。虽然用户能够通过将虚拟图像与实际建筑进行比较来感知到这些误差，但他们却无法把这些误差信息反馈给设计端，以便进行必要的动态调整。此外，结合外部传感器的使用也可以更有效地实现数据的互补。

当前的增强现实应用需要用户使用能够运行 Rhino 中 Grasshopper 插件的笔记本电脑，以促进数据和模型的实时交换，但这在大多数施工现场并不实际。由于当前 AR 设备的技术限制，装配过程中全息影像会存在精度误差，这也会导致多维信息传递转换过程中出现累计误差，影响最终建造精度。同时，目前 AR 头戴设备价格仍然非常昂贵，对使用者也有较高的技术基础要求，这在一定程度上阻碍了该技术在更多建造场景的拓展。在未来的发展中，通过设备和技术的迭代升级是解决现有问题的必要途径。结合更多轻量化的独立软件，全息系统可以通过减少虚拟项目的精度误差和校对相机坐标的次数来提高准确性。可以预见的是，这种全息辅助建造系统在针对不规则形状的有机材料时，会有很广阔的应用前景。

第 **5** 篇

数字建筑学的
生产流程

第 12 章　建筑信息模型

12.1　BIM 基础概念与工作原理

12.1.1　BIM 基本概念和技术起源

建筑信息模型（BIM）的概念可以追溯到 20 世纪 70 年代。BIM 学者查克·伊斯曼（Chuck Eastman）在他的 Building Description System 中首次提出了建筑模型的概念[1]。建筑模型软件在 20 世纪 70 年代末和 80 年代初问世，"建筑模型"一词最早出现在 20 世纪 80 年代中期的论文中。然而，直到 10 年后，BIM 这一术语才开始流行起来。通过 BIM 在早期阶段和当下的国际标准框架体系的定义，我们可以追溯 BIM 概念的起源和演化过程。伊斯曼在 BIM Handbook 中对 BIM 的描述是："建筑信息模型（BIM）为设计、建设和设施管理提供一种创新方法，使用建筑产品和流程的数字表示来促进数字格式交换和信息互操作性。"[2]

在当今世界上第一部综合性的国际标准 ISO19650 中将 BIM 定义为："利用可共享的建筑资产数字化表现形式，促进设计、施工和运营过程，为决策提供可靠依据"。

随着时间的推移，BIM 的定义不断演变。当前国际标准体系强调数字表示在信息共享中的作用，并将 BIM 明确定位为项目寿命周期中为决策提供可靠依据的资产载体。BIM 的范围逐步扩大，应用也日益丰富。从最初局限于设计、施工和制造的应用，发展至如今涵盖建筑资产管理和运营，逐渐成为建筑行业的核心技术。

传统的建筑设计主要依赖于二维图纸（如平面图和立面图）。而 BIM 则将信息载体扩展到了三维空间，并整合了时间、成本、资产管理、可持续性等方面的信息。因此，BIM 不仅包含了几何信息，还涵盖了空间、地理信息以及建筑组件的属性信息，支持从方案规划到施工运维的全过程协作。

从项目专业人员使用的角度，BIM 使专业团队（规划师、测量师、建筑设计师、结构设计师等）、主承包商、分包商以及业主 / 运营商可以共享标准化的信息。在当前标准化高度发展的进程下，这一过程通过采用 federated BIM model（即整合的 BIM 模型）来实现，将跨越不同专业、不同阶段的方案数据进行整合。

从项目全寿命周期采购和管理的角度，采用 BIM 能够从定性和定量的角度增益或解决采购流程中的重要节点管理问题，采购模式包含 DBB（设计—招标—施工）、DB（设计—施工一体化）、DBO（设计—施工—运营）、PPP（公私合营）以及 EPC（设计—施工总承包）等模式都可以通过使用 BIM 得到效率和质量的提升。根据世界银行所提出的项目采购流程，BIM 在建筑项目采购中的作用可以参照表 12-1：

建筑信息模型（BIM）与建筑工程项目采购核心指标 [3]　　　　　　　表 12-1

阶段	重要采购指标	BIM 功能体现	描述
采购模式筛选阶段	项目规划 / 企划	场地信息	用于确定选址可行性的信息
采购模式评估阶段	定性评估（项目全寿命周期风险管理；合同 / 资产管理；市场兴趣采集；采购效率等）	合规性检查；文件查询；信息交互；模型仿真等	BIM 用于文档和历史资产数据管理提升信息管理质量
	定量评估（设施管理成本，建成成本，运营成本，运输成本，人力资源成本，风险成本，其他成本）	成本分析；工程量分解	BIM 方法有助于优化项目成本结构，并提供实时测量成本的工厂量拆解
可行性分析阶段	可行性分析	成本分析；进度分析	规范项目管理流程，将流程与数据相关联
方案设计 / 管理阶段	招标与竞标过程	信息交互；可视化展示	在招标投标阶段传递工程项目利益相关者的需求
	明确目标需求	信息格式化；信息交互	用计算机可读方式传递项目利益相关者的需求
	项目简介与合同	信息格式化；信息交互	数字化传递工程项目合同目标
	采购过程监管与合同变更	文档管理	提供进度监控与文档管理
采购实施阶段	场地是否具备可用性	测量数据整合；空间分析	将相关信息输入到后续的设计和施工中
	是否智能把控施工进度	施工进度模拟	格式化排工程进度表以减少成本和延迟
	是否有设计缺陷和建成可行性	碰撞检测；合规性检查	提高设计质量并服务于施工管理
	是否具有高质量工艺及技术	进度管理；工程量管理	通过数据管理提高施工质量
	施工安全考虑	合规性审查；虚拟现实	通过交互式的竣工信息和虚拟现实改善施工安全规划
	是否具备设计到施工的技术创新	数据库构建；信息交互	将信息从设计阶段以自动化、标准化的方式传递到施工阶段
	是否能够管理材料 / 人员及设备	基于 CDE 的项目管理平台	实现在公共数据环境下的人员、资产信息管理
	是否能够合理控制施工成本	造价计算；施工模拟	利用标准化数据和模拟方案准确测算施工成本
	是否能够合理控制运营成本	信息交互；运维管理平台	将信息从设计阶段以自动化、标准化的方式传递到运维阶段
	采购完成后是否有剩余资产	资产管理模型	实现在公共数据环境下的资产信息管理

托马斯·斯特尔那斯·艾略特（Thomas Stearns Eliot）在《岩石》的诗集中提出了 DIKW——数据（Data）、信息（Information）、知识（Knowledge）、智

12.1.2　BIM 的核心要素与工作流程

慧（Wisdom）的概念[4]，用以帮助计算机科学领域，特别是从事信息工程研究的人员理解信息传递和知识库构建的结构化问题，提升信息传递的可靠性、逻辑性和知识处理的质量。DIKW 模型为我们提供了一个整体的视角，有助于审视集成性信息管理概念、了解 BIM 的各个层次与核心要素，并更好地利用 BIM 技术。因此，从数据、信息、知识和智慧的角度来审视 BIM，其核心要素可分为数据层、信息层、知识层和智慧层几个方面（图 12-1）。

（1）数据（Data）层是指 BIM 底层的元数据，即以数据模式为载体的数据类型。BIM 的构建过程也是标准化数据形成的过程，可以集成海量的建筑项目数据，涵盖建筑物设计、施工、运营和维护设备等方面的数据。此外，BIM 模型还具有数据库的属性，可通过数据库语言对数据进行提取、分类和转译。

（2）信息（Information）层是指根据应用需求将不同来源的建筑数据集成到一个共享的模型，形成面向专业应用的建筑信息模型。在 BIM 中，信息是对数据进行初步组织的结果。这一过程中，数据被转化为信息，使各方团队可以理解建筑项目中不同专业的需求。

（3）知识（Knowledge）层的意义在于促进跨学科的知识共享。根据知识库的应用，BIM 信息可实现智能化的信息索引和计算。团队成员可以通过共享的 BIM 模型按照项目管理的需要获取专业知识，掌握信息实体之间的关系，进行智能化决策。

（4）智慧（Wisdom）层通过 BIM 数据、项目信息和领域知识的集成，成为数据融合、信息交互和知识管理的核心平台，为项目参与者提供高层次的建筑智慧管控决策，实现可持续性的智慧建筑解决方案。

从 DIKW 的角度来看，BIM 的核心要素为建筑行业的各个阶段提供了全面的支持。BIM 不仅是一个技术工具，还是一个促进知识共享和协作的平台。

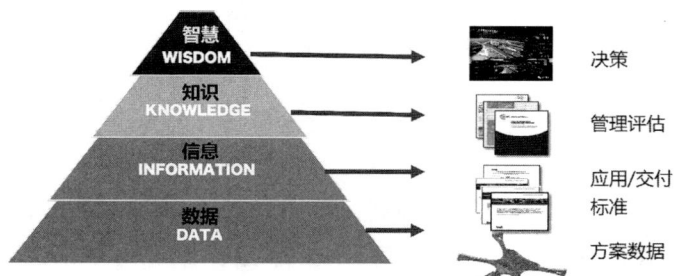

图 12-1　BIM 在当前体系下的核心要素

此外，根据 ISO 19650 中内容，我们可以概括出
BIM 工作流程本身也是数字化工程项目管理的一部分，主
要应该涵盖以下方面：

首先，确定项目需求并指定信息交换要求。项目委托
方确定项目的信息需求，并在此之上制定信息交换要求发
给潜在的项目参与方。

其次，制定并更新 BIM 执行计划。潜在的项目承包
方需要制定 BIM 执行计划，并在项目过程中不断更新，
以反映项目的变化和新的信息需求。

再次，应用 BIM 机制。按照 BIM 执行计划，项目团
队需要在各阶段应用 BIM。在这一过程中，各参与方需遵
循 BIM 执行计划中的信息交换要求和协作要求，确保项
目信息的有效传递和共享。

最后，BIM 交付与验收。在交付阶段，按照 BIM 执
行计划和信息交换要求，项目团队将项目信息、模型和相
关文档提交给委托方，委托方根据验收要求和标准对 BIM
和其他信息进行审核和验收。

BIM 发展至今，其在建筑领域的应用价值主要体现
在软件应用上，如设计建模、方案审查、模型应用以及在
信息交互方面的应用。从建筑行业、建成环境的角度，当
下的 BIM 标准应用可以分为基于 IFC 的通用数据模式标
准体系和基于 ISO 19650 的整合性应用标准体系。

IFC（Industry Foundation Classes，工业基础类）
是一个针对建筑信息模型的通用数据存储模式，它不仅包
含建筑对象的几何形状、属性以及它们之间的关系，还
促进了不兼容程序间的数据共享。从国际协作联盟 IAI
（International Alliance for Interoperability）——国际标
准组织 buidlingSMART 的前身组织在 1997 年发布 IFC
模型的最早应用版本至今，IFC 作为 BIM 软件应用和数
据标准已经更新迭代了若干个版本，促进了建筑工程和建
造行业数据协作的互操作性，并在 2013 年注册为 ISO
国际标准的一部分（ISO 16739）。

在此过程中，buildingSMART International 国际标
准组织负责 IFC 的版本更新、管理与开发，改变了建筑
工程数据构建与传输的基本模式。相当多的发达国家在
其 BIM 行业标准应用上都采纳 IFC 标准，此外，当下主
流的 BIM 软件企业也逐步将 IFC 认证投放到自身软件应
用中，开放不同层面的接口标准来对接 IFC 数据[5]。IFC

12.1.3　国内外 BIM 标准体系概述

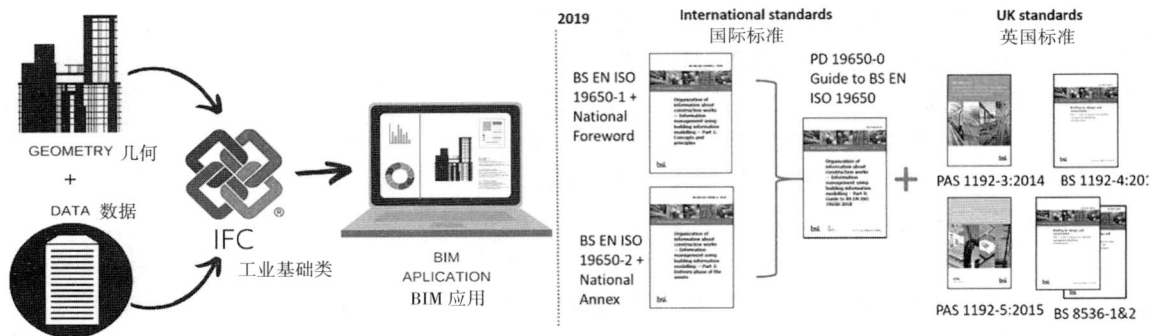

图 12-2　OpenBIM 国际标准应用体系

作为一种通用的、开放的、中立的数据模式，在国际标准组织的推广下衍生出 OpenBIM 应用体系（图 12-2）。OpenBIM 是一种通用的设计和建造方法，为建筑工程（AEC）行业的参与者提供了通用语言的支持，旨在实现开放的工作流程和互操作性，以促进各种软件应用程序之间的无缝协同。

在建筑工程信息管理标准应用方面，在 2018 年发布的 ISO 19650 作为一套 BIM 国际标准，得到了国际标准化组织、建筑工程行业的一致认可和推广。这套标准以信息管理为主体，规范了 BIM 全寿命周期工作流程。该标准体系的起源很大程度上是基于英国标准协会（BSI）在 2016 年出台的 PAS 1192 系列标准、质量管理系统标准 ISO 90001、客户满意度国际标准 ISO 10004 以及协作业务管理系统标准 ISO 44001，是一套整合性、指导性的 BIM 应用标准。经过若干年的实践验证和改进，ISO 19650 标准体系的有效性和先进性得到国际社会的广泛认可，对推动全球 BIM 标准化和互操作性发挥了重要作用。

我国的 BIM 标准也在近十几年来逐步发展。清华大学在 2010 年公布《中国 BIM 标准框架研究报告》，在 2011 发布《中国建筑信息模型标准框架研究》，将标准体系划分为技术标准和实施标准。在此框架的引领下，我国的 BIM 标准体系以建议标准为主（GB/T）进行推行，由住房和城乡建设部发布，涵盖了 BIM 的基本原理、技术规范和应用要求（图 12-3）。在国家标准体系的引领下，地方级标准、行业级标准以及企业级标准也开始逐步确立。整体来说，与欧美不同，中国的 BIM 标准体系是从提高建筑行业的效率和服务质量的角度，探索 BIM 技术的应用和发展。

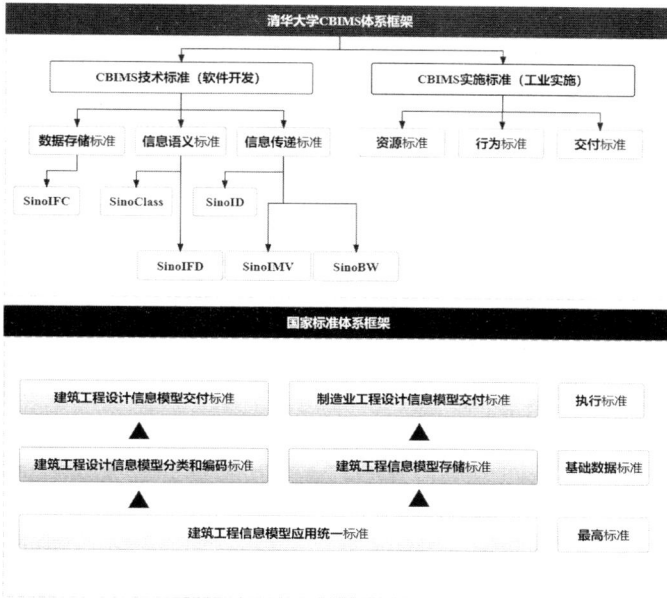

图 12-3　清华大学 CBIMS 体系框架与国家标准体系框架

12.2　BIM 应用技术体系

12.2.1　BIM 通用数据应用技术体系

BIM 通用数据标准应用技术体系主要是为了实现不同软件间的互操作性，使在整个建筑寿命周期中信息能够被有效地共享和管理。这个体系主要包括以下几个部分：

（1）数据模式：建筑信息模型（BIM）的数据表示和交换在建筑工程和施工领域的应用日益普及，并逐渐延伸至市政工程和交通基础设施建设领域。主要的数据表示架构是基于 IFC。IFC 在建筑工程和施工领域中扮演着重要角色，它是建筑及相关信息实体的数据表示集合，具有可扩展性，用于不同软件应用程序和平台之间的信息交换。基于 ISO 10303-21 标准，IFC 以文本行的形式序列化建筑语义和几何信息，用于数据存储和传输，成为 BIM 软件导入和导出建筑对象及属性的国际标准。IFC 定义了基于 EXPRESS 的实体关系模型，包括对象的继承层次结构，可扩展至建筑物、制造产品、机电系统等实体组件，以及抽象的结构、能源分析模型、成本分解、工作计划等。通过促进供应商、设计方和施工运维方之间的数据协同，IFC 可以在各种硬件设备、软件平台和接口上广泛应用。总的来说，IFC 具有智能化、高度可扩展性和广泛通用性等特点。

（2）协作和通信的数据应用方法：一般指 BIM 协作格式（BIM Collaboration Format，BCF），用于在 BIM

应用之间共享和协调信息，实现不同软件应用程序的问题跟踪和协作。BCF 本身是开源的，用于存储和交换 BIM 项目中的问题和注释。它在共享视图、元素选择、用户注释和问题状态等方面发挥作用。通过创建问题，如设计错误和元素冲突等，与问题相关的设计元素得以展示。一旦问题被创建，BCF 文件可以被编辑和更新，然后在软件之间共享，而不必共享整个 BIM 模型。一旦 BCF 文件被导入到其他软件中，其他用户就可以查看问题、提供反馈，逐步解决设计上的问题。

（3）词汇和语义应用框架：一般指 AEC 领域中的国际词典框架（International Framework for Dictionaries，即 IFD），用于组织和管理建筑和建设行业数据的标准方法，提供通用词汇和语义框架。IFD 本身也是 ISO 12006 国际标准的一部分，它提供了统一的方式和语言来描述和管理建筑信息模型（BIM）中的对象和属性，以便实现全球范围内的有效数据交换和协作[6]。

（4）面向产品数据规范化的标准模板：如产品数据模板（Product Data Templates，PDTs），它用于规范化建筑产品数据，使制造商能够清晰一致地描述产品。

（5）项目交付和设施管理数据标准：如通用性强的 COBie（Construction Operations Building Information Exchange），即面向工程运维的信息交换标准，用于捕捉和传递建筑数据[7]。

（6）其余数据应用标准：如面向能源管理和绿色建筑设计的 Green Building XML（gbXML），它是绿色建筑设计的互操作性数据模型，实现建筑环境设计软件和工程分析工具之间的数据交流；还有面向城市和景观模型数据构建的 CityGML[8]，可以存储、管理城市和景观模型信息，它是表示建筑、地形、水体、植被等不同城市元素的数据应用标准。

总之，许多成熟的数据应用方法或标准模板已经在建筑和城市基础设施建设的不同阶段和场景中投入使用。它们能够在成熟的软件应用平台上实现不同数据模式和数据格式的对应转化，形成了当下的 BIM 数据标准技术体系。

12.2.2　BIM 信息管理技术体系

基于数据应用，信息管理技术体系更注重跨阶段、跨专业的应用场景，实现项目信息的交互和交付。除了考虑数据模式、格式、协作工具和模型构建标准外，更关注信息管理和集成化的工作流程，指引 BIM 使用方进行项目管理。信息交互技术体系是建筑项目中所有相关参与者实现信息共享、交流和管理的框架，覆盖了从项目的概念设计到运营维护的所有信息交互过程。以下以 ISO 19650 建筑信息模型标准和 ISO 29481 信息交付手册标准为例，包含以下重要内容：

（1）在工程项目信息管理过程中，需确立 BIM 应用的原则，包括建立、管理和使用 BIM，以及全寿命周期内信息交换和协作的定义。在项目策划阶段，需详细确定 BIM 在规划、设计、施工、运营和维护等不同阶段的应用水平和程度。

（2）信息交互在资产交付阶段的应用，基于数字交付的需求，重点关注资产交付阶段的信息管理方法和流程。这包括如何创建、修改、审核、批准、共享和存储信息，考虑到 BIM 数据的管理环境，如公共数据环境（Common Data Environment，CDE）的应用和建立准则等。确保所有项目参与者都能访问和使用最新、最准确的项目信息，以提高效率和准确性。

（3）资产运维阶段的信息管理应用，重点关注资产运维阶段的信息管理。包含设施管理、建筑资产管理、维护计划等方面。通过提供清晰的管理准则和方法，确保资产运营和维护能够依赖于准确、及时和完整的信息。

（4）信息交换方法与数据应用标准相契合，重点关注项目不同阶段和不同参与者之间的信息交换。包括定义和使用数据字典，确保信息在不同软件和平台之间有效交换。目前，信息交互方法主要借鉴成熟的应用模板工具如 COBie，但在自动化和特殊场景领域的应用上仍受限。

（5）信息安全管理关注的是 BIM 信息中的安全性。项目信息管理方需要保护敏感信息，防止非授权访问，并在信息交换过程中确保安全性。

（6）其他重要信息管理内容，如健康与 BIM 施工作业安全管理等。

从信息管理的角度来看，国际标准体系已经提供了一套框架，指导如何在 BIM 中管理和组织相关信息，并在项目的各个阶段和不同参与者之间进行共享和交换。此外，针对模型交付、成熟的标准和工具，如信息交付手册（IDM）和模型视图定义（MVD），为模型交付提供了清晰的应用模式。

信息交付手册（IDM）在交付过程中定义了项目信息需求的获取和表达方法。它描述了从 BIM 模型和项目信息中获取何种信息以及在何时获取，从而使信息的收集、管理和交付更加高效。而模型视图定义（MVD）等方法，是在明确了信息需求的前提下，利用这些需求来创建一个或多个特定的模型视图。模型视图是 BIM 模型的一个子集，包含满足特定信息需求的信息。所以，在模型信息管理过程中，信息管理和交互方法在合理的应用下确保参与方协同工作，使得信息管理过程更加高效。

12.2.3　BIM 知识管理技术体系

知识管理在 AEC 项目中变得尤为重要，成为研究热点，受到多个学科的重视。它有助于更好地管理设计和建造过程中的知识，并将建筑转化为可重复使用的数字资产。知识管理技术的发展帮助组织、理解策略对业务的影响，如通过结构化方式定义问题和制定策略、捕获施工过程的知识，以及应用知识图谱捕获和复用项目中的知识。同时，也有研究集中于识别施工组织中基于经验的有效管理方案。

如今，随着数字资产的积累，建筑企业对知识管理的需求不断增加，更强调其在实际项目场景中的应用价值。在这一进程中，本体和语义技术发挥着重要作用，定义了工程领域内的主要概念及其关系，并有效地组织、理解和利用大量建筑、工程和施工项目生成的数据和信息。BIM 和语义技术的融合在 AEC 领域的知识管理中起到关键作用，通过构建领域语义知识模型，实现建筑信息的查找、逻辑推理和集成。目前这一方法体系开始出现在优化设计、资产管理[9]、古建筑遗产保护[10]、风险管理[11]、价值评估[12]、规范审查[13]、工程量[14]和造价计算[15]等研究领域。BIM 在涉及不同设计方案的领域知识时需要整体的、可扩展的、考虑数据特征并满足场景网络和物理数据流的协调方法。因此，基于语义技术的 BIM 知识管理体系可以提供跨领域、跨专业的解决方案。BIM 的知识管理技术应用模式可概括为：

针对领域知识构建应用型知识库或知识图谱，将知识本体整合为一个包含项目真实信息的知识架构。终端用户可在客户授权下使用软件平台编辑并执行语义形式的应用规则。知识库与不同信息交换需求相关联，以计算机可读写、可编辑的形式呈现。管理者可在标准指导下修改和更新规则，通过功能模块实现知识库中规则的智能化、自动化处理。例如，在基于价值评估知识体系的知识库中，通过规则和语义的编写，将评估规则与工程项目中的流程、造价数据和 BIM 数据相关联，并通过可视化平台实现自动化评估（图 12-4）。

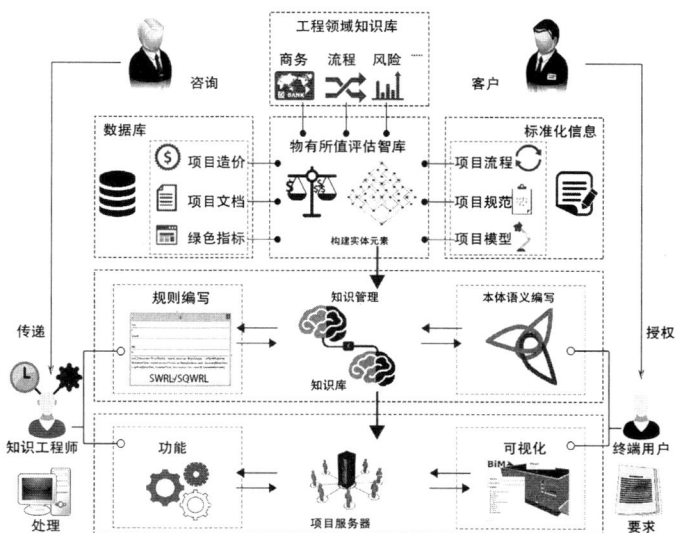

图 12-4 基于 BIM 的知识管理流程（以价值评估为例）

12.3　BIM 在数字建筑中的应用

12.3.1　BIM 在建筑设计阶段的应用

随着数字技术的进步，BIM 在 2016 年之前主要应用于建筑设计中的三维建模、设计协调和工程量运算等方面。而随着 BIM 标准的确立，如今 BIM 已成为方案设计阶段不可或缺的技术和流程。利用 BIM 软件和工具可以减少建筑设计过程中的信息损失，主要体现在方案的概念设计、深化设计、方案协调、方案分析、方案演示与沟通以及方案交付等方面（图 12-5）。

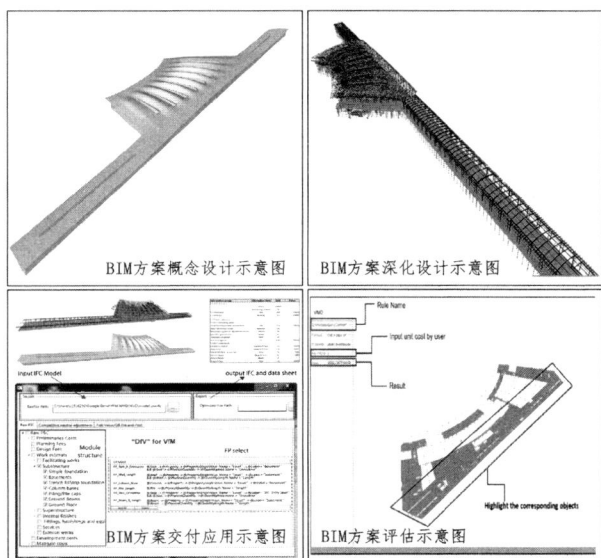

图 12-5　BIM 在方案概念设计、深化设计、交付、评估应用示意图

在方案的概念设计阶段，设计师可以从最初的草图到3D建模，灵活地表达设计想法。基于BIM建模的概念设计可提升建筑师的信息应用深度。尽管与工业设计软件和现代设计软件相比，主流的BIM设计软件在设计灵活性上仍有待提高，但其信息丰富性包括空间布局、材料和建设环境相关信息，使得设计师能够在方案阶段进行综合的方案表达和分析。相比非BIM的3D建模软件，这些信息在BIM软件中的集成更加便捷，例如，建筑设计师可以在BIM软件中为墙体添加特定的建筑材料属性，如砖墙或混凝土墙以及其热性能参数，这对能耗分析很有意义。同时，结构工程师也可以在同一BIM模型中添加结构元素如柱子、梁，进行交换/进行独立结构的比对等操作。

在方案的深化设计阶段，BIM的应用进一步加深了设计信息，使得模型内容更贴近施工交付的需求。设计师在这一过程中需详细定义每一个建筑元素的位置、形状、尺寸、材料等，包括建筑、结构、机电等所有专业的信息。LOD（Level Of Development）常被用于区分BIM在概念设计阶段和深化设计阶段信息深度的不同。与LOD略有不同，它更关注整体BIM信息含量的表达程度，而不是对图形详细程度的量化指标。在深化设计阶段，通常要求使用不低于LOD300的模型，详细定义建筑和结构元素的位置、形状、尺寸、材料等信息，以及定义机电工程中管线的路径和规格等。借助现有技术的支持，这些详细信息可以用于生成施工图纸。

在方案设计的协调中，BIM允许不同专业的设计师在同一个模型中工作。通过基于CDE要求的平台和操作环境，业主单位、设计团队和供应商团队可以实现协同工作，提高设计的一致性。设计人员可以利用BIM进行碰撞检测，检查模型中不同部分是否存在空间冲突，例如结构柱与管道的交叉。

在方案分析和优化中，BIM可在考虑多方因素的情况下，利用内外部软件工具进行方案分析。这通常通过将BIM模型导出为数据交换格式，在分析环境中实现成本、能源效率、光照、安全、结构性能等方面的综合分析。例如，设计师可以调整BIM模型中的窗户大小或位置，通过方案对比，立即修改方案。这些分析可基于人工智能算法优化去调整目标变量，以提高设计方案的效果。

在方案设计沟通和演示中，BIM模型可生成高质量的3D视图和动画，有助于设计团队和业主理解方案的整体表现和意图，模拟方案的真实效果和性能。当前，许多可视化引擎已能与 BIM 软件协同工作，如 Unreal Engine、Unity 以及国产自主化的三维引擎等。它们能通过中间格式如 FBX 和 OBJ 与 BIM 软件进行数据交换。同时，作为数据交换核心的 IFC 也可通过多种开源格式转换的程序包实现到 OBJ、DAE 以及 COLLDA 等相对成熟的可视化支持文件的转换。这对于 BIM 在可视化环境中的决策模拟至关重要。

总的来说，BIM 在建筑设计阶段的应用可以提高设计的质量和效率，减少错误和冲突、优化性能、控制成本和时间，并且能提升设计的沟通和演示效果。

BIM 在建筑设计阶段的应用为实现数字化、标准化交付提供了前提条件，适用于不同的业务场景。设计团队可以通过利用 BIM 软件工具、交付标准和模板，更高效、更准确地完成设计方案的交付，满足客户和项目的需求。在实现数字化、标准化的设计交付过程中，必须遵循并考虑交付标准、交付内容、交付流程、数字化交付方法等重要内容。

（1）交付标准：数字化场景下对数据和信息高效应用的需求正逐步拓展至智慧城市建设的各个领域。BIM 模型和数字化交付已从方案设计、初步设计、施工图设计、深化设计等阶段的要求（如《建筑信息模型设计交付标准》GB/T 51301—2018 等）逐步扩展至建筑复杂运维管理场景。这一趋势也延伸到了不同建设领域，包括住宅建筑、商业建筑以及公共建筑、市政和交通基础设施建设等。除了明确定义不同专业、领域中的交付内容外，还需要规定所交付的 BIM 模型信息以及模型的精细度。

（2）交付内容：设计单位应根据管理流程的时间节点及时创建可交付的 BIM 模型，并整合所需的专业信息以更新模型。在传统标准体系和规范下，除了交付 BIM 模型数据外，还需要归档相关的设计图纸和变更资料等。随着 BIM 数据不断丰富优化，更高的交付要求需要被实现，从而对所交付的 BIM 数据进行更便捷的检索和提取。

（3）交付流程：参照国际标准 ISO 29481 以及相关的 ISO 19510 等标准流程，BIM 交付流程应结合交付场景的信息管理需求，制定设计交付流程图，以更好地管理特定阶段和任务，包括其中的信息和人员。在理想情况下，流程中的信息交付需求应以计算机可读方式进行制

12.3.2 BIM 在建筑设计交付的应用

定，并与 BIM 软件中的模型数据关联。

（4）数字化交付方法：高效的建筑设计交付需要针对场景交付需求信息和交付格式等要求，制定自动化的交付方法。在 BIM 信息管理体系的影响下，这一部分以 IDM-MVD 的思路进行指引，从而能够相对高效地从 BIM 模型中实现数据的筛选与传递。交付方同时也可以开发适合软件管理环境的交付工具，从而为软件开发人员提供技术支持。

12.3.3　BIM 在建筑设计评估的应用

基于 BIM 的知识管理技术可用于建筑方案设计的智能评估，包含功能性、成本、可持续性、安全性等方面。然而，现有 BIM 数据标准无法完全支持智能评估。通过构建应用型知识库，可逐步改善评估质量，但需要实现 BIM 信息交互功能和数据模式的互联互通，以提高知识库的应用效率。以价值评估为导向的物有所值评估研究框架为例，图 12-6 展示了评估流程、信息交互需求和知识库构建之间的整体关系。

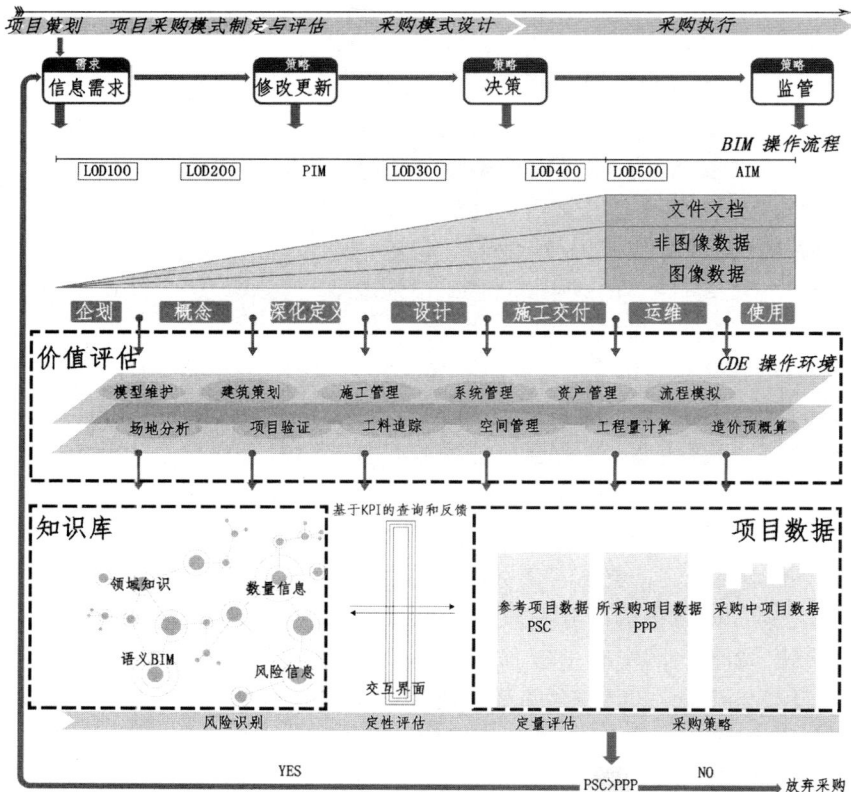

图 12-6　基于 BIM 的 EPC 采购模式价值评估框架

价值评估的流程融合了现有的 BIM 标准应用框架，例如英国的 BIM 等级（BIM Levels），建立了适用于建筑和基础设施项目的公共数据交换平台 CDE。基于 BIM 的价值评估可以在项目的早期设计阶段开始发挥作用。通过 CDE，从项目方案阶段获取的信息可以被初步管理。随着方案的进展，BIM 提供的信息被传递至项目评估知识库，从而将 BIM 数据与价值评估的关键指标相连接。同时，知识库可以连接项目评估所需的其他数据源，并提供定性和定量评估信息的查询功能，例如方案设计的预算和构件的碳排放数据。

基于 BIM 的建筑方案智能评估为智慧城市管理和决策提供了最佳途径，特别是在对数据库提出高要求的情况下。通过建立项目类型的知识库，促进了信息检索，确保了评估的准确性和高度同步性，同时提供了高质量的数据输入。总的来说，BIM 在建筑设计方案尤其是大型交通基础设施建设中的方案评估方面，仍然具有巨大的潜力。

第13章 设计建造一体化流程

13.1 设计与建造一体化概述

13.1.1 设计建造一体化的内涵

传统的建筑项目中，设计与施工往往是分阶段、分工完成的，设计师负责完成设计方案，而施工方负责实施建造工程。然而，这种分工模式存在着设计与施工之间的信息传递和沟通不畅的问题，容易导致误差、冲突和延误，影响项目的质量和进度。在过去的几十年里，随着建筑行业的不断发展和技术的进步，人们开始意识到设计与施工之间的紧密关联性以及信息的重要性。设计与施工的协同工作被认为是提高建筑项目质量和效率的关键。因此，设计建造一体化的理念逐渐被提出，并得到了广泛的关注和应用。

数字技术引发的技术革命使建筑设计出现了根本性的变革。建筑设计完成了从草图思维到数字思维的转变，同时，与其相关联的设计思维、方法手段和建造技术等一系列环节也日趋成熟。一体化的设计工作流不同于早期从"设计意图－制图－再现－建造"的过程，而是借助参数化设计方法达成的人机协作，重新建立起从"设计意图"到"建造"之间的全新连接，最终得到的成果并不是预先给定的，而是从设计目标出发、依照逻辑逐步推演而来的。

生形（formation）、模拟（simulation）、优化（optimization）、迭代（iteration）与建造（fabrication）五个环节形成了重要的一体化工作流程（图 13-1）。模拟阶段是检验设计形式、性能以及可建造性的有效方法。

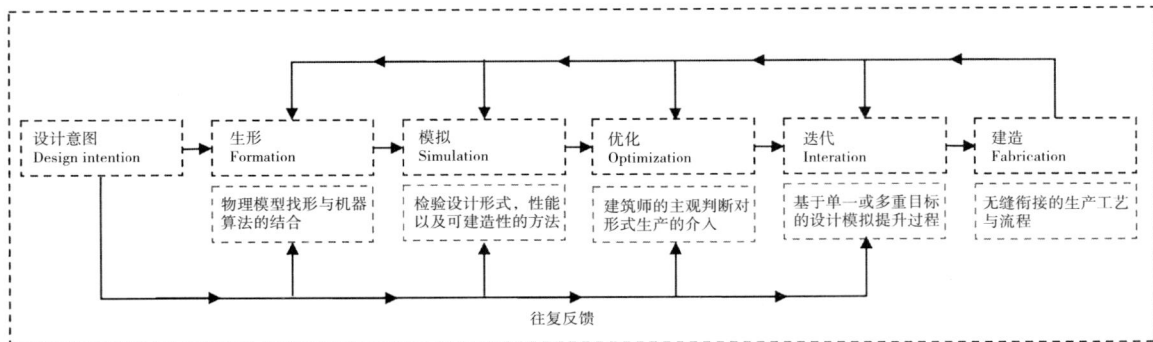

图 13-1 设计建造一体化工作流程

（1）生形从相应的性能信息出发，按照恰当的规则或代码，生成符合预期的建筑形式的过程。其往往借助机器实现自动化的方案生成，并根据建筑师的主观判断对方案做初步的筛选，人机协作以快速获取有潜力的设计原型。数字化生形的逻辑包括两大类：自上而下的形态设计与自下而上的生形逻辑。

（2）模拟指基于数字化的计算机工具和物质化的模拟装置，对设计方案性能表现进行检验。其将建筑的性能进行可视化的呈现，为进一步的设计决策提供参照。此处的性能不仅包括一般意义上的结构性能、环境性能、行为性能，也涵盖了建筑的可建造性，从而为对建筑方案的评价提供全方位的依据。

（3）建筑师根据模拟得出的建筑性能表现，以预先设定的设计目标为准绳，借助遗传算法、神经网络、多智能体系统等人工智能方法，改进设计中性能表现的不足，即是建筑方案的优化。"优化"过程并非寻找最优解，而是将建筑师的主观判断、物质材料的建造工艺特征与迭代的设计过程结合的过程。

（4）迭代可以说是基于单一或者多重目标的设计模拟过程的提升。随着多重学科的交叉，结构、环境学科的知识结构被不断引入建筑创作的思维过程，各种性能指标都在变得可以度量，以往理论层面的最优解概念真正落实具有了现实可能性。优化过程往往与迭代相结合，经由不断的"模拟-优化-再模拟-再优化"的过程，逐步使得设计方案逼近设计目标，并最终求解出满足设计目标的方案形式。

（5）建造在人机协作时代被重新纳入到建筑师的职责与掌控范围，这也是对历史上建筑师与工程师分置的职业特征的反制。随着参数化的设计流程的建立，从几何参数化、性能参数化到建造参数化的打通，建筑的生产分工与设计职责正在面临重新的定义。

"生形-模拟-优化-迭代-建造"构成了建筑设计与建造一体化的主要形式，其表现出了人机协作、混合增强的特点：建筑师首先运用数据和规则对机器智能进行训练，即人类向机器的赋能；随后机器智能通过自身强大的计算能力协助建筑师处理复杂的设计问题，即机器向人类的赋能。人与机器优势互补，既体现出机器的速度优势，又体现出人类的深度优势。

13.1.2 设计建造一体化的发展历程

设计建造一体化的发展历程可以追溯到 20 世纪后半叶，以下是其主要的发展阶段：

（1）传统分工阶段：在传统的建筑项目中，设计和建造是分开进行的，设计师负责完成设计方案，然后将设计文件交给施工方进行实施。这种分工模式导致了设计与施工之间的信息传递和沟通不畅，容易产生误差和延误。

（2）设计与施工协同阶段：20 世纪 70 年代开始，人们开始意识到设计与施工之间的紧密关联性。设计师和施工方开始在项目早期进行合作，共同参与决策和规划，以便更好地协调设计和施工过程。这一阶段注重设计和施工之间的协同工作，但缺乏系统性的方法和工具支持。

（3）信息技术应用阶段：随着信息技术的发展，设计建造一体化进入了信息化时代。计算机辅助设计和建筑信息模型等工具的引入，使设计师和施工团队能够共享数字化的设计数据和模型。这极大地提高了设计与施工之间的协同效率，减少了信息传递的误差。

（4）整合创新阶段：当前，设计建造一体化正朝着更高水平的整合和创新发展。人工智能、大数据分析和云计算等技术的应用，使设计师和施工方能够更好地利用数据和智能化工具，进行优化设计、虚拟仿真和智能施工等方面的创新。这一阶段注重以技术创新为驱动，推动设计与施工更加高效、智能和可持续发展。

设计建造一体化的发展历程是一个由分工到协同、由信息化到智能化的过程。通过不断地实践和创新，设计建造一体化将为建筑行业带来更高效、可持续和质量优良的建筑项目。

13.2 设计建造一体化的工作平台

13.2.1 设计建造一体化工具平台

人机协同视角下的数字工具在数字化设计的初期，建筑师首先学会的是从数字化设计软件等工具的开放性和可定制化特征中获得丰富的可能性。同一工具的应用中出现的差异，同时也为工具带去了众多不同的反馈。为了提高人机协作的包容性与通用度，研究者逐渐从对于工具应用场景的单一设想，转变为主动介入工具的能力开发。

以计算机软件平台为例，作为计算与模拟工具的软件平台随着建筑数字化设计与建造的知识体系的清晰化，研究机构不再满足于 Rhino 与 Grasshopper 平台的限制，而是试图开发专门用于运算化设计与建造的平台来应对更高层次的需求。Grasshopper 插件库就像一个生态系统，在不断进化的过程中适应越来越复杂和具体化的设计与建造需求（图 13-2）。它通过限定设计师对源代码的不同层次的获取权限，决定了不同层次的建筑设计流程。苏黎世联邦理工学院主导开发的 Compas 平台，正是试图以更开放的姿态，从源代码的层面促进知识体系的集成和共享，而"一造科技"自主开发的机器人 FURobot 插件，也正是为了满足实践和研究对更高层次的机器人控制技术的需求，在 Grasshopper 平台上进行定制化开发的成果。

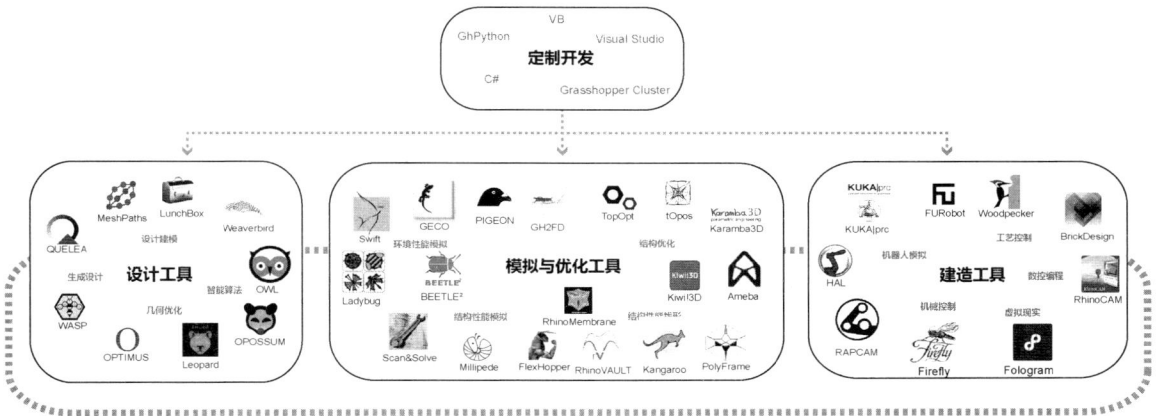

图 13-2　Grasshopper 插件库

　　不同于应用场景有限的 CNC、激光切割等数控工具，建筑机器人拥有更好的多功能性或者说通用性，并且允许多场景开发。更换机器人末端效应器（抓手、主轴等），便可执行类型迥异的作业任务（图 13-3）。与作为计算与模拟工具的计算机一样，机器人提供了一个具有高度精确性、开放性和无限自由度的建造工具平台。基于建筑机器人加工平台，设计师可以自主开发机器人工具端，甚至机器人加工装备工具，来满足个性化的设计和建造需求。2006 年苏黎世联邦理工学院的法比奥·格马奇奥与马赛厄斯·科勒教授首次将工业机器人引入建筑学领域，之后的十余年里，建筑机器人几乎成为建筑实验室不可或缺的组成部分。"除了时尚效应之外，人们普遍认为物质建造是数字文化影响下建筑的下一次转型。"[1]

　　当下的数字环境更倾向于认为大脑与新工具如建筑机器人正形成一种全新的关系。人类的思维能力、建造能力以及组织能力的提升与人文主义时期阿尔伯蒂所设想的角

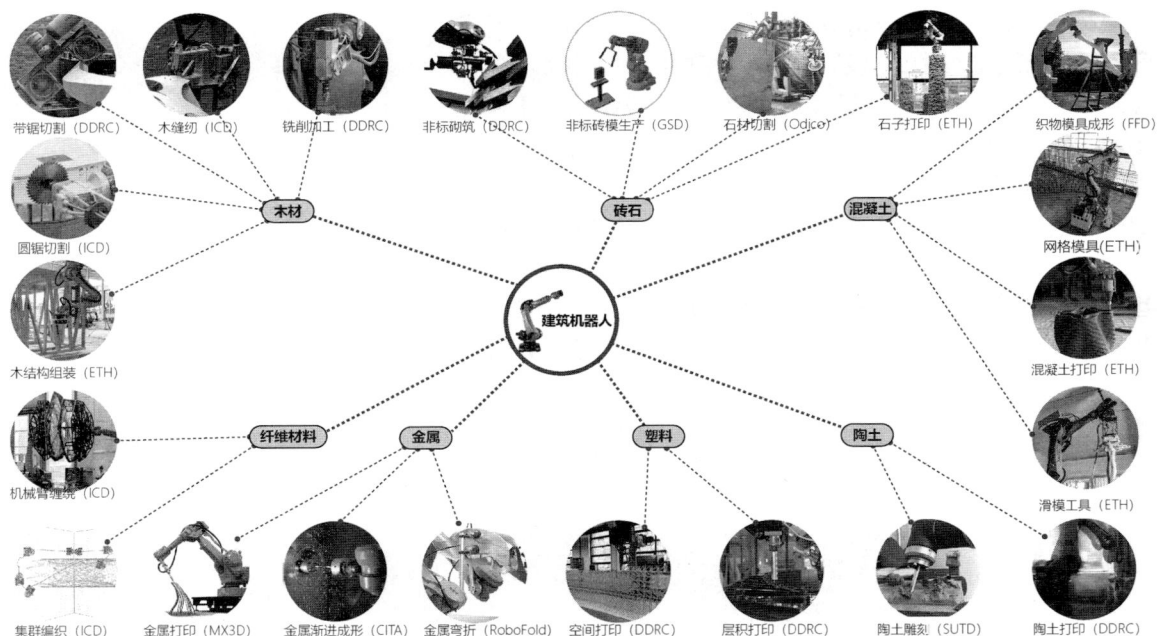

图 13-3　建筑机器人多场景应用

色不同，设计的主体（subject）不再局限于人类，机器同样成为主体的一部分，这种混合了有机体与机器特征的"主体"被普遍定义为"赛博格"（cyborg）。随着机器人逐渐获得感知与反馈能力，人能够与机器发生更直接与深入的对话，数字工具便超越了单纯的工具性，而是作为一种思考的工具成为建筑创新流程的一部分。

机器的逻辑以及数字建造的能力，对人的思维模式与手工生产方式进行全面的模拟、延伸与扩展，协助建筑师设计并建造出突破人类想象与建造能力的作品。在机器、软件和工艺的关联网络中，设计与建造的反馈循环将涉及建筑师和工具之间的协作关系，以不断地形成和改变设计意图。设计意图本身不仅是建筑师预先设想的，也是源于使用工具的特定方式。设计可以在从设计到施工过程的任何阶段进行构思和重新设计，形成从生形、模拟、优化、迭代到建造的动态工作流程。在设计到施工的集成过程中，建筑师和各种工具之间的数据传输可以在各个生产阶段之间形成网络化的反馈关系。多个工具的引入将构成一个多目标设计模型，它将继续回应有关设计意图修改的反馈，建筑师将始终与机器保持协作关系，形成动态的设计主体。

建筑机器人等数字工具的发展带来新的合作可能性，将建造共同体更加紧密地联系在一起，如安东尼·皮孔所言，"今天，建筑比以往任何时候都更像是一种集体实践，一种由分层和网络化的贡献共同组成的实践"。众多数字建造实验室在研究方向、材料、工具以及建造流程等方面进行探索的同时，也逐渐形成了一种新的默契，这不仅对原有的建筑学科以及建筑产业提出了挑战，而且在建造实验中对其进行不断地更新。数字建造实验室之间的这种默契，主要来源于日益广泛的数字化工具及建造平台的使用，正如马里奥·卡普所说，所有工具都会反过来影响使用者的习惯，而在设计行业中，这种反馈通常会留下明显的痕迹[2]。

不同于传统建筑学中以建筑师的角色为中心带来的泾渭分明的个体性，由工具所推动的一系列趋同的实验性建造使得数字建造实验室在研究方向、工具、技艺与研究流程上能够具有一种普遍的相通性，从而成为一个社会共同体[3]。将这种工具导向的实验建造共同体凝结在一起的动力，正是意图通过实验建造对原有建筑产业进行挑战和更新的强大意图。数字建造实验室通过研究数字建造技术带来的建筑设计与建造的新可能性，通过建造工具、设计方法与物质材料的交互，通过将材料和生产逻辑直接植入到设计过程中，不仅扩展了建筑建造的可能性，并且建立了独特的建筑表达和新的美学。

如果对数字建造在建筑学中的发展脉络本质进行反思，那么不可否认的是，由一系列高校实验室及职业建筑师等所构成的社会共同体在对建造产业进行着技术升级的同时，也建构和改变着学科的社会性网络，并在其发展过程中起到了导向性的作用。

实验建造共同体由一系列的建筑建造实验室组成，早期共同体的成员主要是依托于建筑院校的科研团队。高校研究团队将建筑数字建造研究与教学项目相结合，为该领域培养了一大批研究型人才。而随着共同体规模的不断扩展，实验建造成员的异质性也在逐渐增加，一些研究人员走出高校，成立了研发公司，将实验室的前沿建造技术带入建筑市场。与此同时，实验室制度也渗入了传统的建筑工作室之中。此外，依托建筑工作室的实验室的研究着眼于实际建筑需求，与建筑实践的关联更加紧密。高校研究团队、研发公司与事务所研究部门，构成了实验建造共同体的三种类型。

在实验建造这一条知识生产脉络上的研究者所组成的

13.2.2　实验建造共同体

社会群体，促成了他们对实验性建造这一课题共同的兴趣与探索；或者反过来讲，实验性建造这样一个研究性问题的存在，一直在实时改变与建构着研究者们的社会网络。建筑学中的探索者作为社会个体的同时，其牵连的社会联结与遵循的准则范式也渗透进了实验建造的各个环节之中，使得建造技术发展与社会文化建构的边界变得模糊。不妨将实验建造的发展与变动划入上述众多成员之间的联结互动以及他们所构成的网络之中。互相联结的成员可根据联结的紧密性与规模重新组成不同层级和大小的共同体。在实验建造共同体中，数字化设计方法、机器人建造平台及新型材料与技艺等的通用性，为不同的成员和机构建立分享与合作提供了可能性。这些组成共同体的成员不仅由共同的信念和目标联系在一起，而且研究实验室之间也逐渐建立起实质性的合作和知识交流机制。

在实验室的基础上，一些研究室倾向于在研究兴趣或科研基金的支持下，组成更大规模的合作网络。这种小范围的聚集模式很快在影响力和效率上展现出规模效应，成为该领域话语权的领导者。2014 年起，苏黎世联邦理工学院在瑞士国家能力研究中心（NCCR）的支持下，汇集了来自 6 个不同学科的 60 多名研究人员，开发与集成建筑领域的数字技术，成立了数字建造中心，旨在通过数字技术和物理建造流程的无缝结合，彻底改变建筑产业。欧盟资助的学术组织创新链（Innochain）联合了 6 家国际高水平研究机构以及 14 家行业合作伙伴，共同研究数字化设计工具的进步如何挑战传统建筑文化，从而实现真正的智能设计与建造解决方案。

广义上的实验建造共同体包含所有规模及模式的合作方式。如若将其规模从小至大、从紧密到松散来进行大致的分类，上述因基金驱动的国际科研项目由于周期的限制，属于较为牢固和紧凑的结构；国际会议及工作营则包含了更多交流的性质，对实体产出没有那么严格的要求；国际协会、展览及机构和高校之间的教学合作，联系紧密程度较前二者更低，其中亦加入了更多兴趣驱动与社交驱动的因素。

共同体知识生产的本质转变呈现在当代学者基于工作营、国际会议、展览、学术协会、客座教学等多重合作机制之中，并架构出与之对应的社交机制，进而从社会层面潜在地驱动建造技术发展中特定科学问题的导向。不同实验室之间的知识共享和研究合作挑战了建筑研究和实践循环中知识生产的传统作者和权威。这些多元化的合作构建了学者之间的动态社会关系，并推动了建筑技术及研究方向的探索。

13.3　设计与建造一体化工作流程

建筑建造系统与建造技术、生产工具始终存在一种动态的交互关系，在缓慢的发展过程中相互影响，不断更新演替。渐进式的协同演进在不同的发展时期始终存在，建筑系统与建造工具也在这一过程中得以发展成熟。以往，建筑系统与工具的协同演化过程往往需要经历漫长的时间，这一状况在机器人建造中发生了根本性的变化。机器人与其说是一种工具，不如说是一种通用化的工具平台，不仅可以根据建造任务进行工具定制，还可以通过工具快换系统进行机器人工具的快速更换。机器人建造大大降低了工具系统的开发与更新门槛，进而提高了建造系统与工具之间的交互频率，加速了建筑系统的开发与完善。在机器人木构建造领域，过去十年间涌现出一大批木构设计与机器人建造一体化的研究作品，为建造体系与工具的协同开发建立了成熟的方法论基础。具体而言，工具系统与建造体系的协同开发主要包括两个方面内容：建造系统导向的机器人工具研发、基于机器人建造约束的建筑计算性设计。2017年同济大学与斯图加特大学合作开展的"机器人木缝纫展亭"项目，本节将以该展亭的开发与建造过程为例对工具与建造体系的协同设计方法进行简要介绍。

不同的材料系统、建构方式对机器人建造工具与工艺的要求不尽相同。机器人工具端的开发需要建立在对建造系统的充分理解之上。在工具开发过程中，首先需要根据建造需求提出合理的技术路线，理清建造任务的实现方式；在此基础上对工具系统进行深化设计，明确工具系统硬件、控制等部分的具体内容和技术指标，确定工具的尺寸和规格等具体参数；之后，对工具系统中的硬件部分进行定制加工与组装，通过定制法兰或快换系统将工具端安装在机械臂上；将工具运作所需的电、气、信号等内容与机器人控制系统进行集成，使工具成为与机器人协同控制的机器人效应器。

机器人木缝纫工具是建造需求导向的机器人工具端开发的典型案例。在当前的木构建筑实践中，金属紧固件

13.3.1　建造导向的建造工具研发

是木构建造中常用的连接方式，但是对于薄木板材，金属连接件会破坏材料的完整性，不利于板材的长期性能。在此，由 ICD 率先提出的缝合连接方式用柔性的线取代了螺栓紧固连接，为薄木板材的连接提供了一种替代解决方案。机器人缝纫工具端开发采用缝合皮革等材料的工业缝纫机进行定制改造，通过外接气动系统提高了工业缝纫机的冲击力，使其能够轻松地刺穿多层薄木板，并用高强度缝纫线将木板"绑扎"起来。弹性弯曲结构建造的主要难度不仅来自于建造系统的形式复杂性，各向异性的材料在弯曲过程中的空间形态也难以被精确预测。为了对弹性弯曲结构的建造过程进行精确控制，机器人缝纫工具端上附加了一系列必要的传感器，包括 RGB 网络摄像头、红外距离传感器、循环编码器等。计算机通过机器人感知接口（KUKA Robot Sensing Interface，RSI）与机器人进行实时通信，收集机器人和传感器的信息，为机器人自适应建造奠定了基础[4]（图 13-4）。

图 13-4　机器人木缝纫工具端：①RGB 网络摄像头；②红外距离传感器；③气动活塞；④循环编码器；⑤Arduino 和继电器等电子元件

13.3.2　基于建造约束的建筑计算性设计

机器人建造工具的开发需要以建造需求为导向，同时工具的建造能力和局限也反作用于建筑建造系统的设计。计算性设计过程综合考虑材料特性、结构性能、加工能力、组装顺序等内容，通过协调不同的约束条件，使建筑系统最大限度地满足多方面的复杂需求。基于机器人建造约束的建筑计算性设计过程，首先需要明确建造任务，同时将工具的建造能力和局限抽象成控制形态设计的参数；以建造约束为输入参数，计算性设计算法通过调整设计形态、尺寸、搭接方式等参数生成满足约束条件的建筑系统。

以 2017 年"机器人木缝纫展亭"设计为例，装置采用 3 层薄木板材组成的多孔结构，构件弯曲程度、孔洞大小、构件尺寸等设计内容同时受到材料性能、建造约束、组装顺序等因素的影响。计算设计过程中对不同参数的综合考虑使设计能够满足不同的约束条件，形成兼具美学、结构和建构意义的建造体系。项目主要以 3 个参数为形态设计的控制因素：

（1）最小曲率半径：木材的弯曲性能对本研究中建造体系的开发至关重要。材料受到弹性弯曲时所能够形成的最小曲率半径是木材选择的主要参数。研究采用固定尺寸的试样对不同树种的板材弯曲性能进行了试验测试，以材料破坏前拱起的最大高度作为材料弯曲性能的指示。该参数后续也将作为约束条件集成到装置的计算性设计过程中（图 13-5）。

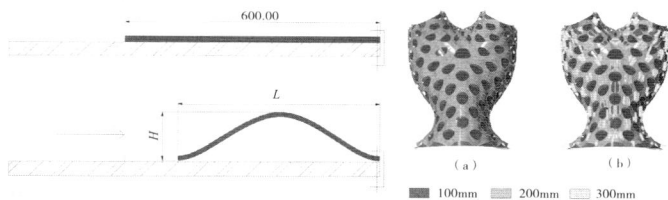

图 13-5 （左）材料弯曲性能测试实验设定；（右）曲率半径分析：（a）平面图；（b）平面图 + 曲率分析

（2）最大展平尺寸：在机器人建造前，所有的木板片会被展平到平面上，然后用三轴 CNC 进行数控切割。标准木板的尺寸（1220mm×2440mm）也成为计算设计中构件尺寸的约束性参数，每一块薄木板片的最大展平长度由标准板材的长度所限定（图 13-6）。

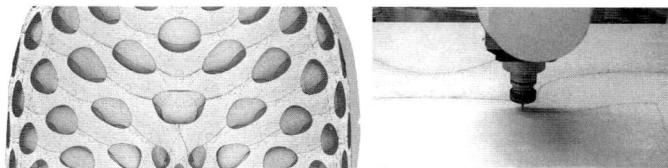

图 13-6 （左）木缝纫展亭数字设计模型；（右）CNC 数控切割过程

（3）工具加工空间：结构由多层板材经过弹性弯曲后缝合而成，机器人缝合所需要的空间也成为结构开口等形态设计的影响参数之一。为了避免建造过程中缝纫机与结构体发生碰撞，该项目按照建造顺序对机器人建造过程进行了模拟，观察过程中工具端与材料之间的位置关系。机器人工具端的工作范围通过作用于孔洞大小、板片缝合位置等因素直接影响着最终的形态设计（图13-7）。

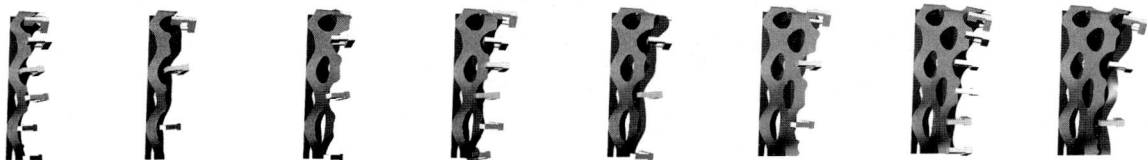

图 13-7　机器人缝纫建造过程模拟

"机器人木缝纫展亭"设计基于对木材材料性能的理解，利用计算设计技术将材料性能、建造约束等因素进行参数化整合，在材料性与物质化错综复杂的交互之中形成了一种新型结构体系，展现了独特的空间效果与构造特征（图13-8）。需要指出，建造需求导向的机器人工具研发与基于机器人建造约束的建筑计算性设计不是分离的两个阶段，而是同一个过程的两个方面。机器人建造工具始终在与机器人建造技术的交互过程中不断优化完善，共同形成一体化的设计与建造过程。

图 13-8　2017 年"机器人木缝纫展亭"

13.3.3　设计与建造过程的交互反馈

传统自动化生产依靠预设的程序和流程进行重复性建造/制造，而随着智能感知技术的进步，机器人建造过程利用传感器技术在材料行为和机器人建造过程之间建立实时联系，为创新性建筑体系与建造工艺的交互反馈带来更多可能性。2017 年"机器人木缝纫展亭"是自适应机器人建造技术的一次重要尝试。研究基于本研究开发的桁架式预制建造机器人系统，在机器人缝纫工具端上配置一系列传感器进行材料行为感知，用来探索轻质弹性弯曲木结构的自适应建造方式。

"机器人木缝纫展亭"项目采用定制化的计算设计算法，设计了一个由三层木板片组成的多孔木结构体系。在建造过程中，木板片被依次安装定位，并通过机器人缝纫工具进行永久连接。在弹性弯曲结构中，木板片之间的连接位置直接影响着相接的两块木板弯曲的形态，从而也决定着结构的整体形态，因此每个连接位置的精度对整体来说都至关重要。该项目用一个矩形来定义木板片之间的连接区域，用预先加工出的螺栓孔来标记矩形的四个角点——CNC 切割构件轮廓时在木板上加工出螺栓孔。在建造过程中，构件用黑色的螺栓临时连接起来，机器人利用相机扫描黑色螺栓来识别矩形的角点位置，并在角点定义的矩形范围内生成机器人缝合路径。

机器人缝纫工具端配备了一系列传感器，用于在缝合木板过程中进行实时的信息采集。工具端头部安装了一个 RGB 网络摄像头，用来在机器人缝合之前拍摄待缝合区域的图像，相机通过识别预先嵌入的标记（螺栓），标记的位置映射到机器人工具坐标系内。标记螺栓的位置被捕获后，计算机端在标记点框定的范围内自动生成一条缝合路径，发送给机器人执行缝合操作。在机器人缝合过程中，其他两个传感器实时采集信息，对建造过程进行控制。首先，一个基于飞行时间的红外距离传感器用来检测工业缝纫机机身到胶合板的距离，实时距离检测可以避免机器人工具端与已有结构的碰撞；其次，轮式编码器用来检测缝纫机轴是否旋转一周，以此来判断上一针缝合完成情况。

计算机与机器人通过 RSI 进行实时通信，收集传感器和机器人信息、用来计算机器人的缝合路径（图 13-9）。机器人控制器发送机器人的位置信息给电脑端，电脑端将计算得到的机器人建造路径反馈给机器人控制器。在建造过程中，电脑端接收的传感器信息还包括编码器感知的缝

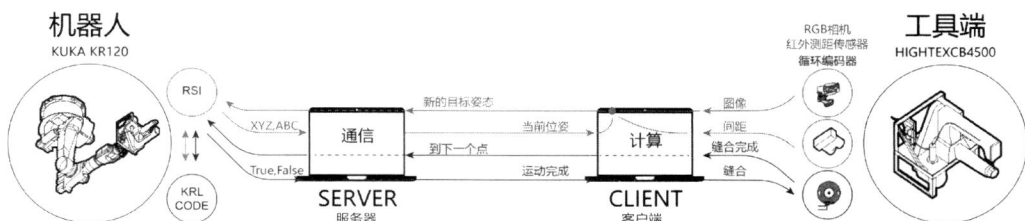

图 13-9 机器人缝纫建造过程中的信息交互

纫完成状态（以一个 Boolean 值发送给电脑）、相机传来的图像信息、激光测距传感器检测到的距离信息等。

机器人缝合过程采用桁架式机器人预制建造平台完成，过程中主要使用了其中 9 轴配置：三轴桁架系统与一台倒挂机器人（图 13-10）。机器人木缝纫建造的主要流程可以分为：①从标准胶合板切割每一块木板片的轮廓，同时在木板上需要缝合的位置铣出螺栓孔，作为临时连接和标记点；②将板片临时弯曲成形并用黑色螺栓进行临时连接；③将机器人缝纫工具移动到待连接的位置附近；④相机扫描螺栓位置，生成缝合路径；⑤机器人缝合；⑥移开机器人；⑦重复第③~⑥步（图 13-11）。

木缝纫展亭建造过程是对机器人预制建造平台的大尺度建造、适应性建造以及定制化建造等概念的综合实验与展示。传感器实时感知与通信系统使机器人木缝纫建造不再依赖于预设的程序和路径，成为一个高度自适应的建造过程，有效解决了弹性弯曲结构建造中因形态不确定性带来的建造难题。

图 13-10　利用机器人预制建造平台进行木缝纫建造

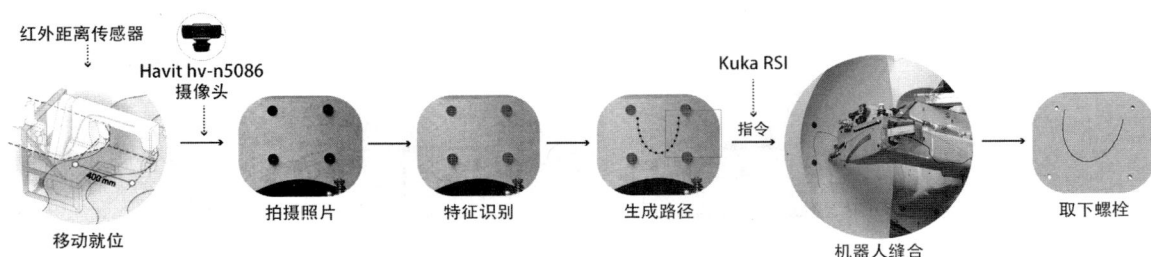

图 13-11　"机器人木缝纫展亭"的自适应建造流程

第 **6** 篇

数字建筑学
的实践

第14章　天府农博园"瑞雪"多功能展厅

14.1　项目简介

天府农博园是四川农博会永久举办地，也是成都市66个产业功能区之一，不仅将打造成四川省"全省乡村振兴示范项目"，还要呈现"永不落幕的田园农博盛宴、永续发展的乡村振兴典范"。作为广袤农博园的点睛之笔，天府农博园"瑞雪"多功能展厅（以下简称"瑞雪"）总建筑面积达 1031m²，坐落于主展馆西侧。项目场地位于农博园核心区域，除几条主要交通外，被大片农耕田地与点状自然林地包围，未来将承接展会、科技农具发布会、论坛路演、音乐会、时装秀、亲子研学等活动。

"瑞雪"的设计从线性的场地边界条件出发，坐落于主展馆西侧。项目场地位于农博园核心区域，除几条主要交通外，被大片农耕田地与点状自然林地包围，将苛刻的用地限制转化为自由连续的整体线性流动空间；起伏错落，形态类似于雪后的地面，也像是正在消融的积雪，描摹出雪落大地、冬雪消融的景象，与周遭景观及人文精神悄然融合（图 14-1）。

图 14-1　农博园"瑞雪"多功能展厅

通过创造出自由、连续的一体化空间，"瑞雪"还赋予了室内功能布局灵活调整的余地，并带来超线性的感受体验。在特定的空间节点，当人们打开天窗、引入天光，感受树木、花草的悄然生长，室内外的边界性渐渐消弭，人工与自然的疏离实现溶解，建筑与周边环境于内在上也实现了高度的和谐统一。

14.2 建筑性能化设计技术：基于结构性能化的壳体找形方法

　　"瑞雪"的整体形态，通过基于结构性能化的壳体找型方法生成。该方案建筑设计界面由于需要绕过场地若干保留树木，形成了较为复杂的边界形态，设计团队最终通过若干半径不同的圆弧相切拟合而成边界最优解。在空间的形态载体上，团队采用了连续壳体，对于这类自由曲面形态，首先需要进行结构性能化分析，根据自由曲线边界有理化处理，获取基本平面边界形态控制线；同时，采用基于动力学模拟工具袋鼠（kangaroo）中的网格重构和粒子—弹簧找形法，来计算稳定力学性质的壳体空间结构。在壳体结构的性能优化方面，团队进行了一系列算法和参数的优化调整，以使空间更符合建筑功能的基本尺度，同时在结构上更为自洽。在对边界控制曲线进行有理化和粒子—弹簧找形计算后，得到了基础的自由曲面连续壳体原型，并对壳体结构生形算法进行了参数类型优化与数值调整，以使其更加满足建筑功能和空间体验的要求（图14-2）。

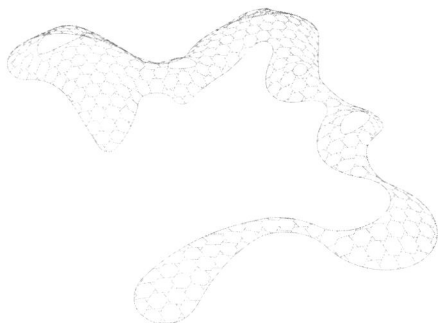

图 14-2 "瑞雪"项目壳体找形结果

14.3 建筑性能化设计技术：木结构互承体系

　　"瑞雪"的屋面由于找形形成了曲率变化复杂的双曲几何，出于对结构效率与材料性能统筹考虑，设计团队对该复杂壳体结构进行进一步研究，最后将"木结构互承体系"作为结构落位方式（图14-3）。

　　互承结构是一种由构件相互搭接形成的空间网格形式结构，其中每个构件在其自身跨度内为其他构件的端点提供支撑，同时自身端点搭接在其他构件的跨度中获取支撑，这样一来彼此支撑往复形成的一种复杂空间网格结构。[1]互承几何最初起源于离散几何分支下镶嵌几何图案的旋转与延伸，以方案选取的正六边形镶嵌网格为例，每个单元线段绕其中点旋转，然后延伸到最近的线段相交，便能得到最后呈现的互承几何图案。

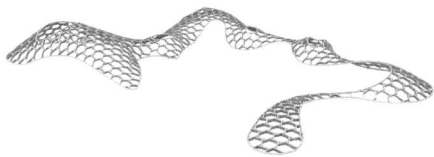

图 14-3 "瑞雪"项目木结构互承体系

在结构找形与优化过程中，对基本的平面互承几何进行面向复杂双曲几何壳体的保角映射，并通过粒子—弹簧找形法进行进一步的整体空间结构优化及搭接角度优化，最终通过六边形单元木梁的相互搭接，形成复杂双曲面空间下的往复性互承传力体系，进而达到最优结构效率与材料用量。

14.4 建筑数字建造技术方法：基于全域感知平台 FUSense 的机器人建造

在智能建造过程中，多模态信息的实时采集与分析至关重要。然而，传统的测绘方法和采集方式往往难以满足复杂施工环境下高精度、多维度数据的采集需求，其原因在于传统测绘技术采用固定平台和固定方式，在工程施工过程中，现场环境不断变化，导致测绘精度难以保障。FUSense 全域感知技术是一种基于多源数据采集、融合和分析的智能建造技术，它能够实现对复杂建筑项目的全方位、高精度、实时地感知和指导，提高建筑设计和施工的效率和质量。

在"瑞雪"项目中，FUSense 全域感知技术发挥了重要作用，通过搭载环境感知技术的自研无人机空中采集终端、全站仪地面采集终端（固定）、动力小车采集终端（移动）等多种感知设备，团队能够实现自动路径规划、自主飞行、自主智能避障、复杂环境测绘等功能，结合 GPS-RTK 实现混合高精度感知，快速生成数字设计模型进行实时交互和对比验证。[1] 这一技术路径能够方便建筑师实时监控复杂项目的施工情况全貌，逐一智能化校对非线性钢结构、互承木结构、OBS 木板平整度、木方高度和打印板等关键要素。

14.5 建筑数字建造技术方法：全 3D 打印屋面体系的机器人建造

为了解决"瑞雪"屋面形体的高低落差超过 9m 以及复杂的双曲几何形状的问题，团队选择了大尺度改性塑料 3D 打印技术进行屋面的形态拟合、模块化分板与样板段预制生产来实施建造。改性塑料的 3D 打印屋面整体构件采用工厂预制、分组编号、现场装配式施工的方式，可以极大地提升现场的施工效率、缩短整体工期。[1] 在完成互承木构的整体搭建后，团队对屋面进一步施工。首先，在木结构上侧铺设一层欧松板（OSB），继而铺设一层杉木（SPF）木龙骨。在木龙骨上侧再铺设第二层欧松板，接着铺设防水卷材，最后进行类似瓦片的 3D 打印屋面搭接铺设。在防水层上，按照结构定位线均匀铺设点式木方，然后将 3D 打印板通过金属构件连接到点式木方上，完成一个区域屋面结构铺设的全部流程。

项目名称：天府农博园"瑞雪"多功能展示馆
项目地点：中国四川成都
设计时间：2021 年
竣工时间：2022 年
主创建筑师：袁烽
建筑设计：高伟哲、孔祥平、张蓓、刘康、胡樱子
结构设计：陈泽赳、程鹏
机电设计：魏大卫、王勇、张卿、陈建栋
数字建造：韩力、张雯、王徐炜、张立名、于涛

第 15 章　南京园博园丽笙精选度假酒店

15.1　项目简介

南京园博园是在汤山原有废弃采矿区基础上建造形成的"世界级山地花园"，其中，丽笙精选度假酒店坐落于南京园博园花园西侧。方案设计概念着眼于几何拓扑、场地形式以及场所文脉的融合表达，非线性空间形态结合精确、智能"人机协同"数字建造体系，诠释了"物性有形、建造无形"的空间含义。

丽笙精选度假酒店整体体量依托于大地的几何语言，15m 的场地高差塑造出层叠盘绕的大地风貌，方案生成顺势而为，依托地形将场地分为南北两大功能区。设定五种高差变化，以环形游园路径为线索，将客房单元、接待大堂、公共康养、餐饮娱乐、景观游园五大元素非线性有机串联。建筑整体自成体系，与崖壁肌理自然对话，与周边原野遥相呼应，多向性的空间为人带来栖居于自然的二元平衡（图 15-1）。

图 15-1　南京园博园丽笙精选度假酒店

酒店 3.5 万 m² 建筑面积的庞大体量，南依潭边，远望"阳山碑材"的北坡崖壁，基地面向景观的尺度狭窄；同时基地北低南高，西临城市展园，景观朝向又是多样的（图 15-2a）。在基地条件限制下，酒店既不能鹤立鸡群、喧宾夺主，又需要形成独立个性、立于风景园林中。在建筑高度上，城市展园的景阳楼是场地中的最高点，同时，城市展园的层层树景让开了从园区入口看向崖壁的视觉通廊（图 15-2b）。酒店 250 间客房的体量需要以谦虚的姿态匍匐在环境里、消隐在视野中，成为南京园博园城市展园视觉通廊树影背后隐约闪现的背景，力图实现"远山不见我，而我见远山"的布局意境。

对于场地态势的找形与揣摩，该项目中引入了地理信息系统（GIS）的可视化技术，客观地分析、解读了崖壁、潭景与场地走势之间的关系。通过分析场地"坡度、高度、坡向"3 个核心要素的切向量与法向量，形成复合向量场。在此基础上，通过粒子集群智能算法的人机协作，求解生成消隐于环境、融入于山水园林的形态走势，在山水园林中实现了技术对数字化建筑找形的赋能（图 15-2c）[1]。

通过该生成式设计方法，酒店呈现出由南至北缓慢跌落的场地走势，衔接了场地中的湖景与崖壁景观。同时，在场地与崖壁、池潭、跌落水系、山景、湖景的复杂关系之外，酒店"大成若缺、大缺若成""藏而硬朗"的取景布局策略，还呼应了园博园城市展园诸多小微园林胜景所构成的新园林景观。迎面而上的线性折叠界面，让柔美的城市展园的边界被重新定义。酒店依坡地匍匐而起的态势与折叠边界后形成的错落层次，共同与园林里的树木相互映衬，达成建筑与环境的和谐对话。

在酒店入口处，为满足酒店入口大量人流上下车，甚至旅行团大巴接送的遮雨需求，檐廊必须保持无柱通畅，建筑与结构一体化构思势在必行（图 15-3）。设计团队首先通过 Kangaroo 进行动力学模拟与概念定性生形，同时这也为木结构屋面设计带来了挑战。在参数化找形过程中，设计团队与结构师配合，模拟双曲壳体的屋面上的堆载以寻找结构的平衡，最终利用两根钢索完成了跨度28m、平均进深 8m 的无柱张挑檐廊结构，钢索下垂的姿

15.2　建筑生成式设计技术：基于场地地理信息可视化的生成式设计方法

15.3　建筑性能化设计技术：基于动力学模拟的性能化设计方法

图 15-2 （a）东北向鸟瞰，酒店与崖壁和景阳楼的空间关系（上）;（b）从景阳楼望向酒店（下左）;（c）屋顶鸟瞰（下右）

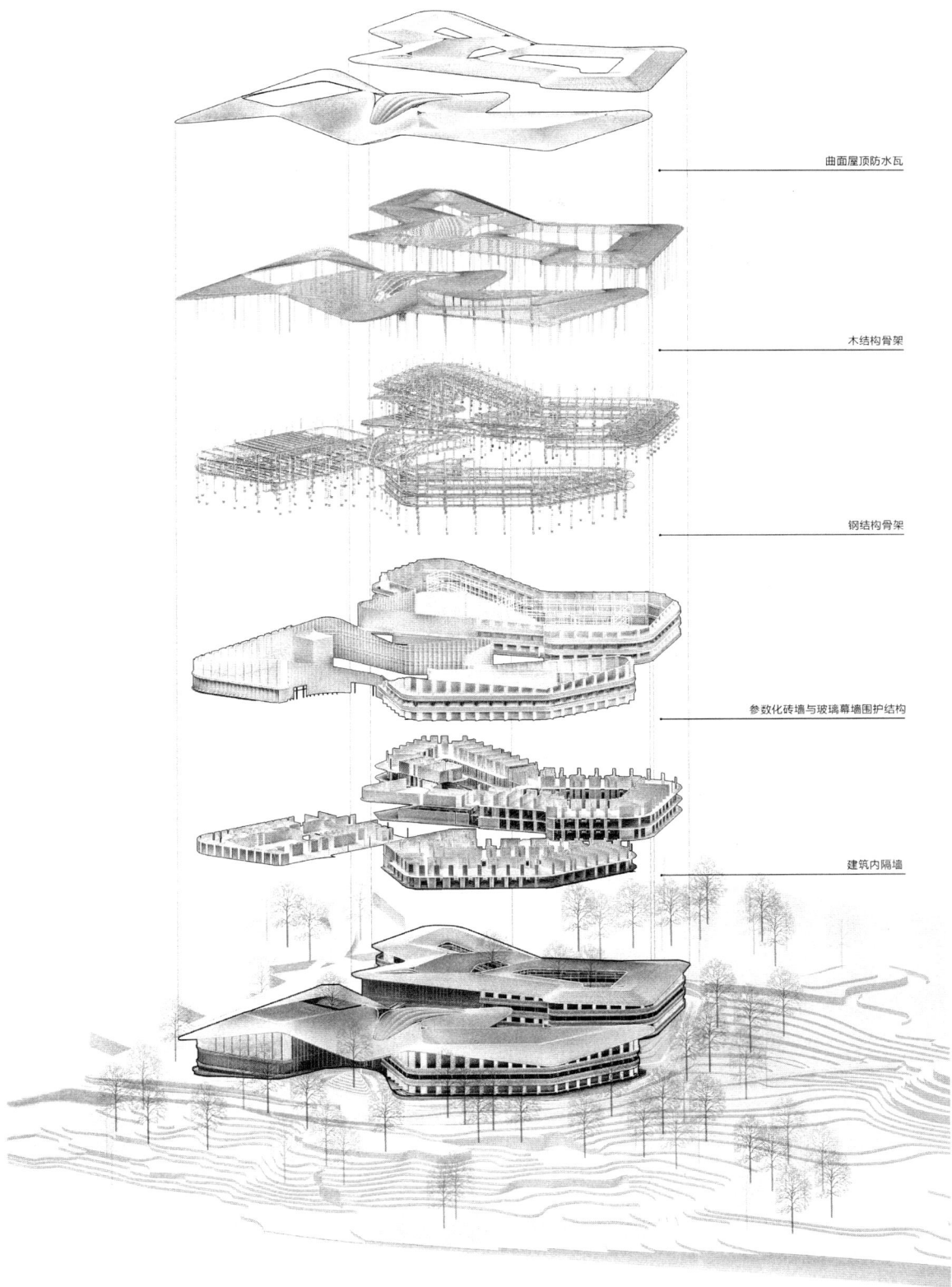

曲面屋顶防水瓦

木结构骨架

钢结构骨架

参数化砖墙与玻璃幕墙围护结构

建筑内隔墙

图 15-3　分解轴测图

态不仅使檐廊更优美，还使受力得到优化[2]。入口雨篷处特意没有做天沟，这样在下雨的时候形成水瀑跌落到水池中，满溢层叠水池变成层叠溪流瀑布的空间意象。

15.4 建筑数字建造技术方法：基于小尺度拟合单元的曲面屋顶建造方法

在双曲屋面的铺叠过程中，无论是对材料的表达还是对气候的回应，其他材料均较难实现于复杂双曲屋面，而瓦则能够在对在地建筑语汇进行呈现的同时，凭借小尺寸的优势，作为一种"像素化"的手段，降解非欧几何形态建造的复杂程度。因此，设计团队选择青色页岩瓦在酒店屋顶铺叠，每块页岩瓦均为一个"平板化"（panelized）的曲面拟合单元，再融合当代自由曲面屋顶的形成，以当代技术表现传统空间神韵。在软件中对屋顶控制曲面进行有序重建和嵌板优化设计，先按照所提取的页岩瓦尺寸生成一定间距的结构辅助线，也将此作为挂瓦条控制线，再调整瓦前后左右的铺叠距离和三维旋转角度，使瓦的搭接更适合挡雨、防水的构造层次关系[2]。通过上述操作，大尺度双曲面屋顶被小尺寸页岩瓦"像素化"降解，形成了拟合单元，几何控制系统也对瓦的尺寸、数量、角度都有了更精确的控制。

15.5 建筑性能化设计技术：基于结构力学与形态耦合计算的双曲屋面设计

酒店大堂意在营造"旷"的穿越感，希望引导人的视线，透过大堂尽端的落地窗，望向园博园的焦点地标"景阳楼"。同时在总图上调适与延展曲折、层叠的界面，使客人在此也能够将蜿蜒迂回的道路水系与深谷藏幽的山湖叠翠尽收视野。

大堂空间延续呼应了入口空间"一树成林"的意境与理念，通过结构力学与形态的耦合计算之后，实现了大堂近 2000m² 的"独柱开花"的双曲屋面空间意象。柱梁结构一体化的灵感来源于拓扑学，用一分四的拓扑构型展开"开花柱"的概念，将整体屋面的受力通过弧形梁与柱的一体化设计实现"形与力"一体化的找形目标（图 15-4）。主要受力体系还是钢结构主体受力，木结构的次级曲梁柱也同时介入受力体系。设计过程通过 Kangaroo 动力学模拟来进行"开花柱"的找形，然后与结构工程师优化节点后，实现形与力、光与空间的融合。

图 15-4 大堂的弧形梁与柱一体化设计

在天然光的介入之下，柱与梁的结构边界、内与外的表皮定义均被模糊，通过边界限定、拓扑找形、骨架分解、网格细化等步骤，柱梁结构体沿着竖直方向升起，再朝着南北两侧舒展，最终生成围护与支撑结构彼此连续又相互翻转的大跨度伞状结构一体化系统。同时基于生态节能的考虑，结构体环状悬挑梁部位围合形成大堂天窗范围，搭配 ETFE 气枕式膜结构，作为大堂日间主要光源，倾泻而下的阳光，使人沉浸在木色森林之中。

15.6　建筑生成化设计技术：基于 AI 的图像参数化立面设计

建筑立面上的如山水泼墨创作中的飞笔光影印记，凝聚了超过 500 幅抽象山水意象的人工智能（AI）模型训练，设计团队采用深度学习生成对抗网络对金陵山水画卷的结构、笔法进行风格迁移；再通过生成器和鉴别器的迭代与博弈，生成与崖壁风貌契合的数字山水画卷；同时，借助灰度离散几何提取，再用参数化手段转化为砖的旋转角度，从而模拟画卷中的山脉形态等关键意象与要素（图 15-5），得到最终立面的图像与数字建构效果[2]。

砖墙肌理映射

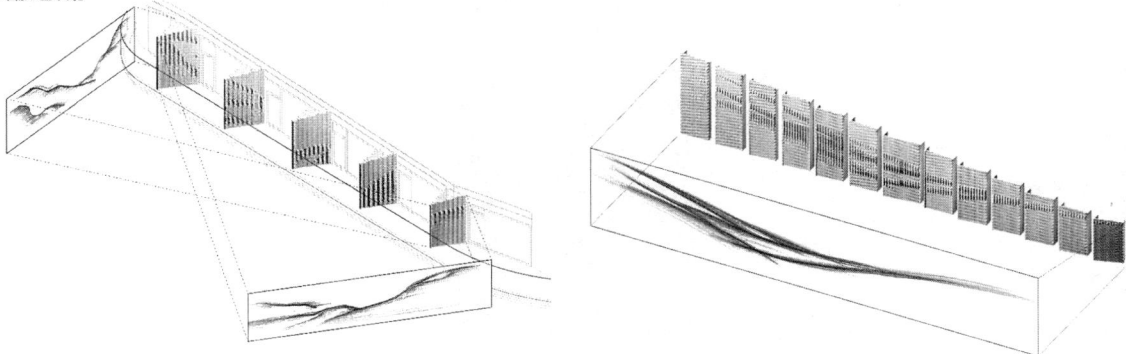

图 15-5　灰度离散几何提取与立面砖墙参数化设计

15.7　建筑数字建造技术方法：砖构建筑机器人参数化建造

图 15-6　砖构立面再现崖壁山水

在丽笙精选度假酒店的机器人建造实践中，所有砖块的空间坐标与旋转角度通过参数化程序写入计算机几何模型，砖构建筑机器人实现了对砖块的精准抓取、抹浆与砌筑。AI智能生成的图像投射在超过 4000m^2 的砖构立面上，将图像上不同的灰度信息离散为 0°~40° 不等的砖块旋转角度，通过旋转之后的砖块在砖构立面上的凹凸形成不同灰度的阴影，完成图像信息的投射与转译。砖构立面采用江南传统建筑材料青砖，同时以钢板、玻璃作为辅助性建筑材料，实现对在地文化记忆的设计与再现（图 15-6~图 15-8）[2]。

对于机器人木构、砖构的人机协作实践，不仅是在建造时间与完成精度上都表现出显著优势，更重要的是使机器与人在情感、思维、记忆甚至创作意图上实现了实质上的互动。这对于在后人文时代如何打通虚拟设计与物质智能的关联具有里程碑的意义。

项目地点：江苏园博园苏韵荟谷片区
设计时间：2018 年
竣工时间：2021 年
主创建筑师：袁烽
主创建筑师单位：同济大学
建筑设计深化团队：高伟哲、孔祥平等
建筑设计深化单位：上海创盟国际建筑设计有限公司
数字建造单位：上海一造科技有限公司

图 15-7　机器砖构立面

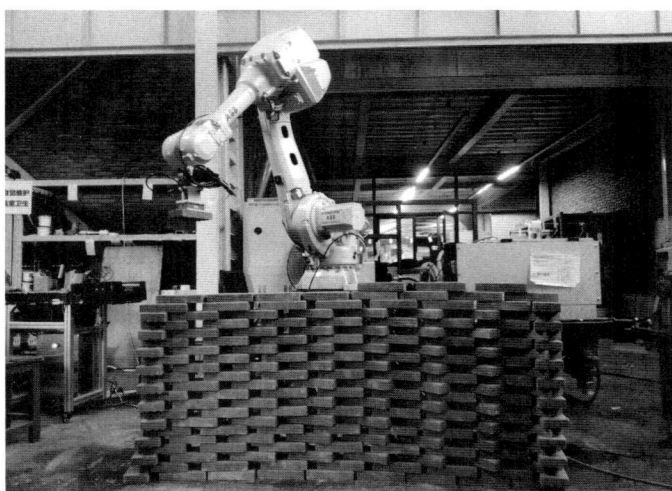

图 15-8　机器砖构建造过程

结构顾问单位：和作结构建筑研究所
室内设计单位：LWK+PARTNERS
基地面积：24600m²
建筑面积：34646m²
结构形式：钢木混合结构

第 16 章　乌镇"互联网之光"博览中心与"水月红云"智能建造亭集群

16.1　项目简介

乌镇"互联网之光"博览中心（图 16-1）用地位于乌镇核心镇区的西北角，由上海创盟国际建筑设计有限公司负责主创设计。项目包括作为博览中心主展馆的"叠幔馆"与主展馆东侧的"水月红云"四处展亭。主展馆"叠幔馆"以近 2 万 m^2 的无柱空间作为其主要建筑语言，自南向北划分为 4 个展厅，面对不同规模和性质的活动时，可以通过 4 个展厅的串联与划分适应不同的空间使用需求。东侧的"水月红云"四处展厅以机器人智能建造为主题，分别以机器人砖构、机器人木构、机器人 3D 打印模板 + 砖拱壳和机器人 3D 打印为主要技术方法展开实践。

图 16-1　"互联网之光"博览中心

如果说乌镇互联网大会作为一个超尺度的空间介入，是这个时代赋予江南水乡的超现实版内容，那么新建筑空间则可以被定义为承载人类活动的舞台。正像雷姆·库哈斯（Rem Koolhaas）在《疯狂的纽约》（*Delirious New York*）中记录的——高层建筑并不仅仅是承载着不同的功能，也是生产当代大都市各种事件的载体。然而，在疯狂的资本生产能力的无限增长下，似乎需要重新审读狭义的人本主义的内涵。围绕人的情感与欲望迅猛发展起来的全球化进程，似乎在后疫情等新生存伦理面前显得无力而弱小。人类肉身的赛博化正在发生，正如人机交互、增强现实、建筑机器人以及人工智能等正在指向人与机器在建筑领域更深层次的融合。后人文时代，并不是反人本主义的时代，反而是鼓励我们去扩展人的认知边界，理解世界万物本来应该具有的本源物性[1]。人机协作的创造性工作，将引领我们从新视角认识历史、现实与未来。

乌镇"互联网之光"博览中心一方面肩负了水乡古镇的文化升级，同时也需要面对互联网时代高增长需求。后人文建构可以理解是一种回应，其涵义既包含了营造过程的新生产力的建构逻辑与形式逻辑，也包含了数字人文时代的文化重构内涵。乌镇"互联网之光"博览中心不仅作为一个新建筑空间，更是一次后人文哲学思辨背景下的建构实验。

16.2　叠幔馆

项目位于乌镇核心镇区的西北角，整个场地被农宅、旅游项目以及已建成的一期展馆所包围。整个片区紧邻乌镇西栅古建筑群，在区域城镇化发展进程中，新老区域建筑交织，呈现出复杂的多样性。项目建成后将作为 2019 世界互联网大会的新场馆。[2]

距离互联网大会只有短短的 6 个月，需要在这么短的时间内建造一处满足复杂展览功能的大型展馆，除了基本的设计问题需要考量之外，更要创造性地思考如何提高施工效率，综合考虑设计中可能涉及的方方面面，建筑、结构、机电、室内、幕墙等，以及不同环节的相互交叉和施工的便利性，而其中，如何通过优化结构施工提升整体效率更是重中之重。考虑本次大会紧迫的工期要求，设计团队结合空间需求创造性地提出最小脚手支撑系统、多立体施工界面的全预制装配结构体系来实现空间功能与时间的平衡。

这样的逻辑方式影响下的核心方法是对空间受力体系的"降维"处理。以优化构件组合逻辑，将大构件拆分成可快速计算、形态调整和建造模拟的极简构件，从而强化其可加工建造性，并进一步优化现场不同建造步序之间的时间平行和不同构配件的工序现场交替作业[3]。

在设计早期，为呼应周边场地关系，建筑概念希望以起伏的立面轮廓来适当削减大空间的尺度感，并呼应水乡连绵的屋顶。同时建筑师设计了斜向屋脊，使室内空间更为丰富，但是考虑到这样会产生更多的非标准化构件，进而影响工期，故将形态调整为平行的屋脊（图16-2）。

建筑师出于回应古镇风貌保护的要求，决定采用真瓦作为屋面材料，这与大跨展馆普遍采用的轻质屋面做法是不同的。大跨度的重载屋面、紧张工期便成了结构设计之初的限制条件。

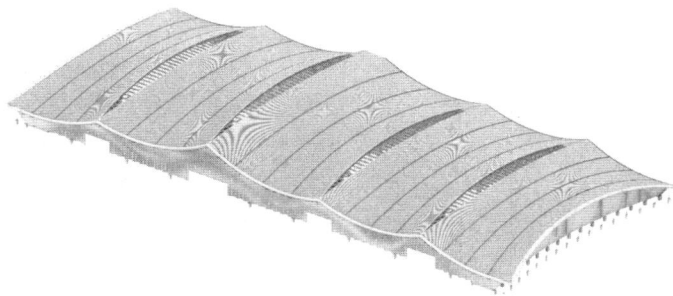

图 16-2　叠幔馆屋面

16.2.1　建筑性能化设计技术：基于数字图解静力学设计方法

（1）图解静力学与"瓦屋面"

屋面调整为平行屋脊后便出现了很明显的正交性，在结构上也具有了拆解后思考的可能。在与屋脊垂直向的剖切平面上（图16-3），屋脊间的下垂曲线不禁使人自然地联想到图解静力学中一定会出现的悬链分析。以高效的悬垂受力系统回应"瓦屋面"成为直觉上的首选[3]。

在工程层面悬垂受力系统有多种具体的实现方式，常见的有索桁架、柔性索＋刚性屋面、悬垂梁＋半刚性屋面。在这3个结构系统中，索桁架具有最高的力学效率，但本项目的屋脊高低起伏、屋面跨度大小不一且多跨间相互牵扯，这将使索张拉过程变得复杂，不利于结构的快速建造[3]。

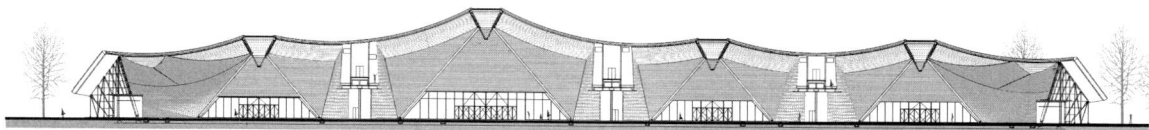

图 16-3　叠幔馆纵向剖面

　　日本代代木国立竞技场所采用的半刚性悬垂系统在屋脊设置两根悬索，分别悬吊半幅由钢曲梁及薄钢板组成的屋面，这种系统具有更好的施工可控性。基于上述系统的结构变体成为设计发展方向，同时以"瓦屋面"自重抵抗风荷载的策略，在受力需求上也与悬垂系统具有内在的关联。

　　（2）连续五跨的悬垂受力系统

　　不同于代代木国立竞技场，本项目的半刚性悬垂屋面有连续五跨（图 16-4）。虽然每个屋脊所采用的张弦梁竖向受荷刚度较好，但张弦梁的面外刚度以及整体抗扭转能力均相对较弱，两侧悬垂屋面对张弦梁的水平拖拽力需要精心调整优化，以便使其两侧的力差在各工况下都可控（图 16-5）。

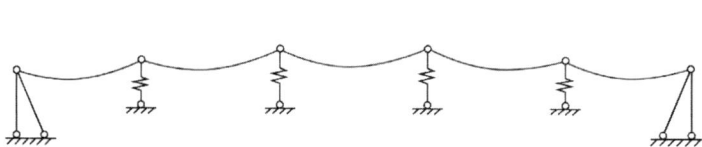

图 16-4　张弦梁作为弹性支点的五跨连续半刚性悬垂屋面，屋面端部以斜撑杆及竖向地锚索作为支点

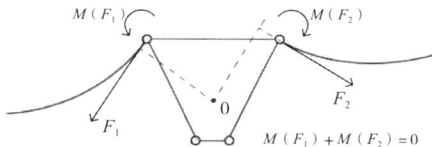

图 16-5　倒梯形张弦梁两侧的拉力需要精心调整，以减小张弦梁的扭转变形

　　张弦梁两侧拖拽水平力的调整优化即是对于各区域屋面跨度与垂度的优化，虽然通过图解静力学或者其衍生出的找形算法可以确定出梁的"悬链线"形态，并获得各跨的最优垂度比例，但严格按找形曲线进行结构设计会存在大量具有微小尺寸差异的构件，阻碍加工与施工的快速开展。因此，将全部"悬链线"梁做了近似统一，归并成曲率半径一致的"圆弧线"悬垂梁，并以此为前提，结合各展区的空间需求与可接受的梁高进行反推，来优化屋面的跨度配置比例与垂度[3]。

　　（3）二次构件优化，张弦梁与斜撑

　　悬垂梁方案定型后，张弦梁及立柱也结合建筑的空间布局进行了深化。利用 V 形空间支撑及竖向地锚拉索来减小跨度（图 16-6、图 16-7），空间支撑与拉索围合出半室外门廊（图 16-8），支撑内部空间用于满足设备需求。这一调整还显著提高了整个体系的抗侧能力[3]。

图 16-6　支柱（支撑）配合建筑空间的设计演进

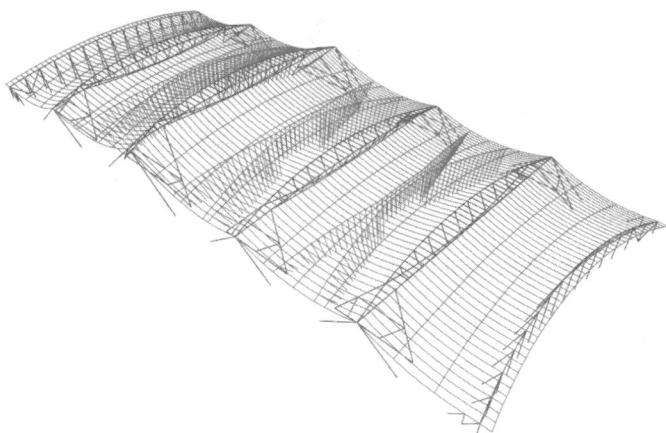

图 16-7　深色构件为倒梯形张弦梁与地锚拉索

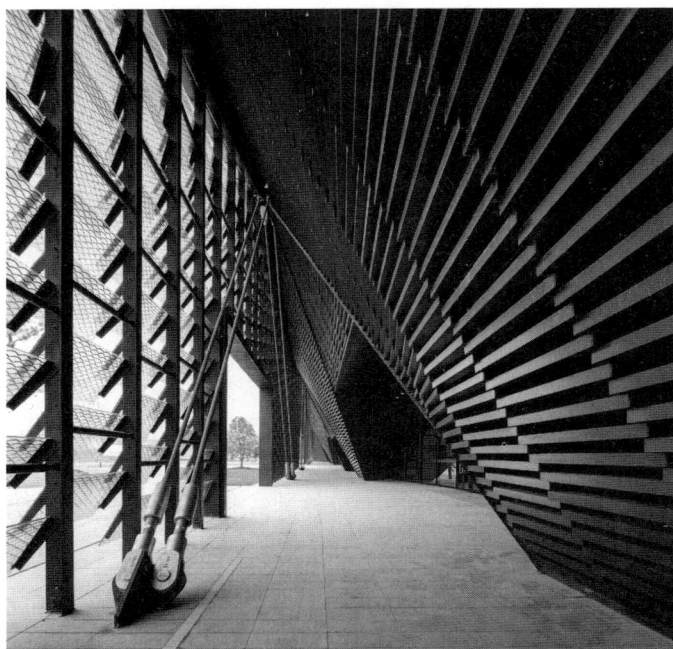

图 16-8　Ｖ形支撑与地锚索间的半室外门廊空间

（4）数字化工具的介入

建筑在设计之初便采用大量参数化手段，以应对在极短的时间内的精准控制及反复调整。这对结构设计也提出了同等的挑战。因此结构的参数化成为必须，结构师为此搭建了基于 Grasshopper+Karamba 的对接平台完成调整与优化找形。但是，本项目中并非将设计的主动权交给算法，而是将参数化作为应对过程中不确定性以实现灵活应对的技术手段。

建筑与结构同步的参数化设计策略将整个设计流程从传统的图纸对接变为全数字化模型对接，大幅提高效率与精度。双方共用的参数化平台搭建完成后，结构通过对控制参数的调节，即可快速获得方案的受力反馈以应对建筑构思的调整，同时也为后续对接传统有限元分析创建了良好的前处理平台。

结构的形式对原定整体性的连续空间产生反馈作用，将其分割为 4 个可独立运行的展区。二次展区间的空间分割带来设置更多立柱的机会，可产生与之匹配的四跨连续的排架结构形式（图 16-9）。

经过对综合造价、加工周期、屋面构造、室内空间品质以及长久而言的空间灵活性进行比选后，设计师采用了悬垂梁＋张弦梁的结构形式，并基于这一结构方案进行空间的积极迭代响应。对于建筑师，在空间分割区域增加了辅助功能与空间（图 16-10）；对于结构师，虽然曲梁及屋面板组成的反向拱壳结合屋面自重能够完全抵抗风吸力，但仍借此机会在空间分割处补充了抗风辅助索，而拉索兼做内幕墙的面板吊索。

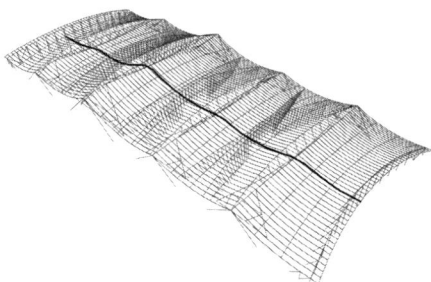

图 16-9　结构系统示意

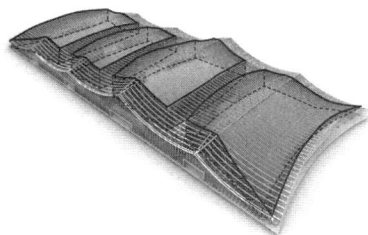

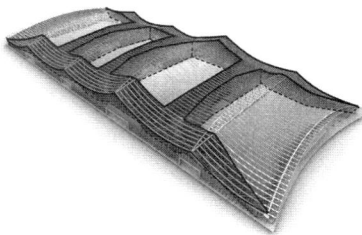

| 大厅空间 | 多功能厅、卫生间、设备用房和设备管道 | 半室外通廊 |

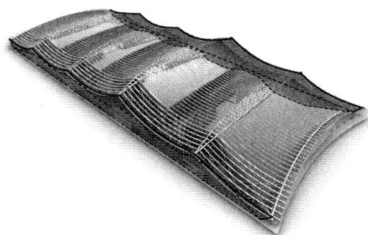

图 16-10　修改后的功能与空间布局

"叠幔馆"近 2 万 m² 的无柱空间是其主要的建筑语言。在设计上，考虑互联网大会展览和未来多元运营的功能要求，展馆自南向北划分为 4 个展厅，既分又合——既可以

16.2.2　建筑数字建造技术方法：设计与建造一体化预制装配建造

在大型展会时串联使用，又可以并联单独开启从而应对未来不同规模和性质的活动。考虑独立展厅空间的空间感受和适用性，每个展厅采用了中高外低的空间断面，将主张弦梁布置于展厅中部，利用张弦梁进行起拱，实现空间需求。同时将张弦梁在顶部打开，引入天光，进一步结合结构提升空间品质。主张弦梁之间设计团队创造性地提出了"悬链梁"的结构形式进行连接，这个结构形式原型来源于悬索结构，通过材料受拉让钢材的性能得以最大释放。但又不同于常规悬索结构需要大量的时间进行索形调整，设计团队用工字钢替换钢索，实现了材料的预找形，同时设计并不追求极致的结构形态的悬链线，而将 230 根悬链梁统一优化为半径一致的圆弧段，很大程度上降低了加工难度和出错的几率[3]。梁索互换同时大大降低了屋面的铺设难度，为施工界面的立体切分创造了条件（图 16-11）。

图 16-11　张弦梁与悬链梁结构体系的室内空间

　　设计与建造一体化逻辑在设计阶段得到了全面的梳理。结构形式的逻辑与辅助用房和机电系统的逻辑在 BIM系统中得到了充分融合，结构的主空间进一步为辅助用房和机电系统提供了合理的通廊空间。而这一形式也同时实现了对结构施工单元的合理划分。在施工时，先在主张弦梁部分进行临时的脚手支撑，所有的张弦梁都可以通过吊挂装配的方式进行施工，而不必占据地面空间，这样就可以实现地面和屋顶的同步施工。结构装配、屋面铺设、机电安装都可以在非常少的工作面切换后同步展开，从而极大地提高了工程效率。

为了实现主展馆的快速建造，全预制装配建造成为首选思路。在结构部分，整体建筑结构被层层拆解为 8 根 A 形柱、4 根张弦梁、两段边缘弧梁以及 230 根悬链梁，并且所有构件都经过有理化处理，以满足快速建造的要求（图 16-12）。

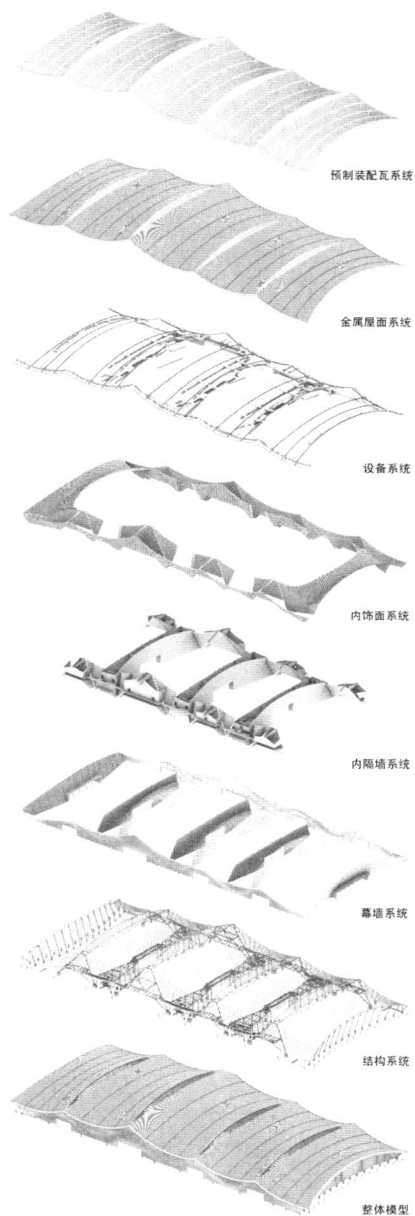

预制装配瓦系统

金属屋面系统

设备系统

内饰面系统

内隔墙系统

幕墙系统

结构系统

整体模型

图 16-12　主展馆拆分示意

16.3　水亭：机器人砖构

水亭位于博览中心园区主展馆东侧，以红砖为材料，使用机器人砖构工艺建造，实现园区的服务驿站功能，总建筑面积 52m²，场地面积 190m²。由于异形纹理砖墙需采用机器人砌筑实现，机器人的工作范围便成为砖墙的最初设计灵感。为了充分利用机器人的工作范围以达到最佳的生产效率，砖墙采用了多个圆弧首尾相连的平面形态，而圆弧的半径即砌筑机器人的工作半径。在确定这个基本概念后，设计与建造的一体化衔接变得十分自然，设计操作和机器人建造编程以及所有的交接与构造都可以在同一套模型内完成和体现，各部分的编号、规格、施工进度信息都可以植入到信息模型中[4]。建造机器对于设计的反哺在这个案例中得到了直接体现。

在实际建造过程中，水亭项目采用了现场预制的建造思路，全部砖墙面由建筑机器人在现场进行批量化与自动化的预制，兼顾了准确性、经济性和生产效率。项目采用两台现场预制化装备进行批量化的砌筑，不仅在短短一周内完成了墙体的砌筑工作，也实现了高曲率渐变墙体形态的精确砌筑。现场预制完成后所有墙体可直接进行吊装，构成了基于施工现场的预制装配一体化建造流程（图 16-13）。

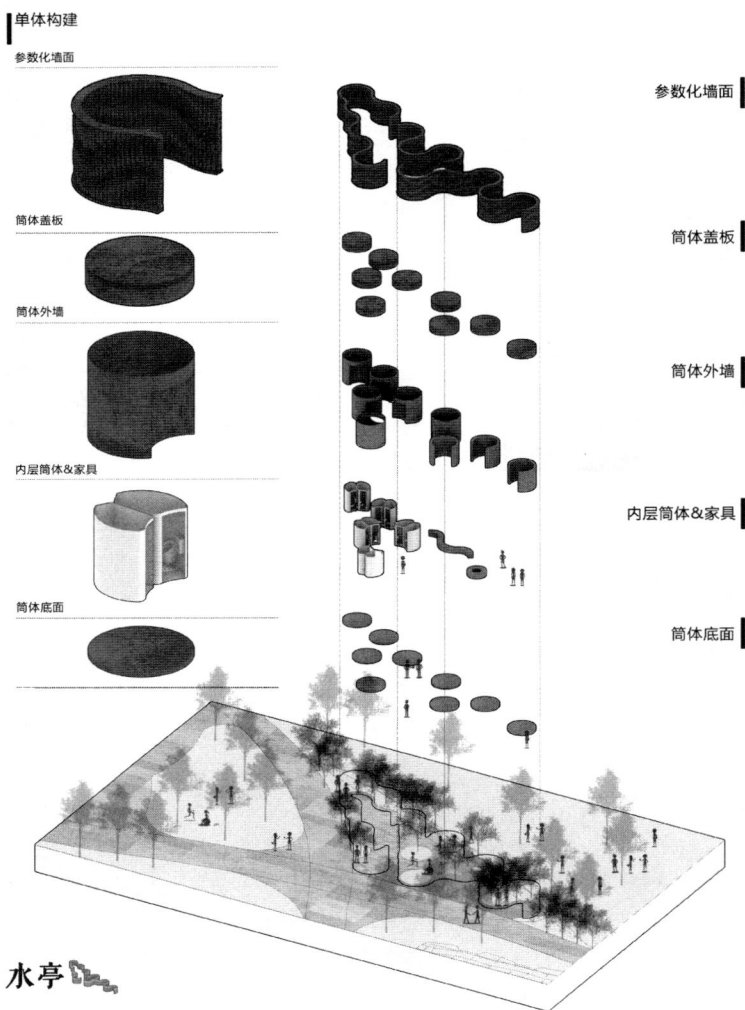

单体构建

参数化墙面

筒体盖板

筒体外墙

内层筒体&家具

筒体底面

水亭

图 16-13　水亭拆分示意

16.4　月亭：机器人木构

　　月亭形状由三圆相切得到，双门敞开时可让月亭以拥抱的姿态面向场地，月门上布满展示柜，可供成列各色纪念品，取"月晴"的意象隐喻。双门关闭时，檐口之下的一圈座椅可承载公共休息的功能，其环抱场地的姿态让游人可以停留，即为相应月晴而来的"月阴"，两种回应场地的姿态皆体现了月亭极强的公共性（图 16-14）。

图 16-14　月亭室内实景

　　月亭的建造采用了建筑机器人木构工艺。所有的几何构件在半月形找形中实现了木构精准铣削，让非线性的平面与木构单元形成了精准的建造对应关系。屋顶以阳光板作为材料，充分引入日光。月亭屋顶构架为放射状钢结构，并配合结构辅以 LED 照明灯带；在夜间，灯光透过阳光板漫射而出，使月亭获得晶莹剔透的视觉体验，实如地上明月，呼应月亭的设计主题（图 16-15）。

　　月亭总建筑面积 98m^2，场地面积 239m^2，均通过数字模型模拟建造过程，预制加工后现场快速装配，亦可拆解运输，达到可循环使用的目的。

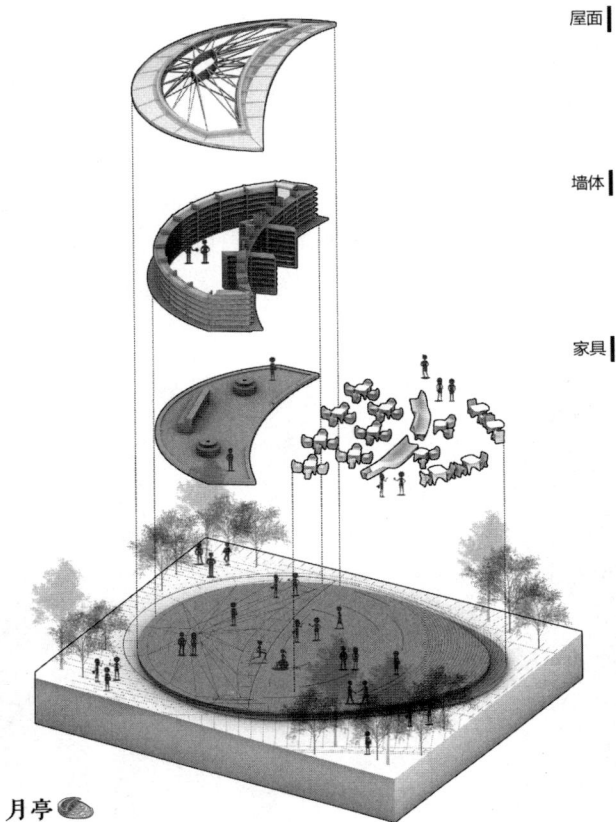

屋面

墙体

家具

月亭

图 16-15　月亭拆分示意

16.5　红亭：机器人 3D 打印模板 + 砖拱壳

红亭作为乌镇"互联网之光"博览中心景观大道中的主要节点，为以"智能建造"为主题的景观通廊起到了点睛之用。红亭总建筑面积 273m^2，场地面积 487m^2。作为复杂砖结构壳体，数字建造系统在复杂构件批量定制生产与现场施工方面起到了重要作用。

红亭的建造中引入了建筑机器人 3D 打印模板建造技术，利用机器人 3D 打印的预制化结构单元为壳体提供复杂曲面形态的结构模板。在 3D 打印模板的几何设计上，设计团队基于原始 UV 四边形网格设计了一种风车形图案，形成互承支撑结构。这主要是由于改性塑料 3D 打印材料的杨氏模量较低，该结构可以提供比普通的四边形网格更好的刚度[4]。打印材料消耗量较原始方形网格模板降低了 30%。在打印模板的功能设计上采用了复合功能设计，结合聚氨酯喷涂、机器人铣削等现代数字加工技术，赋予结构模板更多的保温隔热等性能，模板在建筑上永久保留，并兼具保温隔热等构造功能，避免了模板拆卸的二次浪费。

最终整体被拆分为接近 1500 个 3D 打印单元，基于 Grasshopper 环境的建筑机器人编程软件 FUROBOT 提供了机器人编程和 3D 打印工艺支持，然后由 8 台 3D 机器人打印完成，同时利用设计模型中的编号系统，最大程度地优化了现场超 600m^2 的壳体曲面模板拼装。红亭的全部建造过程由完整的设计模型进行尺寸定位上的指导。现场搭建结果通过三维扫描反馈至虚拟模型中进行比对，从而指导现场调整。全三维扫描检查将最大公差控制在 ±2cm 范围内，使砖壳的最终砌体精度达到一个较高水平。建造完成后进行最终现场荷载试验，以检查壳体在不同荷载工况下的结构响应，最终在可行走区域添加了 90t 沙袋，将试验结果与有限元分析结果进行比对，确保了结构安全性及其与分析结果的一致性（图 16-16~图 16-19）。

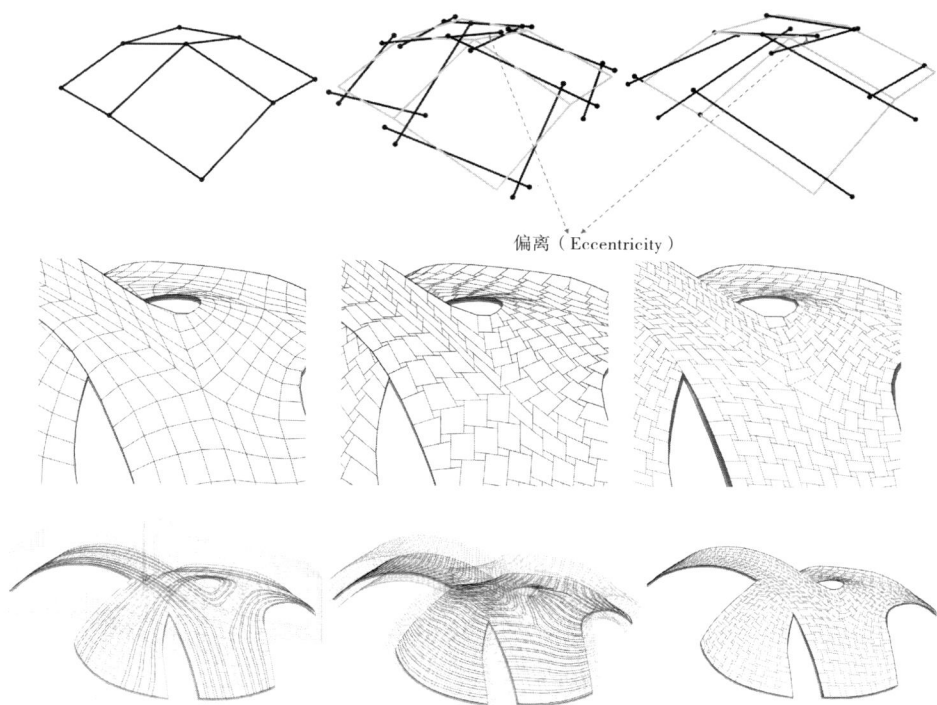

偏离（Eccentricity）

图 16-16　红亭的集成几何系统

图 16-17　红亭 3D 打印模板现场安装

图 16-18　红亭实景

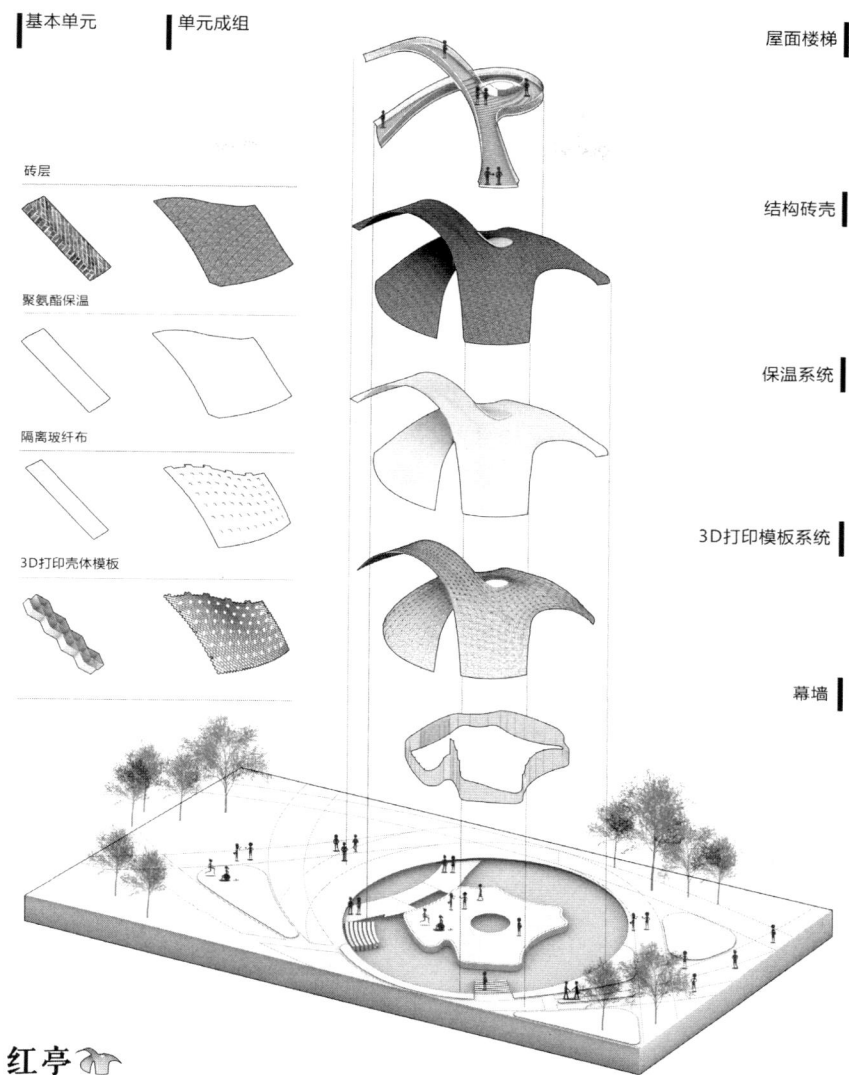

基本单元　单元成组

屋面楼梯

砖层

结构砖壳

聚氨酯保温

保温系统

隔离玻纤布

3D打印模板系统

3D打印壳体模板

幕墙

红亭

图 16-19　红亭拆分示意

16.6　云亭：机器人 3D 打印

云亭总建筑面积 139m²，场地面积 233m²，主要由建筑机器人改性塑料 3D 打印工艺完成。其在内部划分为 3 个空间体量，分别为 1 个室内咖啡厅、2 个半露天休憩平台，形成 3 束各自独立的伞状结构。通过采用一系列拓扑优化算法来提高云亭的整体结构性能，从而优化展亭的形式，在进行结构计算后原本平展的屋顶转换成整体起伏的几何形状，其结构刚度大大增加。在拓扑优化的同时，根据结构内部应力分布，展亭整体自动划分为不同的加工构件，形成简洁高效的结构框架。

在云亭的建造过程中，针对项目定制开发的 3D 打印分板程序直接对接建筑师手中的设计几何信息，从而生成可 3D 打印的分板模型。云亭主体部分划分为 400 余块不同的打印构件，所有的构件通过 4 台建筑 3D 打印机器人在两周内预制完成，运往现场进行装配。装配过程也同样使用到机器人定位技术，机器人直接接收各板块三维位置信息，经过现场坐标标定后，由机器人直接进行异形墙板的现场定位。单构件装配误差小于 2mm，整体装配误差小于 20mm。在数字化智能设计和机器人建造技术的支持下，云亭结合了结构性能分析技术与改性塑料打印路径优化流程，采用工厂预制化生产与现场装配的建造方式，革命性地提出了一种基于新型材料的"数字孪生"智能化生产模式（图 16-20、图 16-21）[4]。

"互联网之光"博览中心项目信息

设计单位：上海创盟国际建筑设计有限公司

主创建筑师：袁烽

项目建筑师：韩力

数字建造项目负责人：张雯

设计时间：2019 年 3—5 月

图 16-20　云亭实景

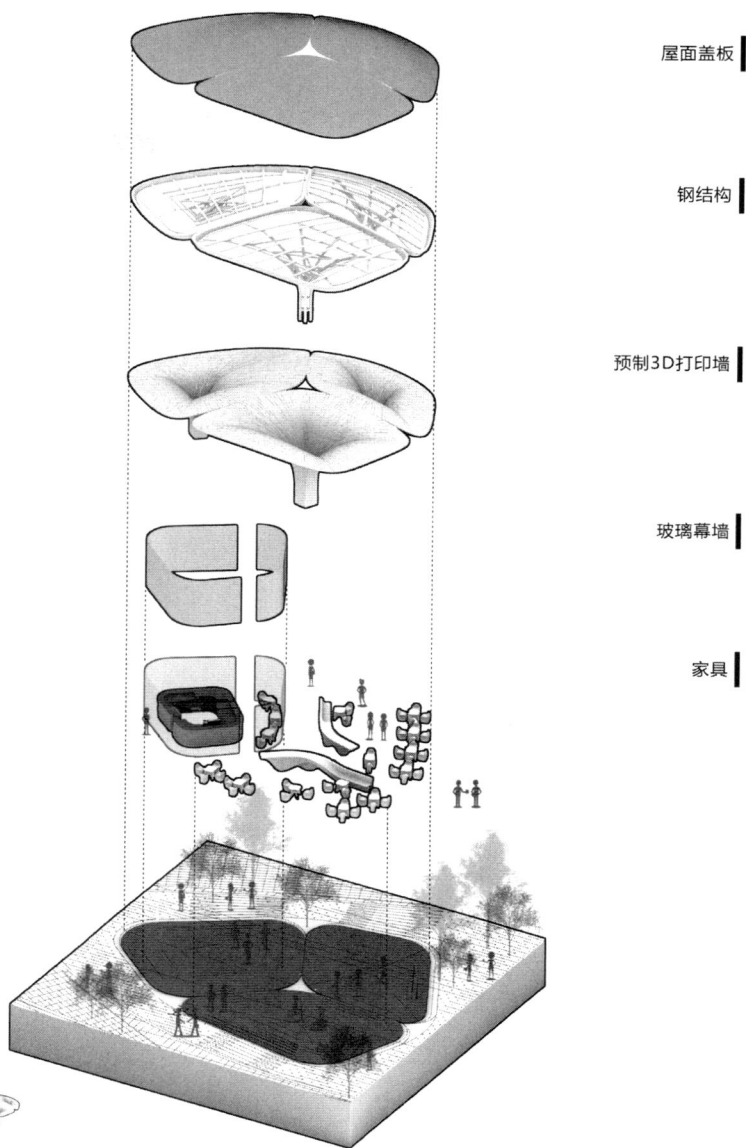

屋面盖板

钢结构

预制3D打印墙

玻璃幕墙

家具

云亭

图 16-21 云亭拆分示意

建筑面积：主馆 19466m²，管控中心 6285m²
占地面积：主馆 18152m²，管控中心 2140m²
建筑设计：孔祥平、黄金玉、顾华健、陈浩、
　　　　　张浩波、李煜颖、楼宇、陶曦、金晋磎
室内设计：何福孜、王炬、王一飞、王拓盟、
　　　　　刘露文、唐静燕、崔萌萌、蒋海言
结构设计：张准、黄涛、王瑞
机电设计：王勇、魏大卫、张卿、陈正文、喻晓、
　　　　　陈建栋

数字建造：上海一造科技有限公司
结构顾问：和作结构建筑研究所

"水月红云"智能建造亭集群项目信息
建筑设计 & 数字建造一体化单位：上海一造科技有限公司
主创建筑师：袁烽
数字建造项目负责人：张雯
红亭预研团队：Philippe BLOCK, Philip F. YUAN, Xiang WANG, Kam-Ming Mark TAM, Gene Ting-Chun KAO, Zain KARSAN, Dalma FÖLDESI, Hyerin LEE, Jung In SEO, Anna VASILEIOU, Youyuan LUO, Chun Pong SO, Xiao ZHANG, Liming ZHANG, Hua CHAI
设计时间：2019 年 3 月—6 月
建筑面积：水亭：52m^2，月亭：98m^2，红亭：273m^2，云亭：139m^2
占地面积：水亭：190m^2，月亭：239m^2，红亭：487m^2，云亭：233m^2
建筑：王祥、罗又源、高伟哲、韩力、孔祥平、苏骏邦、张啸、朴京达、李煜颖、王雅婷
室内：刘露雯、王炬、唐静燕、崔萌萌、李园园
结构：黄涛、王瑞
机电：魏大卫、陈建栋、王勇、张卿
数字建造：张立名、陈哲文、周轶凡、王徐炜、彭勇、姜滨
结构顾问：和作结构建筑研究所

参考文献

第 1 章

[1] KOSTOF S. The architect: Chapters in the history of the profession[M]. Oakland: Univ of California Press, 2000.

[2] CALVO-LóPEZ J. From Mediaeval Stonecutting to Projective Geometry[J]. Nexus Network Journal, 2011, 13（3）: 503-533.

[3] 袁烽，闫超."新唯物主义"营造从图解思维到数字建造 [J]. 时代建筑, 2016,（5）: 6-13.

[4] ROWE C. The mathematics of the ideal villa and other essays[M]. Cambridge: MIT press, 1982.

[5] PEARLMAN J. The Texas Rangers: Notes from an Architectural Underground[J]. Journal of Architectural Education, 1996, 50（2）: 127-128.

[6] Hejduk J. John Hejduk, 7 houses: January 22 to February 16, 1980[M]. New York: Institute for Architecture and Urban Studies, 1979.

[7] WOLFRAM S. A new kind of science [M]. Champaign: Wolfram media, 2002.

[8] CHU K. Metaphysics of genetic architecture and computation[J]. Architectural Design, 2006, 76（4）: 38-45.

[9] LYNN G. Architectural curvilinearity, the folded, the pliant and the supple[J]. Architectural Design, 1993（102）: 8-15.

[10] MARCH L. The architecture of form[M]. Cambridge: Cambridge Univ. Press, 2010.

[11] FRAZER J. Creative Design and the Generative Evolutionary Paradigm[M]//Creative Evolutionary Systems. Burlington: Morgan Kaufmann, 2002: 253-274.

第 2 章

[1] DE SAUSSURE F. Nature of the linguistic sign [J]. Course in general linguistics, 1916, 1: 65-70.

[2] PIAGET J. Structuralism（psychology revivals）[M]. East Sussex: Psychology Press, 2015.

[3] CORBUSIER L, EARDLEY A. The athens charter [M]. New York: Grossman Publishers, 1973.

[4] 朱渊. 现世的乌托邦:"十次小组"城市建筑理论 [M]. 南京: 东南大学出版社, 2012.

[5] VON MEISS P. Elements of architecture: From form to place+ tectonics [M]. Lausanne: EPFL Press, 2013.

[6] WOODWARD K, DIXON D P, JONES III J P. Poststructuralism/poststructuralist geographies [J]. International encyclopedia of human geography, 2009, 8: 396-407.

[7] DELANDA M. The new materiality[J]. Architectural Design, 2015, 85（5）: 16-21.

[8] DELEUZE G. Foucault[M]. Minnesota: U of Minnesota Press, 1988.

[9] CHU K. Metaphysics of genetic architecture and computation[J]. Architectural Design, 2006, 76（4）: 38-45.

[10] Knight TW. Transformations of Languages of Designs[M]. Los Angeles: University of California, 1988.

[11] SCHUMACHER P. The Autopoiesis of Architecture: A New Framework for Architecture[M]. London: Wiley, 2011.

[12] Xie Y-M, Steven G P. Basic evolutionary structural optimization. Evolutionary Structural Optimization[M]. London: Springer, 1997.

[13] NIETZSCHE F. Selected Letters of Friedrich Nietzsche [M]. Cambridge: Hackett Publishing, 1996.

[14] RUIN H. Ge-stell: Enframing as the Essence of Technology [M]// Davis B. (eds) Martin Heidegger Key Concepts. Stocksfield: Acumen Publishing. 2013: 183-94.

[15] CLYNES M E, KLINE N S. Der Cyborg und der Weltraum (1960) [M]. Reader Neue Medien. Bielefeld: transcript Verlag, 2007.

[16] CLARK A. Natural-born cyborgs? [C]//Beynon, M., Nehaniv, C.L., Dautenhahn, K. (eds) Cognitive Technology: Instruments of Mind. Springer, Berlin, Heidelberg, 2001.

[17] MITCHELL W J. City of bits: space, place, and the infobahn [M]. Cambridge: MIT Press, 1996.

第 3 章

[1] 约翰逊，单墫. 近代欧氏几何学: Advanced euclidean geometry [M]. 哈尔滨: 哈尔滨工业大学出版社，2012.

[2] 袁向东. 笛卡尔的数学观——兼评他对欧氏几何的反思 [J]. 科学技术与辩证法，1994.

[3] 杨世国. 关于高维非欧几何的几个基本定理 [J]. 沈阳工业大学学报，2003，0（1）: 87-90.

[4] 彭林. 非欧几何的由来 [J]. 中学数学教学参考，2004（5）: 62-4.

[5] 赵晓芬. 从非欧几何的产生看数学对人类文化的影响 [J]. 长春师范学院学报: 自然科学版，2004，23（2）: 23-5.

[6] 苏朝浩，张枢健，何永鹏，等. 从数学模型向力学模型的极小曲面薄壳的数字建构 [J]. 工业建筑，2022，52（9）: 53-59+79.

[7] 苏朝浩，王俊聪，陈庆军，等. 大型极小曲面壳体数字化建造 [J]. 南方建筑，2021，（5）: 86-93.

[8] 陈顒，陈凌. 分形几何学 [M]. 北京: 地震出版社，2005.

[9] 苏战军，陈洪京，高海霞. 离散几何的两个铺砌问题 [J]. 数学的实践与认识，2008，38（23）: 175-181.

第 4 章

[1] Özkar M, Kotsopoulos S. Introduction to shape grammars[C]//ACM SIGGRAPH 2008 classes. Los Angeles California: ACM, 2008: 1-175.

[2] Rivero M, Feito F R. Boolean operations on general planar polygons[J]. Computers & Graphics, 2000, 24（6）: 881-896.

[3] Flemming U. Syntactic Structures in Architecture: Teaching Composition with Computer Assistance[C]. CAAD Futures '89 Conference Proceedings, 1989.

[4] Requicha A A G, Voelcker H B. Boolean operations in solid modeling: Boundary evaluation and merging algorithms[J]. Proceedings of the IEEE, 1985, 73（1）: 30-44.

[5] G Stiny. Two Exercises in Formal Composition[J]. Environment and Planning B: Planning and Design, 1976, 3（2）: 187-210.

[6] Knight T. Report for the NSF/MIT Workshop on Shape Computation[R]. Massachusetts Institute of Technology, 1999

[7] George Mason University, Speller, Jr. T H. From Meander Designs to a Routing Application Using a Shape Grammar to Cellular Automata Methodology[J]. Complex Systems, 2011, 20（4）: 375-407.

第 5 章

[1] Chaillou S. Archigan: Artificial intelligence × architecture[C]//Architectural Intelligence: Selected Papers from the 1st International Conference on Computational Design and Robotic Fabrication（CDRF 2019）. Singapore: Springer Nature Singapore, 2020: 117-127.

[2] LeCun Y, Bottou L, Bengio Y, et al. Gradient-based learning applied to document recognition[J]. Proceedings of the IEEE, 1998, 86（11）: 2278-2324.

[3] Goodfellow I, Pouget-Abadie J, Mirza M, et al. Generative adversarial nets[J]. Advances in neural information processing systems, 2014, 27.

[4] Ho J, Jain A, Abbeel P. Denoising diffusion probabilistic models[J]. Advances in neural information processing systems, 2020, 33: 6840-6851.

[5] BOLOJAN D, VERMISSO E. Deep Learning as Heuristic Approach for Architectural Concept Generation[C]// Proceedings of the 11th International Conference on Computational Creativity（ICCC' 20）, 2020: 98-105.

[6] CAMPO M D. Deep House - Datasets, Estrangement, and the Problem of the New[J].Architectural Intelligence, 2022, 1（1）: 12.

[7] HONG S W, SCHAUMANN D, KALAY Y E.Human Behavior Simulation in Architectural Design Projects: An Observational Study in an Academic Course[J]. Computers, Environment and Urban Systems, 2016, 60: 1-11.

[8] 袁烽, 许心慧, 王月阳. 走向生成式人工智能增强设计时代 [J]. 建筑学报, 2023,（10）: 14-20.

[9] KOH I. Architectural Sampling: Three Possible Preconditions for Machine Learning Architectural Forms[J]. Architectural Intelligence, 2023, 2（1）: 7.

[10] Hu E J, Shen Y, Wallis P, et al. Lora: Low-rank adaptation of large language models[J]. arXiv preprint arXiv: 2106.09685, 2021.

第 6 章

[1] 钱锋, 余中奇. 结构建筑学——触发本体创新的建筑设计思维 [J]. 建筑师, 2015（2）: 26-32.

[2] Anna S, Kuhn N. Archi-Neering: Helmut Jahn and Werner Sobek[M]. Berlin: Hatje Cantz Publishers, 1999.

[3] 肯尼思·弗兰姆普敦. 建构文化研究: 论 19 世纪和 20 世纪建筑中的建造诗学 [M]. 北京: 中国建筑工业出版社, 2007.

[4] 袁烽, 肖彤. 性能化建构——基于数字设计研究中心（DDRC）的研究与实践 [J]. 建筑学报, 2014（8）: 14-19.

[5] Addis W. Building: 3000 years of design engineering and construction[M]. London: Phaidon, 2007.

[6] Kurrer K E. The history of the theory of structures: from arch analysis to computational mechanics[J]. International Journal of Space Structures, 2008, 23（3）: 193-197.

[7] Pedreschi R. Form, force and structure: a brief history[J]. Architectural Design, 2008, 78（2）: 12-19.

[8] 孟宪川, 赵辰. 图解静力学简史 [J]. 建筑师, 2012（6）: 33-40.

[9] Nejur, A; Akbarzadeh, M. PolyFrame, Efficient Computation for 3D Graphic Statics[J].Computer-Aided Design, 2021, 134: 103003.

[10] Vector-based 3D graphic statics: A framework for the design of spatial structures based on the relation between form and forces[J]. International Journal of Solids and Structures, 2019, 167: 58-70.

[11] 谢亿民, 左志豪, 吕俊超. 利用双向渐进结构优化算法进行建筑设计 [J]. 时代建筑, 2014（5）: 20-25.

第 7 章

[1] Augenbroe G, Park C S. Quantification methods of technical building performance[J]. Building Research &

Information，2005，33（2）：159-172.

[2] Li W, Zhang Y, Lu D, et al. Quantification methods of natural ventilated building performance in preliminary design[J]. Building Research & Information，2020，48（4）：401-414.

[3] 李紫微. 建筑群能耗计算方法综述 [J]. 建设科技，2021，（21）：44-52.

[4] 杨峰，姜之点. 城市建筑集群能耗模拟（UBEM）与环境可持续导向的城市规划与设计：方法，工具和路径 [J]. 建筑科学，2021，37（8）：17-24.

[5] 姚润明，Koen Steemers，Nick Baker，等. 能效建筑规划设计方法 [J]. 建筑学报，2004（8）：62-64.

[6] 姚佳伟，黄辰宇，袁烽. 多环境物质驱动的建筑智能生成设计方法研究 [J]. 时代建筑，2021（6）：38-43.

第 8 章

[1] Hillier B, Tzortzi K. Space syntax: the language of museum space[J]. A companion to museum studies，2006：282-301.

[2] Hillier B. Space is the machine: a configurational theory of architecture[M]. Cambridge: Cambridge University Press，1996.

[3] Guo Z, Yin H, Yuan P F. Spatial Redesign Method Based on Behavior Data Visualization System[C]. eCAADe 2018，2018：577-584.

[4] Cosco N G, Moore R C, Islam M Z. Behavior mapping: A method for linking preschool physical activity and outdoor design[J]. Medicine & Science in Sports & Exercise，2010，42（3）：513-519.

[5] Marušić B G. Analysis of patterns of spatial occupancy in urban open space using behaviour maps and GIS[J]. Urban design international，2011，16：36-50.

[6] Pascacio P, Casteleyn S, Torres-Sospedra J, et al. Collaborative indoor positioning systems: A systematic review[J]. Sensors，2021，21（3）：1002.

[7] Petrenko A. Generation of an Indoor Navigation Network for the University of Saskatchewan[D]. University of Saskatchewan，2014.

[8] 屈小羽，松下，吉田哲. An analysis of the room use of elderly Chinese couples living in urban apartments through active RFID technology[C]. 日本建筑学会计画系论文集，2010，75（654）：1825-1833.

[9] 尹昊，袁烽. 基于 UWB 室内定位技术的行为数据分析与可视化系统研究 [C]//2017 全国建筑院系建筑数字技术教学研讨会暨 DADA2017 数字建筑国际学术研讨会，2017.

[10] Duan X. The Development of 'Agent-Based Parametric Semiology' as Design Research Program[C]// Proceedings of the 2020 DigitalFUTURES: The 2nd International Conference on Computational Design and Robotic Fabrication（CDRF 2020）. Springer Singapore，2021：144-155.

第 9 章

[1] Lasemi A, Xue D, Gu P. Recent development in CNC machining of freeform surfaces: A state-of-the-art review [J]. Computer-Aided Design，2010，42（7）：641-654.

[2] Yoon J H, Pottmann H, Lee Y S. Locally optimal cutting positions for 5-axis sculptured surface machining [J]. Computer-Aided Design，2003，35：69-81.

[3] 袁烽，葛俩峰. 用数控加工技术建造未来 [J]. 城市建筑，2011（9）：21-24.

[4] Newman S T, Nassihi A, Imani-Asrai R, et al. Energy efficient process planning for CNC machining [J]. CIRP Journal of Manufacturing Science and Technology，2012，5（2）：127-136.

[5] 袁烽，张立名，高天轶．面向柔性批量化定制的建筑机器人数字建造未来 [J]．世界建筑，2021，7：36-42.

[6] 袁烽，柴华．机器人木构工艺 [J]．西部人居环境学刊，2016，31（6）：1-7.

第 10 章

[1] Keating S，Spielberg N A，Klein J，et al. Digital Construction Platform：A Compound Arm Approach[C]. Robotic Fabrication in Architecture，Art and Design 2014. Springer-Verlag，2014.

[2] Helm V，Willmann J，Gramazio F，et al. In-situ robotic fabrication：advanced digital manufacturing beyond the laboratory[C]//Gearing up and accelerating cross - fertilization between academic and industrial robotics research in Europe：Technology transfer experiments from the ECHORD project. Springer International Publishing，2014：63-83.

[3] Augugliaro F，Lupashin S，Hamer M，et al. The flight assembled architecture installation：Cooperative construction with flying machines[J]. IEEE Control Systems Magazine，2014，34（4）：46-64.

[4] Garcia M J，Soler V，Retsin G. Robotic Spatial Printing[C]. eCAADe 35，2017：143-150.

[5] Wu H，LI Z，ZHOU X，et al. Digital Design and Fabrication of a 3D Concrete Printed Funicular Spatial Structure[C]//Proceedings of the 27th International Conference of the Association for Computer-Aided Architectural Design Research in Asia 2022，2022：71-80.

[6] Design F F，Lewis T S，Moore W P. Robotic Formwork in the MARS Pavilion[C].ACADIA 2017，2017：522-533.

[7] Lloret-Fritschi E，Wangler T，Gebhard L，et al. From smart dynamic casting to a growing family of digital casting systems[J]. Cement and Concrete Research，2020，134：106071.

第 11 章

[1] Shin D H，Dunston P S. Identification of application areas for augmented reality in industrial construction based on technology suitability [J]. Automation in Construction，2008，17（7）：882-894.

[2] Milgram P，Kishino F. A taxonomy of mixed reality visual displays [J]. IEICE Transactions on Information and Systems，1994，E77-D（12）：1321-1329.

[3] Mitterberger D，Angelaki E-M，Salveridou F，et al. Extended reality collaboration：Virtual and mixed reality system for collaborative design and holographic-assisted on-site fabrication[C]. In：Towards Radical Regeneration. 2022：283-295.

[4] Jahn G，Newnham C，van den Berg N. Depth camera feedback for guided fabrication in augmented reality[C]//Proceedings of the ACADIA 2022. Philadelphia. 2022.

[5] Kyaw A H，Xu A H C，Jahn G，et al. Augmented reality for high precision fabrication of glued laminated timber beams [J]. Automation in Construction，2023，152：104912.

[6] Gengnagel C，Baverel O，Burry J，et al. Impact：Design With All Senses[C]//Proceedings of the Design Modelling Symposium. Berlin：Springer. 2019：283-295.

[7] Atanasova L，Saral B，Krakovská E，et al. Collective AR-assisted assembly of interlocking structures[A]. In Proceedings of the Design Modelling Symposium. Berlin. 2022：175-187.

[8] Jahn G，Newnham C，van den Berg N. Augmented reality for construction from steam bent timber[C]// Proceedings of the CAADRIA 2022：Post Carbon. Sydney. 2022.

[9] Jahn G，Wit A J，Samara J. Holographic handcraft in large-scale steam-bent timber structures[C]//

Proceedings of the ACADIA 2019. Austin, Texas. 2019: 191-200.

[10] Jahn G, Newnham C, Beanland M. Making in mixed reality. Holographic design, fabrication, assembly and analysis of woven steel structures[C]// Proceedings of the 38th Annual Conference of the Association for Computer Aided Design in Architecture. Mexico. 2018: 88-97.

[11] GARBETT J, HARTLEY T, HEESOM D. A multi-user collaborative BIM-AR system to support design and construction [J]. Automation in Construction, 2021, 122.

[12] SILCOCK D, SCHNABEL M A, MOLETA T, et al. Participatory AR-A Parametric Design Instrument [C]//26th International Conference of the Association for Computer-Aided Architectural Design Research in Asia, CAADRIA 2021, 2021: 295-304.

[13] WOESSNER U, KIEFERLE J, DJURIC M. Operating Room Design with BIM, VR, AR, and Interactive Simulation [C]. eCAADe 39, 2021: 49-58.

第 12 章

[1] EASTMAN C, FISHER D, LAFUE G, et al. An Outline of the Building Description System [R]. Carnegie-Mellon Univ., Institute of Physical Planning, 1974.

[2] EASTMAN C, TEICHOLZ P, SACKS R, et al. BIM Handbook: A Guide to Building Information Modeling for Owners, Managers, Designers, Engineers and Contractors[M]. New Jersey: John Wiley & Sons Inc, 2011.

[3] REN G, LI H, ZHANG J. A BIM-Based Value for Money Assessment in Public-Private Partnership: An Overall Review[J]. Applied Sciences, 2020, 10 (18): 6483.

[4] Eliot T S. Choruses from the Rock[M]// The Complete Poems and Plays, 1909-1950. New York: Harcourt Brace & Company, 1980.

[5] LEE G, BORRMANN A. BIM policy and management[J]. Construction Management and Economics, 2020, 38 (5): 413-419.

[6] CHO D W, KIM I, SEO J, et al. A Study on Usage of IFD of Open BIM-Based Library[J]. Korean Journal of Computational Design and Engineering, 2011, 16: 137-145.

[7] THE BRITISH STANDARDS INSTITUTION. BS 1192-4: 2014.Collaborative production of information Part 4: Fulfilling employer's information exchange requirements using COBie-Code of practice[S]. the British Standards Institution (BSI), 2014.

[8] BLUT C, BLUT T, BLANKENBACH J. CityGML goes mobile: application of large 3D CityGML models on smartphones[J]. International Journal of Digital Earth, 2019, 12 (1): 25-42.

[9] GOUDA MOHAMED A, ABDALLAH M R, MARZOUK M. BIM and semantic web-based maintenance information for existing buildings[J]. Automation in Construction, 2020, 116: 103209.

[10] SIMEONE D, CURSI S, ACIERNO M. BIM semantic-enrichment for built heritage representation[J]. Automation in Construction, 2019, 97 (August 2018): 122-137.

[11] DING L Y, ZHONG B T, WU S, et al. Construction risk knowledge management in BIM using ontology and semantic web technology[J]. Safety Science, 2016, 87: 202-213.

[12] REN G, LI H, LIU S, et al. Aligning BIM and ontology for information retrieve and reasoning in value for money assessment[J]. Automation in Construction, 2021, 124.

[13] JIANG L, SHI J, WANG C. Multi-ontology fusion and rule development to facilitate automated code compliance checking using BIM and rule-based reasoning[J]. Advanced Engineering Informatics, 2022, 51

（800）：101449.

[14] LIU H, LU M, AL-HUSSEIN M. Ontology-based semantic approach for construction-oriented quantity take-off from BIM models in the light-frame building industry[J]. Advanced Engineering Informatics, 2016, 30（2）: 190-207.

[15] ABANDA F H, KAMSU-FOGUEM B, TAH J H M M. BIM – New Rules of Measurement ontology for construction cost estimation[J]. Engineering Science and Technology, an International Journal, 2017, 20（2）: 443-459.

第 13 章

[1] Caneparo L, Cerrato A. Digital fabrication in architecture, engineering and construction[M]. Netherlands: Springer, 2014.

[2] Picon A. From Authorship to Ownership: A Historical Perspective[J]. Architectural Design, 2016, 86（5）: 36-41.

[3] 袁烽，柴华，朱蔚然. 实验建造共同体 [J]. 时代建筑，2019，（6）: 6-13.

[4] Alvarez M E, Martí nez-Parachini E E, Baharlou E, et al. Tailored structures, robotic sewing of wooden shells[C]. Robotic Fabrication in Architecture, Art and Design 2018: Foreword by Sigrid Brell-Çokcan and Johannes Braumann, Association for Robots in Architecture. Springer International Publishing, 2019: 405-420.

第 14 章

[1] 高伟哲，孙童悦，袁烽. 天府农博园"瑞雪"：互承木构壳体的机器人建构实践 [J]. 建筑学报，2023（10）: 62-71.

第 15 章

[1] 袁烽. 匍匐折叠 一木成林：南京丽笙精选度假酒店 [J]. 室内设计与装修，2022（12）: 14-19.

[2] 袁烽，傅嘉言. 潭边望崖屋翼展，一树成林独柱开——南京丽笙精选度假酒店设计随想 [J]. 建筑学报，2022（8）: 92-95.

第 16 章

[1] 李翔宁，常青，孙澄，等. 后人文建构——乌镇"互联网之光"博览中心研讨 [J]. 建筑学报，2020（8）: 26-31.

[2] 袁烽. 乌镇"互联网之光"博览中心 [J]. 建筑学报，2020（8）: 12-19.

[3] 张准，韩力，宋雅楠. 基于数字图解静力学设计方法的建筑实践——以乌镇"互联网之光"博览中心叠幔馆与红亭的创作为例 [J]. 建筑学报，2020（8）: 20-25.

[4] 袁烽，张立名，马慧珊. 生形、模拟、优化、建造——乌镇"互联网之光"博览中心的人机协作数字建构实践 [J]. 建筑学报，2020（8）: 5-11.